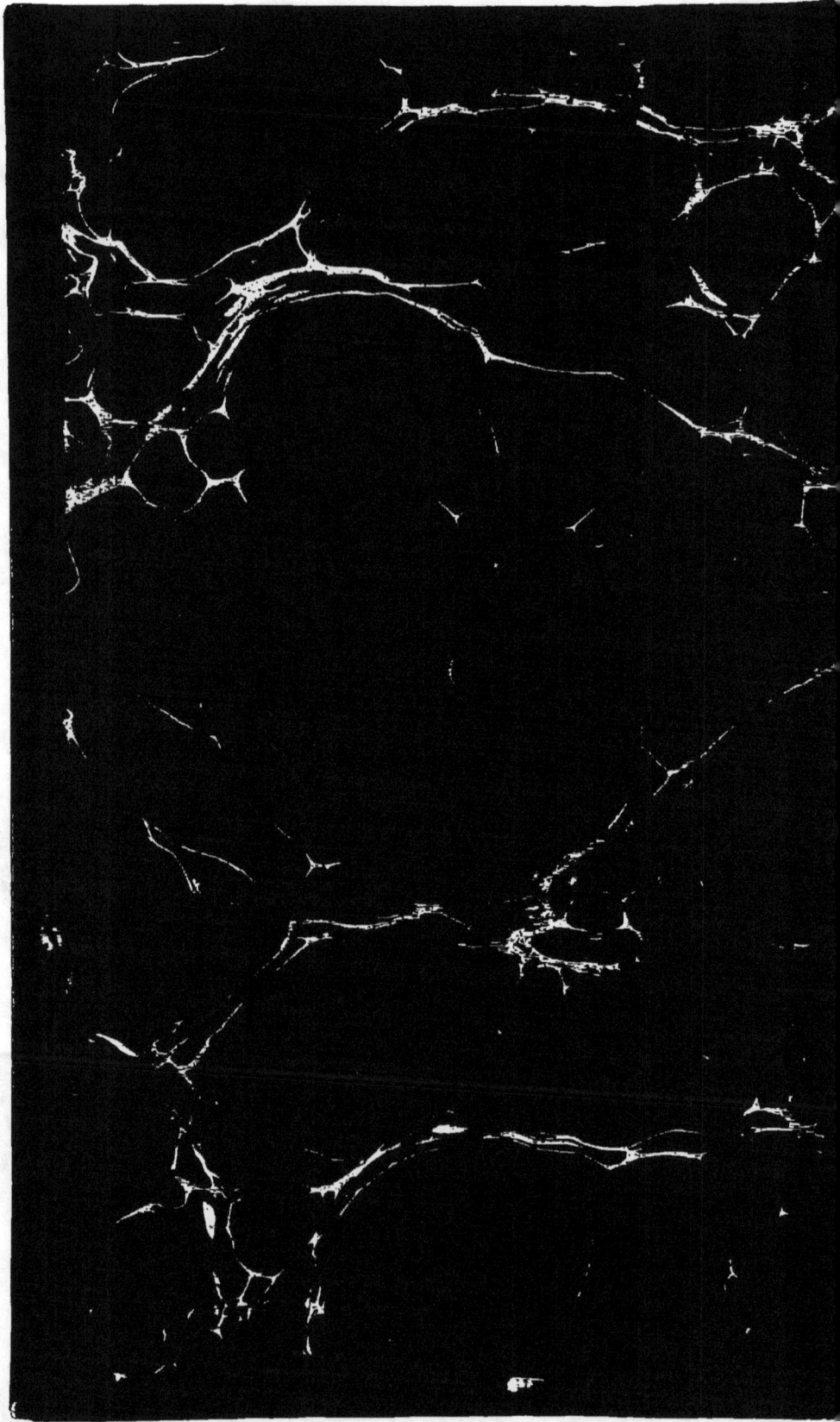

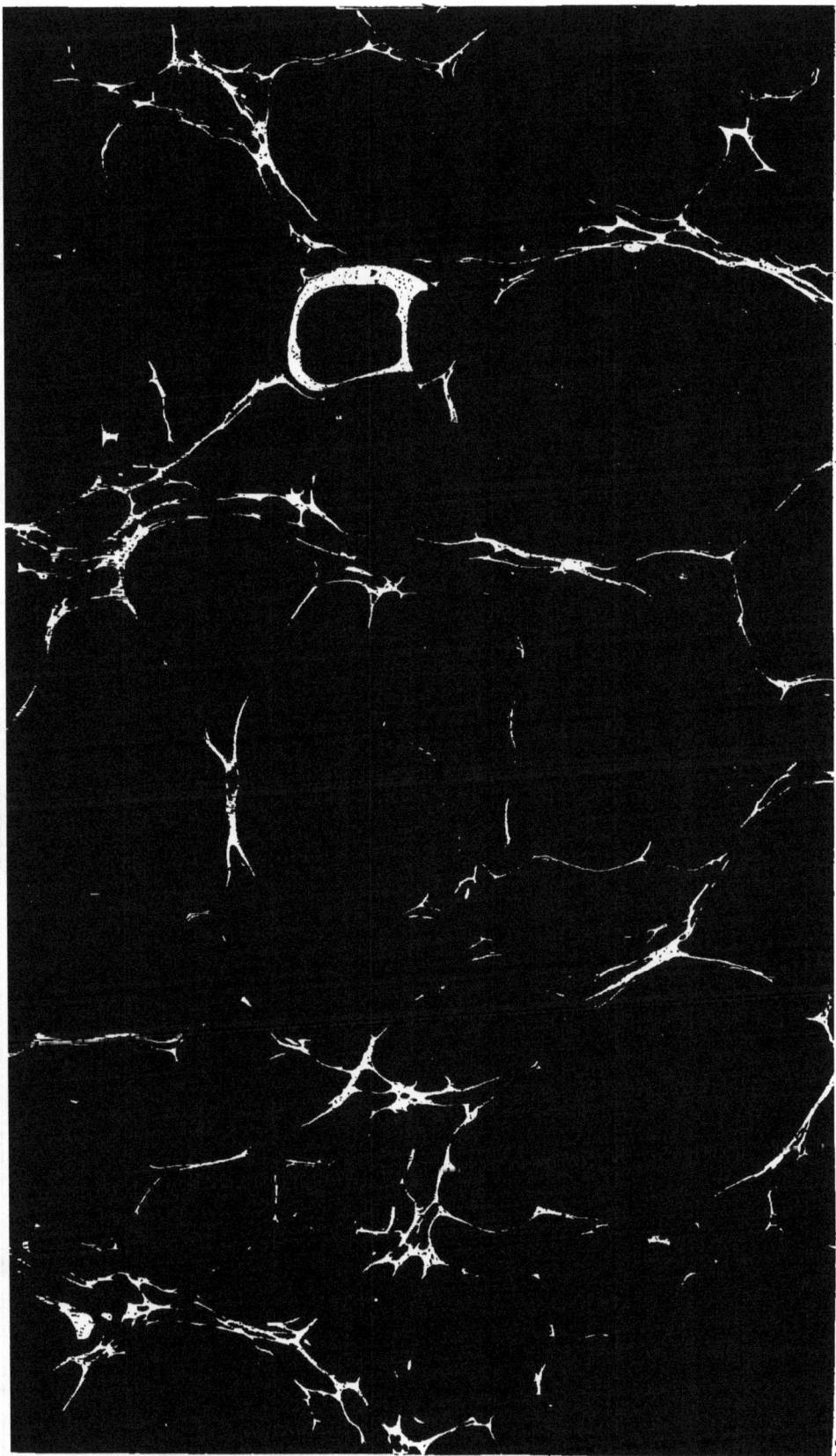

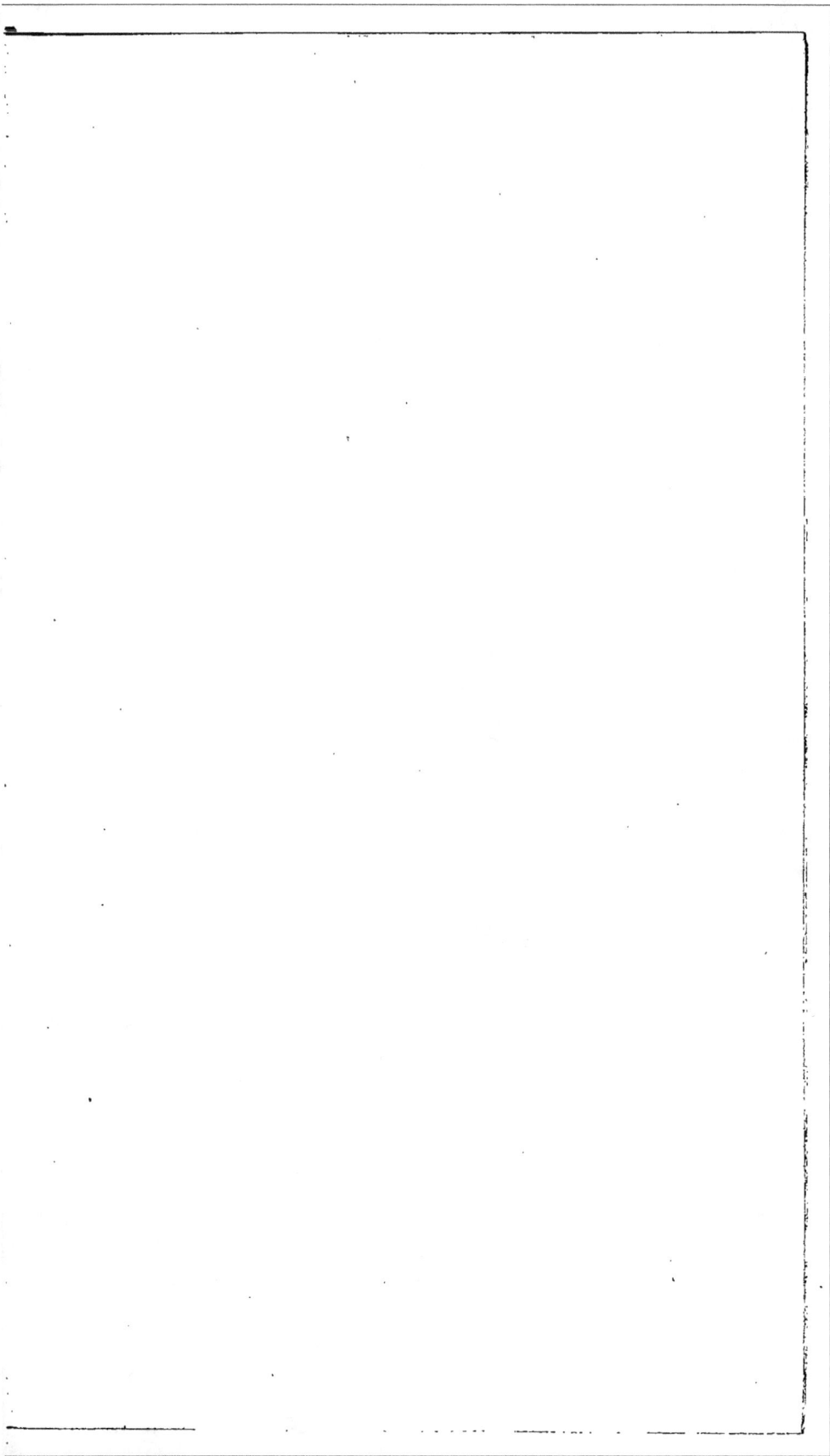

MANUEL

PRATIQUE

DE JARDINAGE

PARIS. — IMPRIMÉRIE D'E. DUVERGER,

RUE DE VERNEUIL, 6.

MANUEL

PRATIQUE

DE JARDINAGE

CONTENANT

LA MANIERE DE CULTIVER SOI-MÊME UN JARDIN

OU D'EN DIRIGER LA CULTURE

Par COURTOIS-GÉRARD

MARCHAND GRAINIER, HORTICULTEUR

Quatrième édition.

PARIS

DUSACQ, LIBRAIRIE AGRICOLE DE LA MAISON RUSTIQUE

RUE JACOB, N° 26

Et chez l'Auteur, quai de la Mégisserie, n° 34.

1853

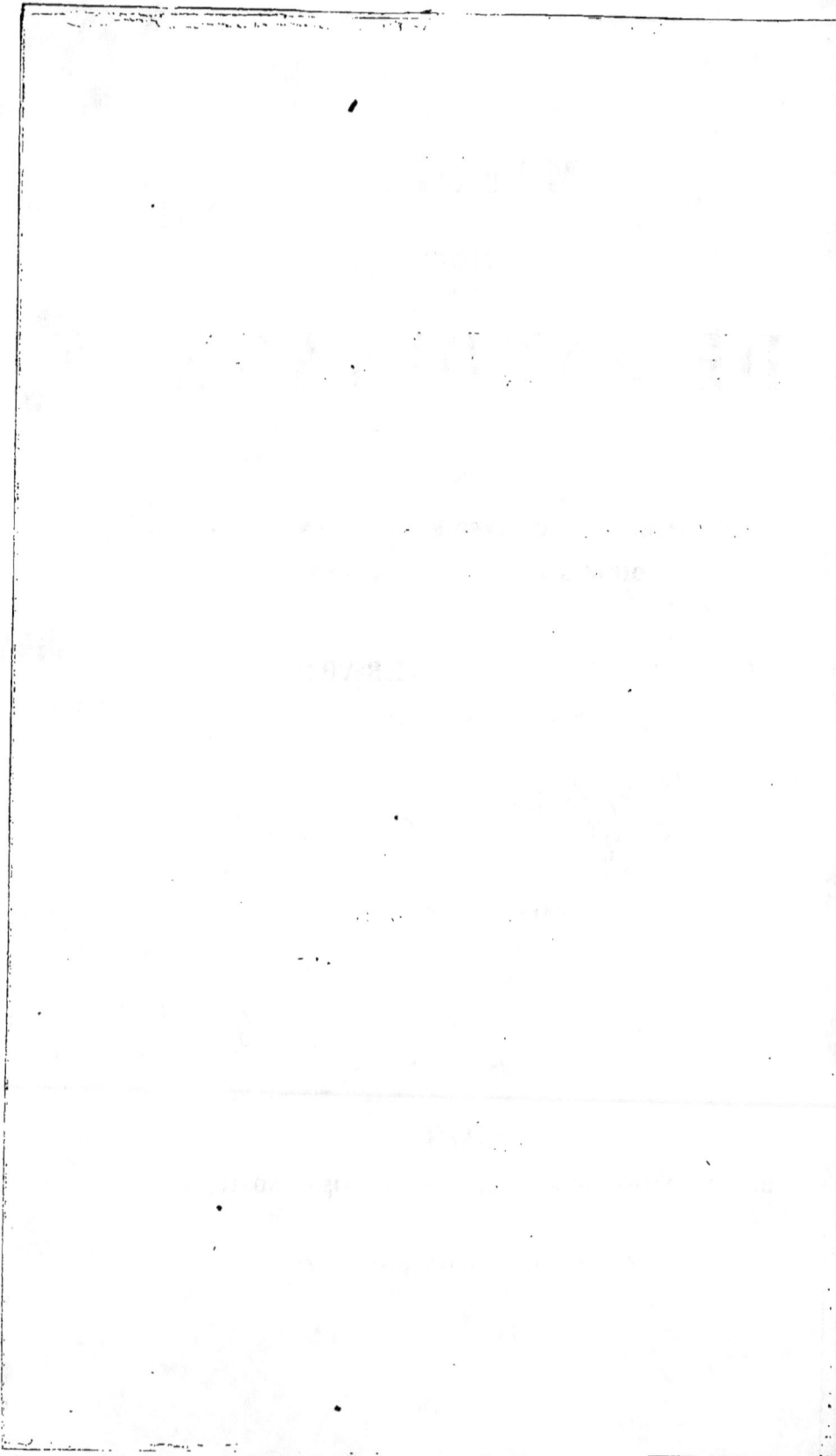

INTRODUCTION

A LA QUATRIÈME ÉDITION.

———

Les progrès que le temps amène à sa suite plus rapidement encore dans la pratique de l'horticulture que
dans les autres branches du travail humain, se sont
produits en grand nombre, non-seulement depuis la
première édition du *Manuel de Jardinage*, mais encore depuis la troisième, à l'épuisement de laquelle
celle-ci vient suppléer. Nous devons donc prévenir
qu'elle n'est pas, sauf de légères modifications de peu
d'importance, la reproduction de celles qui l'on pré-
cédée ; plusieurs parties ont été remaniées à fond, pour
les ramener au niveau des connaissances horticoles
du moment ; toutes les lacunes que le cours des années
pouvait avoir fait naître ont été soigneusement com-
blées ; nous en signalerons les principales.

Le calendrier, révisé et refondu, a été augmenté de
détails nouveaux et importants. D'intéressantes et lu-
cides explications complètent le chapitre du jardin potager ; dans celui du jardin fruitier, l'on trouve, outre

l'exposé plus développé de quelques opérations, les listes des arbres fruitiers les plus estimés de chaque série, listes que les nombreuses conquêtes de la Pomologie viennent incessamment enrichir, et des données d'une grande utilité pratique pour le traitement des maladies des arbres.

Mais c'est surtout dans la partie consacrée au jardin d'agrément que se rencontrent les améliorations les plus remarquables au *Manuel de Jardinage*, dans sa quatrième édition, depuis la composition des gazons, écueil où viennent échouer tant de jardiniers inexpérimentés, jusqu'à la direction des plantes les plus difficiles à obtenir dans tout l'éclat de leur beauté.

En effet, il ne suffit point à l'amateur de floriculture d'entasser dans la serre ou dans des plates-bandes de son parterre cette infinie variété de belles plantes d'ornement de chaque saison que tient à sa disposition l'horticulture contemporaine; il faut surtout que ces plantes croissent et fleurissent avec tout le charme qui leur est propre; hors de là, au lieu d'engendrer les plaisirs les plus inoffensifs et les plus variés, la floriculture n'offre qu'une longue suite de mécomptes et de déboires.

Les livres qui, comme le *Manuel de Jardinage*, aplanissent la route, mettent l'amateur à même de prévoir les difficultés et de les vaincre, et lui assurent l'heureux succès de ses amusants travaux, ces livres sont

d'importants services rendus à l'horticulture tout en-
tière ; car, en en écartant les obstacles, ils en propagent
le goût, et l'extension du goût de l'horticulture dans
tous les rangs sociaux profite à tout le monde. Quant
aux soins donnés à l'exécution matérielle, en écartant
un luxe qui rendrait inutilement trop élevé le prix d'un
ouvrage qui doit par sa nature être à la portée de tous,
ils sont ce qu'ils doivent être, comme dans les éditions
précédentes, au point de vue de la netteté et de la plus
scrupuleuse correction typographique. Cette édition
nouvelle du *Manuel de Jardinage* réunit, comme on
le voit, tout ce qui peut mériter à ce livre la continua-
tion de la faveur dont il est en possession depuis sa
naissance parmi le monde des amateurs éclairés de
l'horticulture,

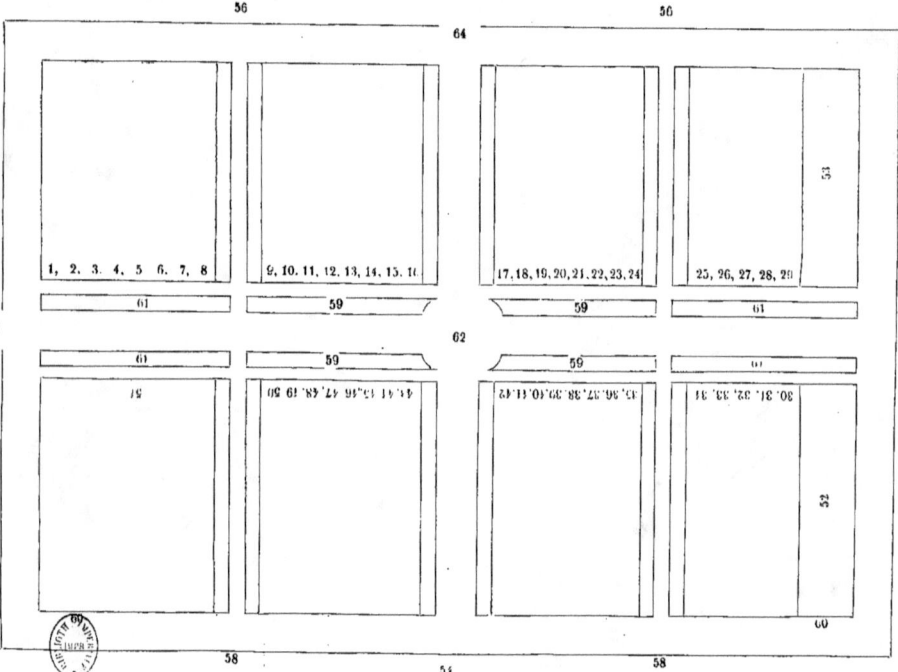

56

50

64

57

53

1, 2, 3, 4, 5, 6, 7, 8

9, 10, 11, 12, 13, 14, 15, 16

17, 18, 19, 20, 21, 22, 23, 24

25, 26, 27, 28, 29

61

59

59

61

63

62

55

60

59

59

60

51

45, 44, 45, 46, 47, 48, 49, 50

43, 56, 37, 38, 39, 40, 41, 42

30, 31, 32, 33, 34

57

52

58

51

58

60

MANUEL

PRATIQUE

DE JARDINAGE

CHAPITRE PREMIER.

Disposition générale d'un jardin potager.

Les conseils que nous donnons ici pour l'établissement d'un jardin pourront paraître superflus aux personnes qui sont forcées d'accepter des emplacements déterminés, des expositions bâtardes et des dispositions faites d'avance; mais nous avons cru devoir exposer les conditions qu'il est essentiel de remplir chaque fois qu'on sera maître de choisir ou d'aménager son terrain. Quant aux dispositions intérieures, elles sont calculées pour la plus grande commodité du travail, et ont pour objet de montrer comment on peut faire succéder sans interruption les cultures les unes aux autres, ce qui est très rare dans les jardins cultivés par les personnes étrangères à l'horticulture, et ce qui n'exige cependant qu'un peu d'attention et de pratique, et un livre auquel elles puissent avoir confiance.

Le terrain le plus convenable à la culture est celui qui a un mètre de profondeur de bonne terre, la surface composée en terre franche et douce, et le sous-sol

1

de sable propre à la végétation. Avec un terrain de
cette nature, du fumier et de l'eau, on est sûr de cultiver avec succès tous les végétaux qui entrent dans la
culture courante. Nous ne prétendons pas dire que les
terrains de nature différente soient impropres à la végétation : car tous lui conviennent quand ils sont assez
légers pour être perméables à l'air, sans que l'humidité y séjourne trop longtemps, et qu'ils sont assez frais
cependant pour que les racines aient le temps d'absor-
ber les fluides nécessaires à leur nutrition. Nous avons
simplement voulu faire connaître les terrains les plus
fertiles et ceux dont la culture récompense le plus am-
plement le jardinier de ses soins.

Dans le cas où le terrain ne serait pas tel que nous
l'indiquons, des fumiers, des amendements et des labours suppléeront aux qualités qui lui manquent.

Le potager que nous représentons, fig. 1, forme un
carré long de 54 ares 52 centiares ; mais cette étendue,
choisie arbitrairement, afin d'avoir des exemples de
culture plus variés, pourra changer sans qu'il y ait la
moindre altération dans l'assolement ou succession de
culture que nous indiquons ; seulement, quand le terrain sera moins grand, on ne fera qu'une planche de
chaque légume, au lieu de deux ou trois. Pour la facilité
du travail, nous avons réuni, autant qu'il était possible,
les cultures de même espèce.

L'assolement devra être conduit de telle sorte qu'une
planche ne produise pas deux années de suite les mêmes légumes.

Il est convenable, sous tous les rapports, que le pota-
tager soit clos de murs au nord, à l'est et à l'ouest ; ce
qui nous donnera à l'intérieur les expositions du sud,
de l'ouest et de l'est. Au sud extérieur, on peut à la rigueur remplacer le mur par une haie. Les murs devront
avoir au moins 2^m.65 au-dessus de terre, et ils seront

crépis intérieurement. S'ils sont construits en plâtras ou en pierre, on y pourra palisser les espaliers à la loque; mais s'ils étaient en moëllon dur, il faudrait les faire préalablement garnir de treillage. Le chaperon sera garni de tuiles formant une saillie de 0^m.12 à 0^m.15 pour garantir les fruits contre les fâcheuses influences des pluies, ce qui permettra également de conserver le Raisin jusqu'à une époque assez avancée.

En y suspendant des toiles ou des paillassons qu'on tiendra écartés du mur, on pourra garantir les Pêchers en fleurs contre les gelées du printemps. Les murs du *sud* seront garnis de Pêchers.

A l'*est*, on plantera de la Vigne, qui sera conduite à la Thomery.

A l'*ouest*, se trouveront des Pêchers, et dans l'intervalle on plantera un Poirier.

Au *nord*, les murs seront garnis de Poiriers, et pour planter à cette exposition, il faut avoir soin de choisir les espèces les plus hâtives, afin que les fruits puissent atteindre leur parfaite maturité.

On peut aussi planter des Pruniers et quelques Cerisiers tardifs, qui mûrissent à une époque où l'on est ordinairement privé de ces fruits.

C'est dans un endroit écarté du potager, et le moins en vue, qu'on creusera un trou pour jeter les sarclures, les épluchures de légumes et les débris végétaux, qui pourront être employés comme engrais après leur réduction en terreau.

Un point important à observer dans l'établissement d'un jardin, c'est la distribution de l'eau. Dans le potager elle doit avoir lieu par des conduits souterrains, que l'on fera passer dans les allées, de telle sorte qu'il soit possible d'y faire les réparations nécessaires sans déranger les plantations.

L'eau sera reçue dans un ou plusieurs bassins placés

au milieu du jardin, ou, comme nous l'indiquons sur le plan, dans un bassin au centre n. 62, et dans des tonneaux placés à l'extrémité des planches n. 8, 9, 24, 25, 34, 35, 50 et 51.

Ces dispositions sont d'autant plus importantes, que l'on connaît l'utilité indispensable des arrosements, non-seulement dans les temps de sécheresse, mais enencore pour accélérer la germination des semis et faciliter la reprise des plants nouvellement repiqués.

L'allée du milieu aura 3 mètres de largeur, l'allée circulaire et celles de traverse n'en auront que 2.

Les petites allées pratiquées autour des planches devront avoir 0^m.60 de large, et seront bordées d'Oseille, de Civette, de Cresson alénois, de Persil, de Cerfeuil, de Chicorée sauvage, de Pimprenelle, de Capucine naine, etc.

La largeur des planches sera de 1^m.33, avec un sentier de 0^m.35 entre chacune, ce qui suffira pour le passage; car le premier rang de chaque planche doit toujours être au moins à 0^m.10 du bord.

Les plates-bandes n. 61 de chaque côté de l'allée du milieu et de celles de traverse auront 1^m.65 de largeur, et seront bordées de Buis. On y plantera un rang de Poiriers en quenouilles, espacés entre eux d'environ 8 mètres, et un Pommier nain entre chacune.

Le carré formé par les huit premières planches est destiné à faire les semis et le repiquage des plantes potagères et des fleurs nécessaires pour garnir les plates-bandes et les massifs du jardin d'agrément.

N. 9 à 29 et 50 à 30. Planches à mettre en culture.

N. 51. Emplacement pour faire les couches.

N. 52. Plantation de Groseilliers.

N. 53. Plantation de Framboisiers.

N. 54. Côtière de 2^m.75 de largeur à mettre en culture potagère.

N. 55. Plate-bande de 2 mètres de largeur, où l'on plantera un rang de Rhubarbe.

N. 56 et 57. Plates-bandes de même largeur à mettre en culture.

N. 58. Contre-espalier de Vignes, dont on peut chauffer une partie chaque année.

N. 59. Plate-bande d'environ 1 mètre de largeur.

N. 60. Rangs de Vignes soutenues par des échalas placés au bout de chaque planche, et de manière à ne pas obstruer les sentiers.

N. 61. Plate-bande de 1^m.65 de large.

N. 62. Bassin.

N. 63. Porte pour entrer les fumiers.

N. 64. Allée de communication avec le jardin d'agrément.

CHAPITRE II.

Calendrier.

Nous avons eu en vue, en faisant ce calendrier, d'indiquer d'une manière à la fois succinte et précise les diverses opérations qui doivent se succéder sans interruption dans le cours d'une année, pour que les productions en légumes, fruits et fleurs soient toujours abondantes, et que jamais le sol ne repose. Pour arriver à ce résultat, il fallait faire plus qu'énoncer sommairement les travaux propres à chaque mois; il fallait encore indiquer avec précision l'époque du semis, celle de la récolte, la place occupée par chaque genre de culture, et la nature des végétaux qui doivent succéder à ceux qui ont accompli leur période de végétation.

Nous pensons avoir atteint ce dernier but en renvoyant aux numéros portés sur le plan (*voir* pl. 1), ce qui ne laisse pas d'incertitude sur le choix de l'emplacement à assigner à chaque plante ; et comme les indications du calendrier eussent été insuffisantes sous la forme que nous leur avons donnée, ou bien qu'elles eussent exigé des développements que ne comporte pas un tableau synoptique, nous renvoyons, pour la culture propre à chaque espèce, à l'article spécial qui y est consacré.

Nous commençons, contrairement à la coutume, l'année par le mois d'août, parce que c'est à cette époque que commence en effet l'année horticole, tandis qu'en commençant par le mois de janvier, ainsi que cela a lieu communément, on sépare les travaux d'automne de ceux de printemps, avec lesquels ils sont intimement unis, puisqu'ils en sont la préparation nécessaire.

AOUT.

Hauteur moyenne du baromètre, 756 mill. 380 [1].
Température moyenne, maximum | 21° 20'.
                            minimum | 16° 46.
Quantité de pluie, 48 mill. 59.
État de l'hygromètre, 70° 5.

Travaux généraux. — Ce mois est un de ceux qui réclament de la part du jardinier tous ses soins et son activité. Non-seulement il entretient, par des arrosements et des bassinages, la végétation des plantes dont il attend la récolte vers la fin de la saison, mais encore il s'occupe déjà des semis et des plantations des végétaux destinés à passer l'hiver et à donner leur produit l'année suivante.

Jardin potager. Couches. — Les couches sont peu né-

(1) BOUVART, Observations météorologiques faites à l'Observatoire de Paris.

cessaires dans ce mois, et les seuls travaux à faire consistent à planter des Choux-fleurs sur les couches à Melons, et à faire une meule à champignons au n° 8.

Côtière, n. 9.— Dans la seconde quinzaine, on plante de la Scarole, semée en pleine terre dans la seconde quinzaine de juillet.

N. 11. On sème des Mâches.

Pleine-terre, n. 14. — On sème des Epinards de Hollande.

N. 23. On plante des Choux de Milan, semés en juillet.

N. 32. On sème des Navets.

N. 37. On plante du Céleri turc, semé dans la première quinzaine de juin.

Dans la seconde quinzaine, on sème de l'Oignon blanc, de la Romaine rouge d'hiver, de la Laitue de Passion, du Cerfeuil et des Choux d'Yorck, Cœur-de-bœuf et Pain de sucre.

JARDIN FRUITIER.—Terminer le palissage des espaliers, supprimer les branches qui tendraient à s'emporter.

Arroser les Pêchers et découvrir les fruits qui approchent de la maturité.

Greffer à œil dormant les arbres fruitiers et les arbres et arbustes d'ornement.

JARDIN D'AGRÉMENT.—Tous les soins consistent à arroser, ratisser, biner, couper les gazons, mettre en place les fleurs d'automne, telles que les Balsamines, Reines-Marguerites, OEillets d'Inde, etc., si ces travaux n'ont pas encore eu lieu ; terminer les marcottes d'OEillets.

Greffer les Pivoines en arbres sur des tubercules de Pivoines herbacées. (*Voir* l'article *Greffe.*)

Séparer et replanter les Juliennes doubles, mettre les OEillets de semis en planche ou les planter dans les plates-bandes.

Planter les Couronnes impériales et les Lis martagons.

Semer les graines de Pivoines herbacées ; ce mode de multiplication est extrêmement long , et l'on ne sème guère que pour obtenir de nouvelles variétés.

Semer les Pensées à grandes fleurs ; en septembre, on les repique en pépinière à bonne exposition pour ne les mettre en place qu'au printemps ; on sème aussi des Giroflées grosse espèce, et Quarantaine, pour repiquer en pot.

Serres. — Vers la fin du mois, rabattre et rempoter les Pélargoniums et les plantes dont les pots ont été enterrés pendant l'été, afin qu'elles soient reprises à l'époque où on les rentrera dans la serre. On fait des boutures de Pélargoniums, et on greffe les Camellias et les Rhododendrons.

SEPTEMBRE.

Hauteur moyenne du baromètre, 756 mill. 399.
Température moyenne, maximum | 17° 87'.
                        minimum | 13° 74'.
Quantité de pluie, 57 mill. 26.
État de l'hygromètre, 75° 2.

Travaux généraux. —Les travaux de jardinage commencent à diminuer, car l'année approche de sa fin, et les soins d'entretien exigent moins d'assiduité. Les arrosements deviennent moins fréquents, et n'ont plus lieu que le matin ; on doit, à cause de la fraîcheur des nuits, cesser ceux du soir. C'est en revanche l'époque des récoltes ; les graines sont mûres ou sont sur le point de l'être, et il faut songer à les cueillir. Le jardinier soigneux disposera ses serres et son fruitier pour rentrer ses fruits, ses légumes et ses plantes, quand le moment sera venu. Il faut aussi faire les réparations nécessaires aux coffres et aux panneaux, afin qu'ils soient en état dès que les froids viendront.

JARDIN POTAGER, *couches, n.* 3. — Dans la seconde quinzaine, on recharge la couche avec du terreau et on plante de la Laitue gotte, semée dans la première quinzaine du mois. A l'approche des froids, on couvre ces Laitues avec des châssis, on donne autant d'air que possible, afin d'éviter la pourriture, et avec des soins on peut en conserver jusqu'en décembre.

Côtière, n. 10. — Dans la première quinzaine, on plante de la Laitue de Passion et de la Romaine rouge d'hiver, semées dans la seconde quinzaine d'août.

Pleine terre. — Dans les premiers jours du mois, on sème des Choux-fleurs, des Choux d'York et Cœur de bœuf. On sème de la Chicorée fine sous cloches; mais à froid, on sème la Pimprenelle, des Radis roses sur ados, et on continue de semer du Cerfeuil, des Mâches et des Épinards. On fait blanchir des Cardons et du Céleri.

N. 36. On sème de la Carotte hâtive.

N. 41. On sème du Poireau long.

N. 42, 43, 44 et 45. On plante cinq rangs de Fraisiers des Alpes dans chaque planche, et on les met à 0^m.35 sur la ligne.

N. 46 et 47. On plante quatre rangs de Fraisiers Queen's-seedling ou toute autre espèce à gros fruit dans chaque planche, et on les met à 0^m.50 sur la ligne.

JARDIN FRUITIER. — Les travaux de ce mois se bornent à peu de chose. Néanmoins on surveille la végétation des Pêchers, afin de maintenir l'équilibre de la séve. On greffe les arbres qui végétaient trop vigoureusement dans le cours du mois précédent, et l'on garantit les fruits contre la voracité des oiseaux et des insectes. On donne le dernier binage dans la pépinière.

JARDIN D'AGRÉMENT. — Mêmes travaux de soin et d'entretien que dans les mois précédents. C'est l'époque la plus favorable pour semer les pelouses de gazon, car il

1.

reste encore assez de temps pour qu'il couvre la terre avant l'hiver, et au printemps il est en état de résister à la sécheresse, qui lui est très contraire. C'est également l'époque de tondre les bordures de buis. Semer les Clarkia, Collinsia, Coréopsis, Crépis, Enothères, Leptosiphons, Mufliers, Némophylles, OEillets de Chine, Silènes, Thlaspis, etc., et repiquer avant l'hiver les plants en pépinière, pour ne les mettre en place qu'au printemps. Semer en pot que l'on hiverne sous châssis les Anagallis, Brachycomes, Calcéolaires, Cuphea, Eucharidium, Mimulus, Malopes, Phlox de Drummond, Schizanthus, Trachymènes, Verveine, Viscaria. Planter aussi les Iris Germanica, semer des Giroflées quarantaine pour les repiquer sur ados, ou dans des pots qu'on rentre dès que le froid se fait sentir. Semer les Renoncules et Anémones en terrine ou en pleine terre.

Séparer et replanter les Pivoines herbacées, mais de telle sorte que les bourgeons ne soient recouverts que d'environ 0^m.2 ou 0^m.3 de terre.

Planter les Pancratium Illyricum, les Fumeterres bulbeuses et les Alstrœméria, qui peuvent supporter la pleine terre; planter aussi les Jonquilles à 0^m.5 ou 0^m.6 de profondeur, ainsi que les Muscaris.

Serres. — Vers le 15, on rentre les plantes de serre chaude qui souffriraient de l'abaissement de la température. On rempote les plantes de serre tempérée et d'orangerie, afin qu'elles soient reprises avant qu'on les rentre, et l'on remet les panneaux sur les serres et sur les bâches.

OCTOBRE.

Hauteur moyenne du baromètre, 754 mill. 465.
Température moyenne, maximum | 14° 73'.
minimum | 9° 46'.
Quantité de pluie, 48 mill. 10.
État de l'hygromètre, 82° 5.

TRAVAUX GÉNÉRAUX. — Commencer les labours d'hiver, les travaux de plantation et les modifications à faire dans la disposition du jardin; faire les trous d'arbres, planter même si l'on est pressé. Séparer les bordures et les touffes des plantes vivaces, élaguer les arbres rustiques, commencer à tondre les haies, couvrir les plantes délicates; récolter les graines, les fruits, les légumes. Si l'on a des terres à remuer pour certaines dispositions du jardin, on peut commencer. Le soir on fait des paillassons, afin d'être en mesure de couvrir les châssis et les serres dans le courant du mois suivant.

JARDIN POTAGER. *Couches.* — On commence à chauffer les Asperges vertes, et on plante les œilletons d'Ananas dans des pots proportionnés à la force de chacun; aussitôt après la plantation, on enfonce les pots sur une couche, et à partir de cette époque jusqu'au printemps, il faut remanier les réchauds tous les mois. Il faut aussi relever de pleine terre ceux qui ont été plantés l'année précédente à la même époque, puis les mettre dans la serre.

Dans la première quinzaine, on sème sous cloche et sur ados de la Laitue petite noire; on élève ces Laitues sans jamais leur donner d'air. A la même époque, on sème de la Romaine verte maraîchère, et dans la seconde quinzaine, de la Laitue rouge, de la Laitue gotte et de la Romaine blonde ou grise maraîchère. Lorsque le plant commencera à avoir quelques feuilles, on placera trois rangs de cloches sur toute la longueur de l'ados, et l'on repiquera sous chacune d'elles une trentaine de plants. Pendant la première huitaine qui suivra la plantation, on donnera un peu d'air au plant en soulevant les cloches d'environ 0^m.3, puis après ce temps on augmentera progressivement jusqu'à 0^m.8, et il ne faudra rabattre les cloches que lorsqu'il gèlera à 2 ou 3 degrés. Ce plant, étant convenablement soigné, ser-

vira à faire toutes les plantations qui auront lieu depuis
le mois de décembre jusqu'à la fin de février.

N. 6. Vers la fin du mois ou au commencement de
novembre, on plante sur terre, mais sous châssis, de la
Chicorée fine semée dans la première quinzaine de septembre, et deux rangs de Choux-fleurs semés dans les
premiers jours de septembre.

Si vers la fin du mois l'on craignait la gelée, il faudrait mettre les panneaux sur les laitues plantées n. 3.

Pleine terre, *n*. 19. — On sème les Épinards pour le
printemps. Dans la seconde quinzaine, on repique au
n. 18 de l'Oignon blanc semé dans la seconde quinzaine
du mois d'août, et on sème du Cerfeuil ou des Mâches
parmi.

Vers la fin du mois, ou au commencement de novembre, il faut couper les vieilles tiges d'Asperges, et donner à chaque planche un léger binage à la fourche, puis
étendre un bon paillis de fumier.

On continue de faire blanchir du Céleri et des Cardons.

JARDIN FRUITIER. — Il ne reste plus rien à faire aux
arbres jusqu'au moment de la taille ; on peut cependant
marquer ceux qu'on se propose de déplanter pour
les lever le mois suivant. C'est l'époque de cueillir les
fruits et de les déposer dans le fruitier, ce qu'il ne faut
faire que par un temps bien sec et au fur et à mesure que
les arbres cessent de végéter.

JARDIN D'AGRÉMENT. — Couper les tiges des plantes vivaces qui ont cessé de fleurir. Nettoyer les plates-bandes,
les fumer et les labourer avant de mettre en place les
plantes qui devront fleurir au printemps. Ramasser les
feuilles qui tombent dans les allées, auxquelles on donne
une dernière façon.

Semer en place les Cynoglosses, Pieds-d'Alouette,
Pavots, Giroflées de Mahon, Adonides, etc. Refaire les
bordures de Mignardise, de Buis, de Marjolaine, de

Thym et d'Hysope; sevrer les marcottes d'Œillets, et les planter en pot ou en pleine terre. Planter les Jacinthes à 0^m.10 de profondeur, et planter en pot celles que l'on destine à être chauffées. Planter les Iris d'Espagne et d'Angleterre à 0^m.3 de profondeur; les Crocus en pots, en bordures ou dans les gazons, où ils produiront au printemps un effet charmant et seront défleuris avant qu'il soit nécessaire de couper le gazon. Mettre en terre les Tulipes à environ 0^m.6 de profondeur. Il faut aussi planter l'Ail doré et les Scilles agréables et d'Italie. Relever de terre les Glaïeuls plantés au printemps.

Dès les premières gelées, il faut relever de terre les Dahlias, les Érythrina, les Balisiers, et les déposer dans l'orangerie ou dans une cave bien sèche pour passer l'hiver; en faire autant de toutes les plantes de serre qu'on a mises en pleine terre au printemps pour garnir les massifs et plates-bandes. Il faut les tailler et les empoter; puis, pour les rétablir, on les met pendant quelque temps sous un panneau.

SERRES. — Dans la première quinzaine, on rentre les Pélargoniums; et dans la seconde, à moins de froid prématuré, les Orangers, les Grenadiers et les Lauriers-Roses. Les plantes les plus délicates, celles qui ont besoin d'air et de lumière, se mettent près du jour, et les plus rustiques se placent derrière. Lorsque toutes les plantes sont rentrées, on bine la terre des pots ou des caisses, et on donne un léger arrosement

NOVEMBRE.

Hauteur moyenne du baromètre, 755 mill. 614.
Température moyenne, maximum | 10° 15′.
                 minimum | 4° 74′.
Quantité de pluie, 55 mill. 87.
État de l'hygromètre, 82° 2.

TRAVAUX GÉNÉRAUX. — On commence les plantations et
les labours, ainsi que le défoncement du terrain qu'on
destine à une nouvelle plantation. On veille à la conservation des végétaux qui craignent la gelée, et on ra-
masse les feuilles pour faire les couches et couvrir les
châssis. Lorsqu'on a le choix, les feuilles de Chêne et
de Châtaignier sont celles auxquelles on doit donner la
préférence.

JARDIN POTAGER. *Couches.* — On continue de chauffer
les Asperges vertes et on commence à chauffer les Asperges blanches. Dans les premiers jours du mois, on
sème sous châssis, mais en pleine terre, des Pois pour
replanter sous châssis. On sème de la Laitue Georges
sous cloche et sur ados, et on traite le plant comme nous
l'avons indiqué pour les Laitues rouges et gottes.

On relève les Romaines vertes pour les replanter immédiatement sous cloches ; mais cette fois on n'en met
plus que douze ou quinze par cloche. S'il arrivait que
le plant de Romaine blonde et grise avançât trop, il
faudrait lui faire subir un second repiquage comme
aux Romaines vertes.

S'il survient de fortes gelées, il faudra garnir les cloches qui couvrent le plant de Laitue et de Romaine avec
du vieux fumier bien sec ou des feuilles, et pour garnir
le derrière de l'ados on fera un réchaud que l'on élèvera jusqu'à la superficie des cloches.

On doit augmenter la couverture en raison de l'intensité du froid, et découvrir les cloches au moment
du soleil ; mais il est nécessaire de s'assurer d'abord si
le plant n'est pas atteint de la gelée ; car alors il faudrait, au lieu de découvrir, augmenter la couverture et
le laisser dégeler graduellement.

Pleine terre. — On arrache le céleri planté au n. 37,
pour le replanter par rang dans une tranchée ; lorsqu'il
viendra de fortes gelées, on le couvrira avec de la li-

tière ou des feuilles, que l'on retirera quand le temps
sera devenu plus doux.

N. 31. Vers la fin du mois, on sème des Pois Michaux,
et dans les intervalles de la Laitue à couper.

On coupe les montants d'Artichauts et les plus longues feuilles, puis on les butte, opération qui consiste
à relever la terre autour de chaque touffe, de manière
à ce qu'elle se trouve enterrée presque jusqu'en haut.
Lorsqu'il vient de fortes gelées, on les couvre avec de
la litière ou des feuilles que l'on écarte quand le temps
est doux.

Afin de ne pas manquer de provisions pendant les
gelées, il faut arracher et mettre en jauge soit dans la
serre à légumes, soit dans le potager, tous les légumes
que la gelée endommagerait ou empêcherait d'arracher, tels que Carottes, Betteraves, Navets, Chicorées,
Scaroles, Céleris, Cardons. Il faudra couvrir avec de la
paille ou des feuilles ceux que l'on aura enjaugés dans
le potager, comme les Poireaux, les Salsifis, les Scorsonères, les Choux, les Navets, et les découvrir toutes
les fois que le temps le permettra.

Il faut aussi, dans le courant du mois, arracher les
Choux dont les pommes sont faites, et les mettre en
jauge afin de pouvoir s'en servir pendant les gelées.

Dans le courant du mois, mais le plus tard possible,
on coupe les têtes de Choux-fleurs, ce qu'il ne faut faire
que par un temps bien sec, et on les dépose dans la
serre à légumes, où ils peuvent se conserver jusqu'en
avril.

JARDIN FRUITIER. — Tailler les arbres vieux ou débiles
pour empêcher que la séve ne monte dans les bourgeons qui doivent être supprimés, et que l'arbre ne
s'épuise. Arracher les arbres qu'on a l'intention de
supprimer.

Commencer les plantations d'arbres fruitiers dans les

terres calcaires, légères ou sablonneuses, où il est toujours préférable de planter d'automne, excepté pour les Mûriers et les Figuiers, qui ne doivent être plantés qu'au printemps. Il faut aussi planter en pots les arbres fruitiers que l'on destine à être chauffés l'année suivante.

Si dans la première quinzaine on peut disposer de quelques panneaux, il faudra les placer devant l'espalier de Vigne; par ce moyen, l'on peut conserver du Raisin dans toute sa beauté jusqu'en janvier. Vers la fin du mois, on peut empailler les Figuiers, ou bien, si les branches sont assez souples pour être abaissées jusqu'à terre, on les y fixe au moyen de crochets de bois, puis on les couvre de terre.

JARDIN D'AGRÉMENT. — Découper à la bêche les bordures de gazon. Arracher les plantes annuelles qui sont défleuries. Labourer les plates-bandes et les massifs. Diviser et replanter les plantes vivaces dont les touffes sont devenues trop larges. Mettre les Giroflées jaunes en place, de même que les Thlaspis, OEillets de poëte, etc. Terminer la plantation des Tulipes, des Jacinthes et des Narcisses. Semer en place les premiers Pois de senteur.

Arracher les Dahlias, dans la seconde quinzaine du mois, si le temps a été assez favorable pour qu'on les ait laissés en terre jusqu'à cette époque.

Butter les Rosiers francs de pieds qui souffrent ordinairement de nos hivers. Commencer les plantations d'arbres et d'arbustes d'ornement, excepté les arbres résineux, les Catalpas, Magnolias grandiflora, Tulipiers, qui ne doivent être plantés qu'au printemps.

Lorsqu'il commence à geler, il faut couvrir ou mettre dans la serre les OEillets en pot, les Giroflées grosse espèce et Cocardeau.

SERRES. — Tous les soins à donner aux plantes de serre consistent à renouveler l'air aussi souvent qu'on pourra, entretenir la propreté, et ne mouiller qu'avec la plus grande réserve.

On commence à couvrir la serre chaude pendant la nuit, et à partir de cette époque on continue jusqu'en avril. Lorsque le soir le temps est clair, le vent à l'est et que le thermomètre ne marque pas plus de 3 ou 4 degrés au-dessous de zéro, il faut couvrir tous les châssis et les serres avec des paillassons.

DÉCEMBRE.

Hauteur moyenne du baromètre, 754 mill. 953.
Température moyenne, maximum.| 7° 93'.
                minimum | 3° 53'.
Quantité de pluie, 43 mill. 60.,
État de l'hygromètre, 87° 5.

TRAVAUX GÉNÉRAUX. — Les travaux de pleine terre sont fort restreints ; on peut s'occuper du transport des engrais, et de les étendre sur le sol dans lequel ils doivent être enfouis. On continue les labours si la gelée le permet.

Vers la fin du mois ou au commencement de janvier, on vide les tranchées des vieilles couches à melons, afin de pouvoir disposer de l'emplacement.

JARDIN POTAGER. *Couches.* — La cessation des travaux de pleine terre laisse aux jardiniers le temps de s'occuper de leurs couches, qui exigent tous leurs soins. Aussitôt que les couches indiquées pour ce mois sont faites, il faut les couvrir de panneaux, afin que les fumiers entrent plus promptement en fermentation ; et, à moins de temps contraire, on peut découvrir tous les jours celles sur lesquelles on a semé ou planté, en ayant soin de couvrir avant la nuit.

On continue de chauffer les Asperges blanches et

vertes. Dans la première quinzaine, on sème des Raves
hâtives, et dans la seconde quinzaine des Poireaux.

N. 3. Vers le 15 de ce mois, on sème sur couche et
sous châssis de la Carotte courte hâtive, et on plante de
la Laitue petite noire semée dans la première quinzaine d'octobre.

N. 4. Planter des touffes d'Oseille sur couche et sous
châssis.

N. 5. Dans la première quinzaine, on repique sur
terre, mais sous châssis, des Pois semés dans les premiers jours de novembre.

Pleine terre. — A l'approche des gelées, on relève
les Brocolis en mottes pour les planter près à près, et
assez profondément pour que la tige soit enterrée jusqu'aux premières feuilles. On lie les Cardons, on les
lève en mottes et on les rentre dans la serre à légumes.
On couvre le Persil avec de la paille ou des feuilles, et
lorsque le temps est doux, on découvre un peu les Artichauts; mais il est prudent de les recouvrir le soir;
et, si la gelée augmente, il faut les recouvrir d'une
plus grande quantité de feuilles ou de litière.

On continue de semer des Pois Michaux, et dans la
première quinzaine on plante au n. 12 des Choux d'York
semés dans les premiers jours de septembre.

JARDIN FRUITIER. — On continue les plantations, et
dans les terres fortes, argileuses ou humides, on fait
les trous seulement pour ne planter qu'en février ou
mars. On défonce, on fume et laboure, et vers la fin
du mois, on place les serres mobiles sur la Vigne et les
arbres fruitiers en espalier que l'on veut chauffer.

JARDIN D'AGRÉMENT. — Continuer les changements de
disposition, élaguer les arbres, défoncer les parties où
sont les vieux gazons, réparer les allées dégradées et
continuer les plantations. Dans la deuxième quinzaine,
on peut planter les Renoncules.

SERRES. — Entretenir la température de la serre aux Ananas, garnir les tablettes de Fraisiers, renouveler l'air dans la serre tempérée et l'orangerie quand il ne gèle pas, et avoir soin de les refermer avant la disparition du soleil.

Couvrir les bâches de Camellias, Rhododendrons, Magnolias, et autres arbustes rustiques. Bien qu'ils puissent rester trois mois sans lumière et sans aucun soin, il est bon cependant de les visiter quelquefois pour enlever la moisissure que l'absence d'air peu produire.

JANVIER.

Hauteur moyenne du baromètre, 737 mill. 759.
Température moyenne, maximum | 7° 10'.
minimum | 4° 41'.
Quantité de pluie, 36 mill. 27.
État de l'hygromètre, 86° 5.

TRAVAUX GÉNÉRAUX. — Ce mois est ordinairement froid et humide; mais, lorsque le temps le permet, on continue les défoncements et les labours qui n'ont pu avoir lieu dans le courant du mois précédent, et l'on ouvre les fosses à Asperges pour le printemps; on amène aussi sur le terrain les fumiers destinés à être enterrés, on met en tas celui qui doit servir à faire les couches, les réchauds, etc. Lorsque le temps est trop rigoureux pour empêcher les travaux extérieurs, on fait les réparations nécessaires aux instruments de jardinage, on nettoie les graines et on prépare tout ce qui sera nécessaire pour les opérations ultérieures.

Le jardinier qui a des serres et des couches a une occupation constante, et à cette époque de l'année elles exigent tous ses soins. Si le temps est humide, il faut écarter la litière qui couvre les Artichauts, et les recouvrir dès qu'on craint le retour du froid.

JARDIN POTAGER. *Couches.* — Il faut soigner les couches, refaire les réchauds, remplir ceux qui ne nécessitent pas d'être refaits de manière à ce qu'ils soient toujours aussi élevés que la superficie des panneaux. A moins de temps contraire, on découvre les panneaux tous les jours, et l'on donne un peu d'air aux plantes au moment du soleil, en soulevant les panneaux du côté opposé au vent; il est prudent de recouvrir avant qu'il se soit formé du givre sur les vitres.

On commence à chauffer les Ananas qui sont de force à donner fruit, et on continue de chauffer les Asperges blanches et vertes.

On sème sur couches très chaudes les premières Chicorées fines, pour planter sous châssis. On sème également sous châssis du Persil, ou bien on plante des pieds tout venus.

On continue de planter des touffes d'Oseille. On sème sous cloches ou sous châssis des Pois hâtifs pour repiquer en pleine terre, et vers la fin du mois on met des châssis sur les Fraisiers de pleine terre qu'on veut forcer.

N. 4. Dans la seconde quinzaine, on repique sur couche et sous châssis des Haricots de Hollande semés dans la première quinzaine du mois.

N. 7. On fait une couche, sur laquelle on place trois rangs de cloches.

On plante sous chaque cloche quatre Laitues, petite noire (semée dans la première quinzaine d'octobre), et au milieu une Romaine verte, choisie parmi celles semées dans les premiers jours d'octobre.

Pleine terre. — Les travaux de pleine terre sont peu nombreux. Cependant, si vers la fin du mois il ne gèle pas, on peut planter dans les terres légères, à bonne exposition, de la Romaine verte semée dans la première quinzaine d'octobre, et contreplanter dans la Romaine des Choux-fleurs, semés dans la première quinzaine de septembre, puis parmi le tout on sème de la Carotte hâtive et du Poireau.

JARDIN FRUITIER.—Continuer les plantations; et si le temps le permet, commencer, quand il ne gèle pas, à tailler les Pommiers et les Poiriers en espaliers et en quenouille, pour continuer jusqu'en mars, en commençant toujours par les moins vigoureux; enlever le bois mort et détruire les nids de Chenilles. Couper les rameaux destinés à servir à la greffe, ou faire des boutures et les enterrer au nord dans du sable, à l'abri de la gelée et des influences atmosphériques. Lorsque le froid ou d'autres circonstances empêchent de mettre immédiatement en place les arbres destinés à des plantations, il faut les mettre en jauge et en couvrir les racines de manière à les garantir de la gelée.

Commencer à chauffer la Vigne, les Cerisiers, les Pêchers, les Pruniers et les Figuiers.

JARDIN D'AGRÉMENT. — Il y a peu de travaux à faire dans la saison rigoureuse; cependant on profite du temps favorable pour faire les travaux de terrassement, labourer les massifs et enterrer les feuilles. On peut aussi continuer les plantations.

Dans la seconde quinzaine de ce mois, l'on peut commencer à semer sur couche chaude de la Pervenche de Madagascar.

SERRES. — Mettre sous châssis ou dans la serre les Jacinthes en pots, Narcisses, Tulipes hâtives, Rosiers du Bengale, Lilas, Rhododendrons, etc., dont on veut avancer la floraison.

Découvrir les serres tous les jours, à moins de temps contraire, et au moment du soleil donner un peu d'air à l'orangerie et à la serre tempérée; enfin, visiter avec soin les plantes placées dans les serres, et veiller à ce qu'elles ne soient pas atteintes de la pourriture.

FÉVRIER.

Hauteur moyenne du baromètre, 757 mill. 706.
Température moyenne, maximum | 7° 08'.
　　　　　　　　　　　　minimum | 0° 94'.
Quantité de pluie, 40 mill. 50.
État de l'hygromètre, 83° 2.

TRAVAUX GÉNÉRAUX. — Terminer tous les labours qui n'ont pu être faits dans le cours du mois précédent, et achever les travaux que l'hiver a suspendus; il faut se presser de les finir pour ne pas être arrêté quand la végétation recommencera. Toutes les fois que le temps le permet, donner de l'air aux Artichauts et au Céleri, que l'on recouvre quand on craint la gelée.

JARDIN POTAGER. *Couches.* — Mêmes soins que le mois précédent. On sème les premiers Melons à châssis et les Concombres, on continue de chauffer les Asperges blanches, de semer de la Chicorée fine, des Haricots de Hollande pour planter sous châssis, de la Chicorée sauvage, des Radis roses et des Carottes hâtives sur couches, mais à l'air libre. On sème du Céleri-Rave, des Choux rouges et des Choux de Milan.

Vers la fin du mois, on sème des Aubergines, et on plante au n. 1 des Melons cantaloups hâtifs semés dans les premiers jours du mois.

Côtière. — Dans le cas où l'état de la température n'aurait pas permis de le faire plus tôt, on plante au n. 9 de la Romaine verte, semée dans la première quinzaine d'octobre, et dans la Romaine on contre-plante des Choux-fleurs, semés dans la première quinzaine de septembre; puis, parmi le tout, on sème de la Carotte hâtive et du Poireau.

Pleine terre. — Les semis recommencent dans ce mois

et ont pris de l'importance ; on commence à butter les Crambés pour les faire blanchir.

N. 15. On sème de la Carotte hâtive et des Radis parmi.

N. 21. On plante des Choux Cœur-de-bœuf, semés dans les premiers jours de septembre, et après la plantation, on sème des Épinards entre les Choux.

N. 22. On plante des Choux d'Yorck, également semés dans les premiers jours de septembre, et on sème du Cerfeuil ou des Épinards.

N. 34. On sème des Fèves naines hâtives.

N. 48. On sème des Scorsonères.

N. 49. On sème des Salsifis.

Vers la fin du mois ou dans les premiers jours de mars, on sème, au n. 40, de l'Oignon jaune, des Vertus ; au n. 14, on repique des Pois Michaux de Hollande, semés sur couche en janvier ou février, et au n. 29 on plante des Pommes de terre Kidney, ou des fines hâtives.

Jardin fruitier. — On commence les plantations dans les terres fortes, argileuses ou humides ; on continue de tailler les Poiriers et les Pommiers, et on commence à tailler les Abricotiers, Pruniers, Cerisiers, Pêchers et la Vigne. Tailler les Groseilliers et rabattre les Framboisiers pour en obtenir plus de fruits. Émousser les arbres, et les passer au lait de chaux, afin de détruire les lichens et les insectes qui s'attachent sur l'écorce.

Planter les Mûriers, terminer les labours. Mettre stratifier les Amandes que l'on veut planter au printemps, et semer les Poiriers et les Pommiers.

Jardin d'agrément. —Labourer les bosquets et les massifs, ainsi que les emplacements destinés à faire des gazons, que l'on sème à la fin du mois. Tailler les Rosiers à bois dur, tels que cent-feuilles, provins, hybrides non remontants, etc.

Replanter les bordures de Buis, Lavande, Sauge, Hysope, Mignardise, Pâquerette, etc. Planter les arbres résineux. On peut continuer ces plantations jusqu'en mars. Semer en place des Pieds-d'Alouette, des Pavots, des Giroflées de Mahon, Thlaspi, Réséda, si l'on n'en a pas semé durant l'automne. Planter les Renoncules à 0^m.05 de profondeur. Semer sur couche les Giroflées quarantaines, les Roses trémières de la Chine, et presque toutes les plantes annuelles, excepté celles d'automne; puis, quand le plant est assez fort, on le repique en pépinière pour ne planter en place qu'en avril et mai.

SERRES. — Renouveler l'air dans la serre tempérée et l'orangerie, nettoyer les feuilles mortes. Biner la terre des pots et les arroser modérément.

MARS.

Hauteur moyenne du baromètre; 755 mill. 852
Température moyenne, maximum — 9° 94'.
                                      minimum — 2° 66'.
Quantité de pluie, 39 mill. 89.
État de l'hygromèt e, 75° 0.

TRAVAUX GÉNÉRAUX. — Les travaux de ce mois sont les premiers de l'année qui réclament toute l'activité des jardiniers. On doit se hâter de finir les labours, d'enterrer les fumiers et les engrais, et de refaire partout les bordures. On découvre les végétaux qu'on a buttés et couverts pour les garantir de la gelée; il faut cependant encore recouvrir les semis et les plantations d'une petite couche de terreau ou d'un paillis léger, afin de les mettre à l'abri des gelées printanières et du hâle, et l'on met en terre les porte-graines qu'on a conservés en jauge ou dans la serre à légumes.

JARDIN POTAGER. — *Couches.* Pendant ce mois, les couches nécessitent beaucoup de surveillance, car il faut souvent ombrer les châssis pendant le jour, et les couvrir la nuit.

On exhausse les coffres des Choux-fleurs, Haricots, etc., toutes les fois qu'il est nécessaire; et si, vers la fin du mois, le temps est favorable, on enlève les panneaux des Choux-fleurs; mais comme à cette époque les nuits sont souvent très froides, il faut pendant la nuit et par le mauvais temps les couvrir avec des paillassons.

On commence à chauffer la deuxième saison d'Ananas. On continue de semer des Melons à châssis, des Concombres, des Aubergines et de la Chicorée sauvage. On fait des boutures de Patates, et vers la fin du mois on sème des Tomates, des Piments et les graines de Patates.

N. 7. Dans la première quinzaine, on plante sous chaque cloche trois Laitues gottes semées dans la seconde quinzaine d'octobre.

N. 2. Dans la seconde quinzaine, on plante sur couche en tranchée des Melons semés dans la seconde quinzaine de février, sur lesquels on rapporte les châssis qui étaient sur les Carottes semées au n. 3.

Côtière.—On sème un rang de Persil le long du mur.

Pleine terre. — On sème la graine de Pomme de terre immédiatement en place, puis de l'Oignon blanc, des Choux quintal et des Choux de Milan, de la Laitue, des Romaines, des Panais, du Céleri à couper, des Épinards, de la Ciboule, des Pois, des Fèves, de la Chicorée sauvage, de la Pimprenelle, du Persil et du Cerfeuil.

N. 13. On plante deux rangs de Crambé.

N. 14. Dans la première quinzaine, on sème des Radis roses.

N. 17. On plante de la Romaine blonde semée vers la fin d'octobre.

N. 20. On plante de la Laitue rouge semée vers le 15 octobre, et on contreplante des Choux-fleurs, semés dans la première quinzaine de septembre.

N. 25, 26, 27, 28. Ou plante quatre rangs d'Asperges de Hollande ; on les met à environ 0^m.35 de distance sur la ligne.

N. 32. On sème des Pois d'Auvergne ou des Pois ridés.

N. 38. On sème du Poireau.

N. 39. On sème de la Carotte demi-longue.

Jardin fruitier. — Terminer les plantations, achever la taille des arbres fruitiers, excepté pour ceux qui sont trop vigoureux ; labourer le pied des arbres en espalier. Greffer la Vigne, et lors du premier mouvement de la séve, pratiquer l'incision transversale pour faire développer les branches nécessaires à la charpente des arbres qu'on veut élever sous une forme régulière.

Planter les Figuiers et découvrir ceux qui sont empaillés, couper le bois mort et rabattre les branches trop maigres.

Jardin d'agrément. — Outre les travaux indiqués en tête de ce mois, il faut terminer les plantations d'arbres et d'arbrisseaux et des plantes vivaces ; nettoyer complétement les allées, les sabler.

Découvrir tous les Rosiers qui ont été empaillés ou buttés.

Achever de les tailler, excepté ceux qui auraient souffert du froid ; il faudra attendre pour cela qu'ils aient commencé à végéter, et les tailler plutôt longs que courts, sauf à les raccourcir une quinzaine de jours après.

Refaire les bordures de Buis et labourer les massifs de terre de bruyère.

Semer les pelouses de gazon dans les terrains où l'on n'aura pas pu semer d'automne.

Planter les Renoncules et les Anémones qu'on n'aurait pas encore plantées.

Planter les Tigridias à 0^m.5 de profondeur, les Glaïeuls à 0^m.10, et le Lis Saint-Jacques en pots ou en pleine terre, à 0^m.15 de profondeur.

Séparer et replanter les plantes vivaces. (V. *Multiplication par les racines.*)

Semer les Crepis, Malopes, Lavatères, et du Réséda, que l'on peut continuer de semer pendant tout l'été.

Semer, pour être repiqués, de la Giroflée jaune, des OEillets de Chine, et presque toutes les plantes annuelles que l'on a semées par couche précédemment. Semer aussi les Coréopsis et les Thlaspis, si on ne les a pas semés d'automne.

Planter sur couche des Tubéreuses, et mettre les tubercules de Dahlia sous un châssis, afin de favoriser le développement des bourgeons.

Semer sur couche les Balsamines, Amarantes à crête, Amarantoïdes, Seneçons des Indes, Zinnia, etc., et lorsque le plant sera assez fort, on le repiquera sur couche en pépinière pour ne planter en place qu'en mai.

Semer aussi des Cobéas, et dès qu'ils auront quelques feuilles, on les repiquera dans de petits pots qu'on laissera sur couche jusqu'à la fin d'avril ou le commencement de mai, époque de les mettre en pleine terre.

SERRES. — On n'a plus dans ce mois besoin de faire du feu, car le soleil a pris assez de force pour que ses rayons échauffent l'atmosphère, et il est même souvent nécessaire d'ombrager les serres afin de ne pas laisser brûler les feuilles des plantes. Les arrosements seront peu à peu plus fréquents et plus abondants. On nettoie partout, on seringue les feuilles des plantes, et l'on fait sous cloches les boutures de Pétunia, Verveine, Héliotrope, etc.

AVRIL.

Hauteur moyenne du baromètre, 754 mill. 789.
Température moyenne, maximum | 12° 70'.
minimum | 5° 59'.
Quantité de pluie, 45 mill. 53.
État de l'hygromètre, 65° 8.

TRAVAUX GÉNÉRAUX. — On continue les travaux qui n'ont pas été terminés dans le cours du mois précédent, mais comme les gelées sont moins à craindre, on peut faire des semis de toutes sortes.

Sarcler et éclaircir les semis, pailler les plantations pour les préserver contre le hâle, et s'il est nécessaire d'arroser, il ne faut le faire que le matin et dans le jour seulement, à cause de la fraîcheur des nuits.

JARDIN POTAGER. *Couches.* — On sème des Melons pour planter sous cloches, des Concombres, des Cornichons et des Potirons pour planter en pleine terre. Sous châssis, des Haricots flageolets pour repiquer également en pleine terre et sur couche, mais à l'air libre, de la Chicorée fine et des Choux-fleurs.

N. 3. Dans la première quinzaine on plante des Melons semés dans la première quinzaine de mars, sur lesquels on rapporte les châssis qui étaient sur les Choux-fleurs plantés n. 6.

N. 7. On plante sous cloche deux rangs d'Aubergines semées fin de février.

N. 4. Dans la seconde quinzaine, on fait une couche sourde, et on plante sous cloche un rang de Melons semés dans la seconde quinzaine de mars.

N. 8. Vers la fin du mois ou au commencement du mois de mai, on plante, sur couche sourde, un rang de Patates.

Côtière, n. 12. — On plante un rang de Rhubarbe du Népaul.

Pleine terre. — On peut encore semer de la graine de Pomme de terre, on sème des Choux de Bruxelles et de Poméranie. On continue de semer des Choux de Milan, de l'Oignon blanc, des Pois, des Fèves, de la Carotte, des Radis, des Épinards, des Laitues et de la Romaine, du Céleri à couper, du Persil, du Cerfeuil, de la Pimprenelle, de la Chicorée sauvage, et vers la fin du mois du Cresson alénois, n. 30. On plante des Choux de Milan semés vers la fin de février.

N. 37. On sème de l'Oseille.

N. 50. On plante des Choux quintal semés vers le 15 mars.

N. 51, 52, 53 et 54. On plante deux rangs d'œilletons d'Artichaut dans chaque planche; on les met à 1 mètre sur la ligne..

JARDIN FRUITIER. — Achever de tailler les arbres vigoureux et les Pêchers; garantir par des toiles ou des paillassons les arbres en fleurs que menacerait la gelée; terminer les labours et les plantations, faire les boutures et couchages, répandre du paillis pour empêcher la sécheresse, greffer en fente les Cerisiers, Pruniers, Poiriers, Pommiers, Mûriers, etc.; repiquer les Amandes que l'on a mises à stratifier.

JARDIN D'AGRÉMENT. — Planter les Magnolias grandiflora et les Tulipiers qui, à cette époque, reprennent beaucoup mieux qu'en tout autre temps. Terminer les labours et tous les travaux de nettoyage du jardin d'agrément.

Semer les graines d'arbres résineux, semer les OEillets, et mettre ceux en pots en pleine terre; semer en place les Capucines, les Haricots d'Espagne, les Volubilis, les Lupins annuels, les Belles-de-Nuit, les Nigelles, etc., et semer, pour être repiqués, les OEillets d'Inde et les Roses d'Inde, que l'on peut semer successivement jusqu'en juin; diviser les touffes de Chrysanthèmes.

SERRES. — Donner de l'air quand le temps le permet, afin de fortifier les plantes qui bientôt pourront être exposées à l'air libre; commencer à seringuer les plantes vers le milieu du jour, et donner des arrosements modérés. Dans la seconde quinzaine, on commence à sortir les plantes les moins délicates.

2.

MAI.

Hauteur moyenne du baromètre, 754 mill. 863.

Température moyenne, maximum | 17° 67′.

minimum | 10° 98′.

Quantité de pluie, 56 mill. 80.

État de l'hygromètre, 70° 0.

TRAVAUX GÉNÉRAUX. — Nous n'entrerons dans aucun détail sur les opérations horticoles de ce mois, qui sont nombreuses et variées. Le jardinier a besoin de toute son activité, et chacune des parties du jardin réclame tous ses soins.

JARDIN POTAGER. *Couches*. — On fait une couche de 0ᵐ.50 d'épaisseur, que l'on recouvre de 0ᵐ.25 de bonne terre, pour planter les Ananas en pleine terre, sous châssis. On sème des Cornichons et les derniers Melons; puis sur couche, mais à l'air libre, de la Chicorée fine, de la Scarole et les graines de Pommes de terre, si l'on n'a pas semé en pleine terre en mars ou avril. Dans la première quinzaine, on fait une couche sourde au n. 5, et on plante sous cloches un rang de Melons semés dans la première quinzaine d'avril.

Dans la seconde quinzaine, on fait une couche sourde au n. 6, et on plante un rang de Melons semés dans la seconde quinzaine d'avril, sur lesquels on rapporte les cloches qui étaient sur les Aubergines plantées au n. 7.

Côtière, n. 9. — Dans la seconde quinzaine, on plante des Concombres blancs et des Cornichons verts semés sur couches en avril.

N. 11. On sème du Cerfeuil.

N. 10. Dans la seconde quinzaine, on sème des Haricots par touffes, ou en rayons.

Pleine terre. — On sème des Choux-Raves, du Céleri turc, des Radis noirs, de la Poirée blonde, du Pourpier doré, et on continue de semer des Choux-fleurs, des Choux de Milan et de Poméranie, de l'Oignon blanc, des Carottes, des Radis, des Épinards, des Laitues et de la Romaine, des Pois, des Fèves, de l'Oseille, du Persil et du Cresson. Vers le 15, on peut planter des Patates en pleine terre. Dans les premiers jours du mois on plante, au n. 15, de la Chicorée demi-fine semée sur couche dans les premiers jours d'avril.

N. 19. On plante de la Romaine blonde semée dans la seconde quinzaine d'avril, et vers la fin du mois on contre-plante des Choux-fleurs semés sur une vieille couche vers la fin d'avril.

N. 35. On sème de la Chicorée toujours blanche.

N. 33. On sème des Haricots à rames.

N. 23. On sème des Haricots nains.

Dans la seconde quinzaine on plante, au n. 22, de la Laitue grise semée dans la première quinzaine du mois, et on contreplante deux rangs de Tomates semées sur couche vers la fin de mars.

N. 17. On plante de la Chicorée fine semée sur couche vers la fin d'avril, et on contreplante quatre rangs de Céleri-rave semé sur couche en février.

N. 24 On sème deux rangs de Cardons de Tours immédiatement en place, et on contreplante trois rangs de Romaine semée dans la première quinzaine du mois.

N. 41. On plante un rang de Potirons semés sur couche en avril.

N. 36. Vers la fin du mois ou au commencement de juin, on plante quatre rangs de Choux de Poméranie semés vers la fin d'avril.

N. 51, 52, 53 et 54. On plante, entre chaque rang d'Artichauts, un rang de Choux de Bruxelles semés vers la fin d'avril.

JARDIN FRUITIER—Il faut, outre les travaux généraux,

que le jardinier veille à maintenir l'équilibre entre les différentes parties de ses arbres et favoriser leur développement.

On commence l'ébourgeonnement, on donne les premiers binages, et l'on commence à greffer en écusson à œil poussant.

JARDIN D'AGRÉMENT. — Planter les derniers Magnolias à feuilles persistantes.

Dans la seconde quinzaine du mois, planter les Dahlias ; mais il n'y a pas avantage à les planter plus tôt, car il arrive souvent qu'ils ne donnent plus de fleurs dès le mois de septembre, époque de leur beauté.

Commencer à faire faucher les gazons qui, à partir de cette époque, devront être coupés le plus souvent possible ; car, pour avoir de beaux gazons, il faut éviter de les laisser monter en graines.

C'est l'époque de mettre en pleine terre les Érythrina, Balisiers, Pelargonium zonale, Héliotropes, Calcéolaires, Pétunias, Verveines, Matricaire mandiane, etc.

Tailler les Lilas et les Ribes sanguineum aussitôt qu'ils sont défleuris, car il n'y a de belles fleurs que sur le jeune bois.

Replanter en bordure les Amaryllis jaunes.

Semer les Campanules, Coquelourdes, etc., et les repiquer avant l'automne.

Semer des Giroflées quarantaine et grecque, puis des Giroflées grosse espèce, que l'on repiquera en pépinière vers la fin de juin ; et en septembre on les relèvera pour les planter en pot.

SERRES. — Sortir les plantes de l'orangerie et une partie des Pélargoniums (on laissera les plus avancées dans la serre), et au moment où les premières fleurs commenceront à s'épanouir, on les rentrera afin de jouir de toute la beauté de leur floraison, qui se prolonge pendant tout le mois, et quelquefois pendant la première quinzaine de juin. Durant le milieu de la journée il faut étendre une toile sur la serre afin de protéger les fleurs contre l'ardeur du soleil.

Vers le 15, on sort les Orangers, et quelques jours plus tard les plantes de serre chaude qui peuvent passer dehors quatre mois de l'année. On procède au rempotage et on replace dans la serre les plantes d'extrême serre chaude qui ne peuvent pas rester à l'air libre sous le climat de Paris.

On enlève les châssis des serres tempérées, et on découvre les bâches à Camellia, Rhododendron, etc.

JUIN.

Hauteur moyenne du baromètre, 756 mill. 966.
Température moyenne, maximum | 21° 19′.
minimum | 14° 42′.
Quantité de pluie, 54 mill. 41.
État de l'hygromètre, 67° 5.

TRAVAUX GÉNÉRAUX. — Nous renvoyons à chacune des parties qui traitent de la culture propre à ce mois pour tous les travaux à faire. Maintenir la propreté par des sarclages, des binages et des ratissages; ne pas ménager les arrosements quand le temps est sec; faire la chasse aux animaux et aux insectes nuisibles : tels sont les soins généraux qui appellent l'attention du jardinier.

JARDIN POTAGER. *Couches.* — Dans ce mois on peut se passer de faire de nouvelles couches, les plantes réussissent bien en pleine terre; on enlève les coffres et les châssis, et après la récolte des Melons plantés n. 1, on plante deux rangs de Choux-fleurs semés en mai; puis de la Chicorée ou de la Scarole semée sur couche dans la première quinzaine de mai.

Pleine terre. — On sème de la Chicorée de Meaux et

de la Scarole, de la Raiponse, des Choux de Vaugirard et des Choux-fleurs pour l'automne.

On continue de semer de l'Oignon blanc, des Choux de Milan, des Carottes hâtives, du Céleri turc, des Radis roses et noirs, de la Laitue, de la Romaine, des Navets, de l'Oseille, du Pourpier, du Cerfeuil, du Cresson alénois, des Pois et des Haricots; c'est même l'époque de semer tous ceux que l'on veut conserver en filet.

Dans la première quinzaine on repique au n. 21 4 rangs de Romaines (semées dans la seconde quinzaine de mai), et dans la seconde quinzaine on repique dans la Romaine 3 rangs de Poirée à cardes (semées dans les premiers jours du mois), que l'on met à 0^m.50 sur la ligne.

N. 18. On plante 4 rangs de Laitue semée dans la seconde quinzaine de mai.

N. 31. On sème des Navets.

N. 30. On sème des Haricots.

Dans la seconde quinzaine on contreplante, dans la Chicorée plantée n. 15, 4 rangs de Céleri turc semé dans les premiers jours de mai.

N. 14. On repique 4 rangs de Scarole semée sur couche dans les premiers jours du mois, et quelques jours plus tard on contreplante des Choux-Raves, semés vers la fin de mai.

Vers la fin du mois ou dans les premiers jours de juillet, on sème au n. 29 de la Chicorée de Meaux immédiatement en place.

Dans le courant du mois, on coupe les pétioles de Rhubarbe pour en faire des confitures.

JARDIN FRUITIER. — On commence le palissage de la Vigne et des arbres en espalier pour ne le terminer que vers la fin de la saison.

On continue l'ébourgeonnage, le pincement et la suppression des bourgeons inutiles, seul moyen d'avoir des arbres toujours beaux et d'un produit assuré.

On pince le bouton terminal des Figuiers afin d'en assurer la fructification. Vers la fin du mois ou au commencement de juillet, on taille les Mûriers dont les feuilles ont servi à l'éducation des vers à soie.

JARDIN D'AGRÉMENT. — On fauche les gazons, on bine les plates-bandes et les massifs, on arrose les plantes annuelles et vivaces, on met des tuteurs aux Dahlias, Roses trémières, etc.

Greffer en écusson toutes les variétés de Rosiers.

Repiquer en pépinière les OEillets de semis, rempoter les Chrysanthèmes plus grandement et les rabattre ; relever les Amaryllis Belladones, et les replanter peu de temps après.

Semer les Roses trémières, Croix-de-Jérusalem, Digitales, OEillets de poëte, etc., ainsi que toutes les plantes vivaces et les Primevères, aussitôt après la maturité des graines. Il faut repiquer tous ces plants en pépinières avant de les mettre en place.

Semer le Cantua picta, qu'on repiquera en pots à l'automne, et qu'on mettra sur une tablette de la serre tempérée ou sous châssis pour passer l'hiver. Au printemps, on plantera en pleine terre.

SERRES. — Sortir les Pélargoniums de la serre aussitôt qu'ils sont défleuris, les déposer pendant quelques jours à une exposition ombragée, ensuite les placer dans une position bien aérée ; et pour que la terre des pots se dessèche moins, on les enterre à peu près à moitié. Si l'on ne veut pas enlever les châssis de la serre aux Pélargoniums, on pourra la regarnir avec des Lauriers-roses doubles, dont la floraison sera plus belle et plus certaine qu'à l'air libre.

JUILLET.

Hauteur moyenne du baromètre, 756 mill. 193.
Température moyenne, maximum | 21° 19'.
minimum | 16° 93 .
Quantité de pluie, 47 mill. 21.
État de l'hygromètre, 68° 2.

TRAVAUX GÉNÉRAUX. — Les mêmes qu'en juin. Redoubler d'activité et de soins, car toutes les parties du jardinage sont d'une égale importance, et réclament la sollicitude du jardinier.

JARDIN POTAGER. — *Couches.* Dans la première quinzaine on enlève le fumier de la couche n. 2, on remplit la tranchée avec la terre qu'on en avait tirée, on laboure le tout, et après avoir dressé le terrain, on plante des Choux-fleurs semés dans la seconde quinzaine de juin; puis on contreplante de la Chicorée ou de la Scarole semée dans la première quinzaine de juin.

N. 3. Dans la seconde quinzaine, on enlève également le fumier de la couche, et comme au n. 2 on remplit la tranchée et on plante des Choux-fleurs semés dans la première quinzaine du mois; et on contreplante de la Chicorée ou de la Scarole semée dans la première quinzaine du mois.

Pleine terre. — On fait les derniers semis de Choux de Milan, Carottes, Chicorée, Scarole, Laitue romaine, et on continue de semer des Navets, de la Raiponce, des Radis, du Pourpier doré, du Cerfeuil, enfin tout ce qui peut arriver à maturité avant l'hiver.

N. 18. Dans les premiers jours du mois, on contreplante dans la Laitue, de la Chicorée ou de la Scarole semée dans la première quinzaine de juin; puis on plante de chaque côté de la planche un rang de Choux de Vaugirard, semés dans la seconde quinzaine de juin

N. 20. On sème de la Raiponce. Dans la seconde quinzaine, on plante au n. 16 quatre rangs de Romaine blonde ou de Laitue semée dans la première quinzaine du mois, et on contreplante deux rangs de Choux-fleurs semés dans la première quinzaine de juin.

Jardin fruitier. — Visiter les espaliers, maintenir l'équilibre entre les différentes parties des arbres, palisser, ébourgeonner, découvrir sans les dégarnir les fruits dont on veut accélérer la maturité.

Pendant les fortes chaleurs, arroser les Pêchers au pied, et le soir seringuer les feuilles.

De la fin du mois à la mi-septembre, greffer en écusson à œil dormant les Cerisiers, Pruniers, Pêchers, Abricotiers, Poiriers et Pommiers.

Jardin d'agrément. — Commencer à ébourgeonner les Dahlias, planter les Lis à $0^m.15$ ou $0^m.20$ de profondeur aussitôt qu'ils seront défleuris.

Retirer les Renoncules, Anémones, Narcisses, Jonquilles, dès que les feuilles seront desséchées.

Semer les Lupins vivaces aussitôt la maturité des graines ; à l'automne, les repiquer en pots, que l'on mettra dans l'orangerie ou sous châssis pour passer l'hiver, et au printemps on les met en pleine terre.

Vers la fin du mois ou au mois d'août, margotter les OEillets et commencer à greffer les Rosiers en écusson à œil dormant.

Serres — Les plantes de serre sont presque toutes dehors et n'exigent que des arrosements. Il faut donner du grand air à celles restées dans la serre ; les abriter contre les rayons solaires et les arroser au besoin.

CHAPITRE III.

Instruments de jardinage.

Tous les instruments indiqués dans ce chapitre sont

indispensables pour cultiver un jardin ; et, quoique nous ne cherchions nullement à constituer en frais ceux qui puiseront des renseignements dans notre livre, nous leur conseillons de s'en procurer la plus grande partie, afin de simplifier les opérations.

§ 1er. *Outils propres aux labours et plantations.*

BÊCHES DE SOISSONS. — La lame est un peu évidée au milieu ; elle a $0^m.27$ de long sur $0^m.20$ de large par en haut, et $0^m.16$ par en bas. Au lieu d'avoir une douille, la lame est fixée au manche au moyen de deux chevilles rivées.

BÊCHE DE SENLIS. Le manche a 1 mètre de long, non compris la partie enfoncée dans la douille ; le fer a $0^m.30$ de haut, $0^m.22$ de largeur par en haut et $0^m.18$ par en bas.

BINETTE. — La binette est une petite houe dont la lame n'a guère que $0^m.16$ de longueur sur $0^m.12$ de largeur. Elle sert à remuer la terre entre les plantes dont les rangs sont un peu écartés, ainsi qu'à faire les trous pour planter les haricots et les pommes de terre.

BINETTE A CROC. — Cette binette, dont la lame est double, offre un taillant d'un côté et deux longues dents de l'autre.

HOYAU. — Outil destiné à faire les tranchées, arracher les arbres et préparer au labour à la bêche les terres compactes. Le manche a $0^m.76$, et la lame, qui forme avec le manche un angle droit, en a $0^m.32$.

HOULETTE. — La houlette est une petite bêche dont la lame, longue d'environ $0^m.15$, large de $0^m.10$, est repliée cylindriquement sur ses côtés : elle est destinée à relever les plantes en mottes.

PIOCHE OU TOURNÉE. — Cet instrument est particulièrement employé pour les travaux de terrassement; on s'en sert utilement pour faire les trous et déplanter les gros arbres.

PLANTOIR. — Pour faire un plantoir, on choisit une branche d'arbre recourbée à son extrémité, puis on effile la partie qui doit être enfoncée en terre; et, pour lui donner plus de durée et de pénétrabilité, on le fait garnir de fer ou de cuivre.

TRAÇOIR-TRIDENT. — L'avantage de cet instrument est d'éviter de déplacer le cordeau autant de fois qu'il faut de rayons dans une planche. Pour tracer six rayons il suffit de tendre deux fois le cordeau, et pour cinq une seule fois, en le plaçant au milieu de la planche. On peut faire les rayons plus ou moins écartés; car les deux branches latérales sont fixées par en bas au moyen d'une charnière, et sur la traverse par une petite cheville mobile qui permet de les éloigner ou de les rapprocher selon le besoin.

CISEAUX A TONDRE. — Ce sont de grands ciseaux de 0m.40 de longueur, dont les manches forment avec la lame un angle très ouvert; ils servent à tondre les haies, les gazons, les bordures, etc.

Les lames doivent avoir du jeu et ne pas être serrées par un écrou. Pour s'en servir il faut, au moyen d'efforts en sens opposé, presser les lames l'une contre l'autre.

RATEAU SIMPLE A DENTS DE FER. — Il sert à nettoyer les allées, à unir la surface du terrain nouvellement labouré, puis à recouvrir légèrement les semis. Il faut en avoir au moins deux, l'un d'environ 0m.30, et l'autre de 0m.45.

RATISSOIRE A POUSSER. — Manche, 1m.40 de longueur; lame, 0m.20.

RATISSOIRE A TIRER. — Employée dans les parties où la terre est la plus dure. La lame, qui a 0m.20 de largeur, est faite avec un morceau de vieille faux. Le manche a 1^m.15 de longueur.

Rouleau. — Le rouleau est un gros cylindre en fonte ou en pierre, muni à chaque extrémité d'une oreillette arrondie, tournant comme un essieu dans une boucle de fer; on l'emploie avec avantage pour rouler les terres et les gazons.

Sarcloir. — Cet instrument sert à sarcler entre les plantes qui ne sont pas semées trop dru. Sa longueur totale est de 0^m.25.

§ 2. — *Outils propres au transport.*

Brouette a coffre. — Les proportions d'une brouette sont : longueur, 1^m.50 à 1^m.60; largeur du coffre, 0^m.50 à 0^m.55; écartement des bras à leur extrémité, 0^m.65; diamètre extérieur de la roue, 0^m.48.

Crochet pour le transport des caisses. — Ces crochets sont en fer, et l'une des extrémités forme une boucle dans laquelle on passe un brancard de 2 mètres de longueur; à l'aide de ces crochets, deux hommes transportent facilement des caisses très pesantes.

Diable. — Cet appareil est indispensable pour entrer et sortir les caisses qu'il est impossible de transporter avec les crochets. Pour les enlever, on approche l'appareil de manière à engager les mentonnets sous la caisse; on cale les roues, et l'on appuie sur la flèche de manière que la caisse se trouve placée obliquement; l'on peut alors la diriger facilement partout où on le veut.

Fourche ordinaire. — Cet instrument sert à faire les couches, à transporter les fumiers et à herser les planches du potager.

Hottereau (on prononce Hottriau). — Il sert au transport des fumiers et du terreau. Dans les jardins maraîchers il remplace la brouette.

PELLE DE BOIS.—Comme cet instrument est à peu près partout le même, nous croyons inutile d'en donner les proportions ; elle sert à enlever les terres et terreaux à les amonceler, etc.

§ 3. — *Instruments servant aux arrosements.*

ARROSOIR A POMME. — Cet instrument, qui doit être en cuivre pour plus de durée, contient environ dix litres d'eau.

ARROSOIR A BEC pour mouiller dans les serres ; il doit être au moins un tiers plus petit que celui à pomme.

Pour arroser les semis et les boutures, on met la pomme à la place du bec de prolongement.

POMPE A MAIN ET A JET CONTINU, de M. Petit. — Cet instrument, qui lance l'eau à 5 et 6 mètres de hauteur, sert à arroser les arbres trop élevés pour qu'on puisse se servir de la seringue.

SERINGUE pour laver la tête des arbres et les plantes d'orangerie et de serre. Sa longueur totale est de 0ᵐ.50.

§ 4. — *Instruments propres à la taille et à l'élagage des arbres.*

CROISSANT. — On se sert de cet instrument, dont la lame est placée à l'extrémité d'un manche plus ou moins long, pour élaguer les arbres et écheniller ; mais on lui substitue avec avantage pour ce dernier objet l'échenilloir, dont la manœuvre est bien moins fatigante.

COUPE - BOURGEONS. — Espèce de sécateur à lames courbes qui sert à ébourgeonner et facilite cette opération.

Échenilloir. — On peut, dans certaines circonstances, remplacer cet instrument par le croissant ; mais celui-ci est toujours plus commode.

Sécateur. — Le choix de cet instrument est d'une grande importance ; car, s'il est mal fabriqué, il écorche les branches et nuit à la végétation de l'arbre. Son avantage sur la serpette est de faciliter la taille ; mais il ne peut lutter dans toutes les circonstances avec ce dernier instrument, qui fait toujours des plaies plus nettes.

Scie a main destinée à enlever les branches qu'on ne peut couper au sécateur. Sa longueur totale est de $0^m.25$.

Égohine servant à couper les branches dans les endroits où la scie à main ne peut passer.

Serpette. — On en fait de différentes dimensions ; mais les plus généralement employées ont un manche d'environ $0^m.12$ de longueur, et la lame de $0^m.08$ à $0^m.09$.

Serpe. — Elle sert à abattre les grosses branches, faire les pointes des pieux et des tuteurs, etc.

CHAPITRE IV.

Défoncements et labours.

Lorsqu'on établit un jardin neuf, il faut commencer par se rendre compte de l'état et de la profondeur du terrain, ce qui est essentiel surtout si l'on a des plantations d'arbres à faire.

Si la couche de terre de dessus est mauvaise ou depuis très longtemps en culture, et que la fertilité se trouve épuisée, il faut faire défoncer.

Si, comme il arrive souvent, le terrain est couvert

d'herbes élevées, il faut les arracher, les réunir en tas
et les brûler si elles sont assez sèches. On en étendra
les cendres sur le terrain après le défoncement, que l'on
fera en automne ou en hiver de la manière suivante :
à une des extrémités du terrain, l'on ouvrira une tranchée de 1^{m}.60 à 2 mètres de largeur (appelée jauge).
Assez ordinairement il suffit d'enlever deux fers de
bêche, et l'on pioche le fond de la tranchée avant de la
remplir. Il y a des terrains où il faut cependant défoncer beaucoup plus profondément. On divisera le
terrain en deux, trois ou quatre parties, selon le nombre d'ouvriers. On déposera la terre de la première
tranchée au bout où l'on doit terminer, ce qui servira
à combler le vide de la dernière. On remplacera successivement chaque tranchée par une autre de même
longueur, en ayant soin de mettre la terre du fond à la
superficie.

Il faudra enlever les parties de mauvaise terre et les
pierres, que l'on mettra dans les grandes allées, dont
on enlèvera toute la bonne terre.

Le défoncement terminé, on donnera un bon coup
de fourche pour briser les mottes de terre et unir la
superficie du terrain, puis l'on passera le râteau pour
enlever les pierres, qui serviront encore à remplir les
allées.

1. *Labours.* — Dans les terres légères, on fera annuellement un profond labour pendant les belles journées d'hiver ; quant aux terres compactes et humides,
il faudra en automne les relever par chaînes, c'est-à-
dire enlever la terre de la surface du sol, et la réunir
en monticules, ou mieux en lignes parallèles. Les gelées les ressuieront, et au printemps elles seront beaucoup plus faciles à cultiver.

Dans les jardins, les labours se font à la bêche. Avant
de commencer, on enlèvera de la terre de manière à

former une jauge d'un bon fer de bêche de profondeur (0^m.25 à 0^m.30 environ), de 0^m.30 à 0^m.35 de largeur, et de la longueur du travers d'une planche pour un homme seul.

Si l'on a à labourer deux planches à côté l'une de l'autre, on déposera la terre de la jauge sur celle d'à côté et sur le même bout.

Si l'on n'en a qu'une, on la déposera au bout où l'on doit terminer, de manière à avoir de quoi-remplir la dernière jauge. Comme c'est aussi à cette époque qu'on enterre le fumier, l'on devra avant l'étendre bien également sur tout le terrain, ce qui permet souvent de labourer par les gelées ; sans cette précaution, le froid durcirait la surface du sol et empêcherait tout travail.

On labourera à reculons en prenant la terre par bêchée, que l'on replacera sur l'autre bord de la jauge, en en la retournant chaque fois de manière que celle du fond se trouve en dessus, puis l'on poussera du fumier dans chaque jauge, en ayant soin de ne pas l'enterrer trop profondément, afin qu'il se trouve à la portée des racines. On brisera bien les mottes de terre avec la bêche, et l'on jettera de côté les pierres que l'on rencontrera.

Il faut surtout avoir soin, en labourant, de mettre la terre des sentiers dans la planche, car elle aura eu une année de repos. Pour les labours d'hiver, il ne faut pas trop unir la superficie du terrain ; seulement, quand on sera pour planter ou semer, on l'égalisera à la fourche.

On procédera pour toute l'étendue du jardin comme nous l'indiquons, en maintenant toujours une jauge de même largeur.

En labourant au pied des arbres, on ne saurait prendre trop de précautions pour ne pas en blesser les racines.

Toutes les fois que l'on voudra faire succéder une culture à une autre, il faudra labourer le terrain, mais pas aussi profondément qu'en hiver, et avoir soin d'arracher auparavant les mauvaises herbes, dont les graines germeraient promptement une fois enterrées. Dans les terrains extrêmement maigres, où il est toujours nécessaire de mettre quelque engrais, il ne faut l'employer que très consommé.

2. *Sarclage.* — Le sarclage consiste à faire disparaître du sol les plantes et les mauvaises herbes étrangères à la culture. Cette opération se fait à la main, et exige une certaine pratique afin de distinguer au premier coup d'œil les plantes qu'il faut enlever de celles qui doivent être conservées. On conçoit que ce travail doit offrir beaucoup de difficultés lorsque la terre est sèche : c'est pourquoi, dans ce cas, il faut avoir soin de bassiner, une heure au moins avant de commencer cette opération, les planches qui ont besoin d'être sarclées.

3. *Binage.* — Le binage est une opération non moins nécessaire aux plantes potagères que le sarclage, elle a lieu à l'aide de la binette, et, suivant le besoin, avec la lame ou avec les dents.

Le binage a pour but de diviser la surface du sol afin de rendre la terre perméable aux influences atmosphériques et aux arrosements. Dans quelques circonstances (par exemple pour les plantes repiquées), le binage peut remplacer le sarclage, et quelquefois alors on peut, au lieu de la binette, employer la ratissoire.

CHAPITRE V.

Fumiers et engrais.

Nous n'aurons à parler que des engrais les plus com-

3.

muns, les autres, tels que la raclure de corne, le noir animal, le sang desséché, la poudre d'os, le guano et l'engrais pérazoté, n'étant guère employés que dans la grande culture.

Ceux que nous conseillons et qu'il est le plus facile de se procurer sont les débris végétaux en état de décomposition. On peut se servir encore de la vase des étangs et des balayures des rues, qui sont également de bons engrais, mais seulement après être restées longtemps en tas, avoir été remuées plusieurs fois pendant l'hiver et mûries par les influences de l'atmosphère. Le marc des Raisins et des Poires à cidre est aussi très bon quand il est resté assez longtemps en tas pour qu'on n'ait plus à craindre que les graines germent une fois en terre.

La fiente de pigeon ou colombine et celle de poule ne devront être employées que très sèches et réduites en poussière, et, comme la poudrette, semées légèrement à la volée, et cela seulement dans les terres fortes. Ces fumiers ne peuvent être employés que dans des circonstances souvent fort limitées, tandis que ceux provenant de la litière mêlée à l'urine et aux excréments d'animaux domestiques se trouvent partout en abondance ; ils présentent entre eux des différences que nous allons signaler. Les fumiers les plus chauds sont ceux de *cheval*, de *mulet*, d'*âne* et de *mouton*. Les plus compactes et les plus froids sont ceux de *bœuf* et de *vache*.

Quel que soit le fumier que l'on emploie, nous pensons qu'il ne doit être enterré qu'après sa fermentation, sans attendre cependant qu'il soit entièrement consommé ; frais, il n'agit pas comme engrais, mais comme amendement : aussi, dans les terres fortes, humides et froides, qu'il est nécessaire de diviser, on n'emploiera jamais que des fumiers non consommés.

Un autre inconvénient de ces fumiers est de renfermer encore des graines dont la fermentation n'a pu détruire le principe germinatif et qui couvrent promptement le sol de mauvaises herbes.

Pour les terres légères et brûlantes, qu'il est nécessaire de lier, on emploiera du fumier de vache ou autre à défaut de celui-ci; mais alors on ne doit l'employer qu'à moitié consommé.

C'est en hiver et dans les premières gelées qu'il faudra étendre le fumier dans tous les endroits où on doit l'enterrer. Quel que soit l'engrais dont on se serve, on doit en mettre tous les ans et le plus possible, surtout pour les planches de potager qui sont toujours en culture.

Les fumiers et les feuilles presque consommés provenant des vieilles couches seront réservés pour étendre chaque année comme paillis sur les plates-bandes et sur toutes les parties en culture, ce qui est encore un bon engrais; mais il faudra s'abstenir de mêler à ces fumiers les sarclures du jardin avant leur réduction complète en terreau.

Les engrais doivent être enterrés assez tôt pour qu'ils aient eu le temps de se consommer avant que les racines des plantes puissent les atteindre, surtout celles à racines charnues. Certaines plantes potagères, telles que le Poireau et l'Oignon, réussissent mieux dans une terre fumée de l'année précédente.

CHAPITRE VI.

Des arrosements.

L'eau étant un des principaux agents de la végétation, elle est indispensable dans un jardin. Quand on n'a pas un cours d'eau dont on puisse disposer à son gré, il est

nécessaire de s'en procurer par tous les moyens possibles.

Les eaux pluviales, plus salutaires à la végétation que
toutes les eaux qui coulent à la surface du sol, doivent
être recueillies avec soin ; à cet effet, on devra garnir
toutes les toitures de gouttières, de manière à n'en pas
laisser perdre. Elles seront reçues dans un réservoir
placé à une certaine élévation, ce qui facilitera les
moyens de distribuer l'eau par les tuyaux dans toutes
les parties du jardin.

A défaut d'eau courante ou jaillissante, on sera obligé
d'avoir recours à l'eau de puits. Dans cette circonstance
il faudra se préoccuper du meilleur moyen de la tirer ;
car il est déplorable que, dans beaucoup de localités,
on soit encore réduit à la nécessité de se servir de la
corde et des seaux, exercice aussi fatigant que long ;
tandis qu'avec une pompe à manége à triple effet l'on
peut facilement se procurer 12 à 1,500 litres d'eau par
heure. Il est vrai que pour cela il faut avoir un cheval,
et que beaucoup de gens se préoccupent si peu du sort
de leur jardinier qu'ils aiment mieux laisser leurs chevaux à l'écurie que d'en mettre un à sa disposition
quelques heures chaque jour pendant les mois d'été ;
ce qui cependant serait très avantageux, car l'eau des
puits contient presque toujours du carbonate et souvent du sulfate de chaux; sur quelques points même
ces substances sont tellement abondantes que l'eau dépose sur le sol et sur les feuilles des plantes une couche
de sels calcaires qui ne permettent plus aux racines de
jouir des influences atmosphériques et aux feuilles de
remplir leurs fonctions physiologiques, ce qui occasionne quelquefois la perte des cultures, ou le plus
souvent un état de langueur non moins préjudiciable.
Dans ce cas, il est de toute nécessité d'avoir un réservoir pour que l'eau ne soit employée que quelques

heures après avoir été tirée, ce qui permet aux substances malfaisantes qu'elle contient de se déposer. Il
y a aussi avantage à laisser l'eau s'échauffer au soleil ;
car pour l'arrosement des plantes délicates ou de celles
cultivées sur couches l'eau, ne devrait jamais avoir
moins de 8 à 10 degrés de température. Il n'en est pas
de même, il est vrai, pour les gros légumes ; il faut
au contraire employer l'eau aussitôt qu'elle est tirée
du puits, car autrement elle activerait trop leur végétation, et ils ne pourraient alors acquérir tout leur développement.

On peut augmenter la fertilité du sol en faisant des
arrosements avec de l'eau mêlée de purin ou jus de
fumier, de bouse de vache, de crottin de mouton ou
de toutes autres substances animalisées. La colombine,
la poudrette et le guano employés à petites doses, 6 ki-
logrammes environ par hectolitre d'eau, constituent
également un bon engrais liquide, avec lequel on peut,
pendant l'été, arroser les plantes cultivées en pot ou
en pleine terre une fois chaque semaine.

La quantité et la fréquence des arrosements ne peuvent pas être déterminées d'avance ; nous nous bornerons à dire qu'ils devront être plus ou moins abondants
suivant la température et la nature du terrain.

Pour que les plantes profitent le plus possible des
arrosements pendant les journées chaudes de juin, juillet et août, on n'arrosera que dans l'après-midi ; au
printemps et à l'automne, où les nuits sont ordinairement fraîches, on les arrosera le matin.

Les arrosoirs dont on se servira le plus fréquemment, et particulièrement pour mouiller les semis et
les plantes récemment repiquées, sont ceux à pomme ;
ceux à bec serviront pour mouiller les plantes en pot.
On ajoutera la pomme pour mouiller au pied les plantes délicates et nouvellement repiquées.

CHAPITRE VII.

Des couches.

Dans les contrées septentrionales, où la végétation est suspendue par le froid pendant un temps plus ou moins long, le jardinier a recours à des moyens artificiels pour suppléer à la chaleur du soleil et obtenir des produits prématurés. Il est même impossible, dans le jardin le plus humble, de se passer d'une couche, ne fût-ce que pour semer certaines graines de fleurs ou de légumes qui ne peuvent réussir en pleine terre ou ne donnent que des produits tardifs.

I. COUCHES POUR PRIMEURS. — Les couches doivent toujours être à l'exposition du sud, et l'emplacement sur lequel on les établira sera creusé de 0^m.20 environ. L'épaisseur qu'on devra leur donner dépend de plusieurs circonstances : 1. celles faites en décembre, janvier et février doivent être plus épaisses qu'à toute autre époque de l'année; 2. sur un sol froid et humide elles doivent être plus épaisses que sur un sol sablonneux; 3. plus elles sont étroites, plus on leur donnera d'épaisseur. On les fait ordinairement de 1^m.30 de large, plus un sentier de 0^m.40 que l'on laisse entre chacune et qu'on remplit de fumier; pour entretenir et ranimer la chaleur, on entoure les couches de réchauds de fumier neuf, qu'on renouvelle de temps à autre.

Pour faire les couches, on emploie de préférence du fumier de cheval neuf, c'est-à-dire celui qui sort de l'écurie : plus il est imbibé d'urine, mieux il convient. On le mélange de moitié feuilles d'arbres, de marc de Raisin ou d'un tiers de fumier provenant des anciennes couches. La chaleur est moins forte qu'avec du fumier seul; mais elle se soutient beaucoup plus longtemps, est plus régulière, et l'on a moins à craindre un développement de chaleur excessif qui occasionnerait quelquefois la perte des jeunes plantes. On pourrait même, à défaut de fumier, se contenter de feuilles ou de marc de raisin. On n'emploiera guère le fumier neuf seul que pour les réchauds et quelques semis, tels que les Melons.

Avant de commencer à monter une couche, il faut, pour mélanger les fumiers bien également, les déposer le plus près possible de la place qu'elle doit occuper. On monte sa couche en allant toujours à reculons, en ayant soin de bien mélanger à la fourche les parties sèches avec celles qui sont le plus imprégnées d'urine, et de répartir également le crottin. Les bords de la couche doivent être montés verticalement; et, dès qu'on a formé un lit de fumier, on le mouille plus ou moins, suivant le besoin, avec l'arrosoir à pomme, de telle sorte que tout soit assez humide pour produire une fermentation prolongée et éviter que le fumier ne se dessèche au centre, ce qui pourrait compromettre le résultat de l'opération. Pour donner à la couche une densité égale sur tous points, on la foule avec les pieds et le dos de la fourche; puis on rapporte du fumier dans les endroits creux pour que l'épaisseur en soit régulière. On en fait autant à chaque lit, et cela jusqu'à ce que la couche soit arrivée à la hauteur voulue; après quoi on remplit les sentiers et l'on pose les coffres qui, par leur dimension, ont l'avantage de se placer où l'on veut et de suivre l'affaissement de la couche. Une fois les coffres placés, on charge la couche de terreau; puis on pose les panneaux, qu'il faut tenir couverts pendant quelques jours pour faciliter la fermentation. Avant de semer ou de planter sur une couche nouvelle, il est prudent d'attendre que la première chaleur se soit modérée. Si, malgré cette précaution, il arrivait qu'il se développât une trop forte chaleur, il faudrait s'empresser d'écarter les réchauds du coffre; et si cela ne suffisait pas, on verserait quelques arrosoirs d'eau autour de la couche, de manière à la refroidir.

Thermosiphon[1]. — En quelques circonstances on

(1) Les figures 2 et 3 donnent une idée de la disposition générale de l'appareil. (Ce modèle de chaudière a été copié dans les ateliers de M. Gervais, rue des Fossés-Saint-Jacques, 3.)

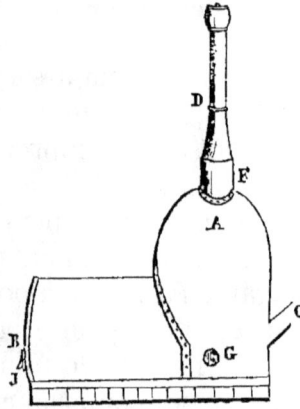 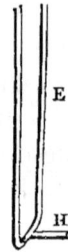

Fig. 2.　　　　　　　Fig. 3

A. Chaudière en cuivre à double paroi remplie d'eau. Les proportions de cette chaudière diffèrent suivant la température qu'on veut obtenir.

B. Porte du foyer. Les produits de la combustion s'échappent par l'ouverture C, qui communique avec la cheminée.

D. Tube pour le départ de l'eau chaude et pour introduire l'eau dans la chaudière.

E. (*fig.* 3.) Tuyaux en cuivre, dans lesquels circule l'eau. Ces tuyaux communiquent au point F, avec le tube D, au moyen d'un coude de même diamètre, et au point G avec la chaudière.

Lorsque l'eau contenue dans la chaudière est réchauffée, elle se dilate, pousse celle qui est contenue dans les tuyaux E jusqu'au point G, où elle rentre se réchauffer dans la chaudière.

H Tube pour dégager l'air contenu dans les tuyaux.

J. Cannelle pour verser l'eau contenue dans l'appareil.

Quant aux tuyaux, lorsque le parcours est d'une certaine étendue, on leur donne la forme méplate, afin de chauffer une plus grande surface que dans les tuyaux cylindriques, et pour contenir une moins grande quantité d'eau qui puisse parvenir au degré d'ébullition plus promptement que dans ces derniers. On donne généralement à ces tuyaux de 0m.02 à 0m 3 d'épaisseur sur peut remplacer les couches du fumier par le chauffage au thermosiphon. Pour cela on fait assez ordinairement une couche très mince, afin de garantir les plantes de l'humidité du sol; puis on fait circuler les tuyaux au-dessus de la couche. On peut aussi établir un plancher en bois, sous lequel on fait circuler les tuyaux du thermosiphon; mais les plantes cultivées sur ce plancher exigent de trop fréquents arrosements; c'est pourquoi nous pensons qu'il serait mieux (pour les cultures où il serait nécessaire de chauffer le sol) de faire circuler les tuyaux dans les sentiers, c'est-à-dire entre les coffres; et, dans ce cas, on les couvrirait avec des planches et de la paille, ou tout autre mauvais conducteur du calorique. Ce qui nous fait croire que ce moyen serait applicable à la culture des légumes forcés sous panneaux, c'est que, pour certaines cultures, c'est seulement au moyen de réchauds qu'on obtient la chaleur nécessaire aux besoins des plantes.

II. Couches sourdes. — Ce n'est guère qu'en avril qu'on commence à faire usage de ces sortes de couches. Pour les établir on fait une tranchée de 0^m.75 à 1 mètre de largeur, et d'environ 0^m.35 de profondeur.

On emploie pour les faire les mêmes matériaux que pour les précédentes; on leur donne 0^m.60 à 0^m.80 d'épaisseur; elles doivent être légèrement bombées du milieu.

On les charge de terreau ou de bonne terre, sui-

une hauteur variable de 0m.10 à 0m.15, suivant le cube d'air et le besoin d'élévation de la température. Les tuyaux de 0m 21 sur 0m.2 sont assez communément en usage. En effet, les tuyaux cylindriques, dont la surface extérieure correspond à celle du tuyau de 0m.21 de hauteur sur 0m.2 contiennent 4 litres 20 d'eau, et la même longueur en tuyaux d'une surface extérieure semblable, c'est-à-dire d'un diamètre de 0m.15, en contiendrait 15 litres 17 Il est vrai que l'eau chaude contenue dans le tuyau cylindrique se refroidira moins vite que dans l'autre; mais aussi il aura fallu, pour la mettre en ébullition, brûler plus de combustible sans avoir obtenu plus de surface de chauffe, et par conséquent plus de chaleur.

vant le genre de culture qu'on y doit faire ; puis on les
couvre d'un lit de fumier long pour y concentrer la
chaleur.

1. *Réchauds.* — Pendant toute la durée des froids,
c'est-à-dire depuis la fin de novembre jusqu'à la mi-
avril, il est nécessaire d'entretenir ou de ranimer la
chaleur des couches, et cela sans les refaire. On arrive
à ce résultat au moyen de réchauds, ce qui consiste,
comme nous l'avons dit précédemment, à remplir les
sentiers qui circulent autour des couches de fumier
neuf ou recuit, et à remanier tous les quinze jours ou
toutes les semaines ; enfin, suivant le besoin, en y ajoutant chaque fois une partie de nouveau fumier. En cela
il faut avoir égard à l'état de l'atmosphère, c'est-à-dire
que, s'il fait sec, il faut employer du fumier humide,
et si le temps est humide, du fumier sec ; puis il faut
avoir soin de les couvrir de paillassons pendant les
mauvais temps, afin de concentrer la chaleur

2. *Ados.* — Les ados sont un moyen sûr et écono-
mique de favoriser la culture des primeurs : les plantes
y réussissent mieux que sur un terrain horizontal. Ils
consistent en une pente de 1ᵐ.33 tournée du côté du
soleil.

Pour établir un ados on procède de la manière suivante : après avoir fait choix d'un emplacement favorable, on donne un bon labour au sol, en ayant soin
d'enlever par devant la terre nécessaire pour recharger le derrière d'environ 0ᵐ.20, après quoi on unit le
terrain ; puis on étend sur le tout environ 0ᵐ.10 de terre
mêlée de terreau.

Ces ados servent premièrement à semer des Radis,
et ensuite on place trois rangs de cloches pour faire
des semis de salade et repiquer les jeunes plants.

CHAPITRE VIII.

Multiplication des plantes.

Nous comprenons sous ce titre la série des opérations qui ont pour objet de multiplier les végétaux;
mais nous n'avons donné à chacune d'elles qu'une étendue proportionnée à la difficulté réelle qu'elles présentent. Nous invitons nos lecteurs à lire attentivement
ce chapitre pour se bien pénétrer des principes qui y
sont exposés; et en suivant fidèlement nos prescrip-
tions, on arrivera à acquérir l'habileté manuelle nécessaire pour compter sur un succès certain.

§ 1. SEMIS.

Quel que soit le mode de semis, la préparation du
sol est une opération préalable de la plus haute importance; ainsi le terrain doit être labouré avec soin, de
manière que les mottes soient bien divisées, et après
le labour on herse à la fourche et on enlève avec le râteau les pierres et les mottes qui sont à la surface.

La plus grande partie des graines potagères peuvent
être semées au printemps, puis successivement, à des
intervalles calculés sur la durée de la végétation de
chaque plante. A l'exception de quelques salades, il ne
faut pas semer plus tard que le mois de juillet les légumes qui doivent être consommés dans la même année; il est donc nécessaire, avant de semer, de connaître non-seulement le temps de la germination des
graines, mais encore combien il faudra attendre pour
que les plantes aient atteint leur entier développement.
On doit ensuite avancer ou reculer l'époque du semis
en raison de la nature du terrain; car, plus la terre est
froide et humide, plus il faut semer tard et moins les

graines doivent être recouvertes; et, plus les graines
sont fines, moins il faut les enterrer; il suffit même,
pour quelques-unes, de répandre dessus un peu de
terreau après les avoir hersées et foulées; d'autres ne
doivent pas être recouvertes, mais seulement ombra-
gées avec un peu de litière.

Il y a deux modes principaux de semis : les *semis sur
couche* et ceux *en pleine terre.*

I. SEMIS SUR COUCHE. — Comme il est souvent nécessaire de faire des semis à une époque où la température ne permet pas de livrer les graines à la pleine
terre, il faut alors semer sur couche. Bien que la chaleur de la couche doive varier suivant les différentes
espèces de graines, on peut dire que 12 à 15 degrés
paraissent être la température la plus favorable (excepté pour les Melons, les Aubergines et la Chicorée,
qui exigent plus de chaleur); car toutes les graines
potagères que nous avons soumises à cette température
ont parfaitement réussi.

Quant à l'exécution du semis sur couche, elle ne diffère en rien de celui de pleine terre, c'est-à-dire que
les graines doivent toujours être recouvertes en proportion de leur plus ou moins de finesse. Ces semis
réussissent souvent beaucoup mieux que ceux de
pleine terre, et cela parce qu'on est maître de modifier
à son gré les conditions de température, de lumière et
d'humidité nécessaires au parfait développement des
graines.

II. SEMIS EN PLEINE TERRE. — Ces semis se font *à la
volée,* en *lignes* ou *rayons,* et en *pochets.*

1. *Semis à la volée.* — La terre étant préparée comme
il a été dit plus haut, on amène avec le râteau un peu
de terre fine sur les bords de la planche, puis on prend
une poignée de graine, et on la répand sur le sol en la
laissant passer entre les doigts par un mouvement

d'arrière en avant vif et régulier. Afin de semer plus également et de ne pas répandre de graines dans les sentiers, on sème la largeur de la planche en deux fois, en commençant par les bords. Lorsque les graines sont bonnes, il ne faut pas semer trop épais, afin d'avoir des plants vigoureux ; et si, malgré cette précaution, ils étaient trop drus, il faudrait les éclaircir à la main. Comme il est extrêmement difficile de ne pas semer trop épais les graines fines, on peut, pour éviter cet inconvénient, les mêler avec du sable ou de la terre fine bien sèche. Après le semis, il faut herser le terrain légèrement avec la fourche, puis fouler un peu la terre, ce qu'il ne faudrait cependant pas faire si le terrain était humide. Pour recouvrir les graines, on étend avec le dos du râteau la terre des bords de la planche, en ayant soin d'en laisser un peu de manière à retenir l'eau des arrosements. On peut aussi étendre sur les semis un peu de fumier bien consommé. Si le temps est sec, il faudra favoriser la germination des graines par des bassinages donnés avec l'arrosoir à pomme.

2. *Semis en lignes* ou *en rayons*. — On trace, soit à la binette, soit au traçoir, des rayons d'environ $0^m.3$ ou $0^m.5$ de profondeur et plus ou moins éloignés les uns des autres, suivant ce que l'on veut semer ; après avoir répandu la graine, on la recouvre légèrement, en rabattant avec le dos du râteau un peu de la terre des côtés. Lorsque le plant est sorti de terre, on finit de remplir les rayons en passant le râteau ou la binette entre chaque rang. Ce mode de semis est très-avantageux, surtout dans les terrains où les binages doivent être fréquents.

3. *Semis en pochets*. —Il consiste à faire avec la binette des trous disposés en échiquier, et dont la distance et la profondeur seront calculées d'après le développement que doit prendre chaque touffe ; puis,

après avoir placé quelques grains dans chaque trou, on les recouvre en rabattant un peu la terre, et lorsque les plantes sont assez élevées on finit de remplir les trous en passant un coup de râteau entre chaque touffe.

§ 2. — REPIQUAGE.

Le repiquage est nécessaire pour toutes les plantes qui ne peuvent être semées en place ; et pour être certain du succès de l'opération il ne faut pas attendre que le plant soit trop vieux, car non-seulement la reprise en est plus difficile, mais les produits en sont moins beaux, et pour les plantes qui s'enracinent lentement il faut, avant de les mettre en place, les repiquer en pépinière, c'est-à-dire les mettre à bonne exposition et très près les unes des autres. Ces repiquages successifs ont l'avantage de déterminer l'émission d'une grande quantité de chevelus qui assurent la reprise lors de la plantation définitive. Le repiquage ne doit se faire que dans une terre bien préparée et sur laquelle on aura étendu un paillis de fumier court, pour que d'une part le plant profite le plus longtemps possible des arrosements, et d'un autre côté que les arrosements ne collent pas le plant sur la terre, ce qui occasionne souvent la pourriture des feuilles. Les repiquages qui ont lieu en été doivent, autant que possible, être faits par un temps couvert ; et, s'il ne venait pas de temps favorable, il faudrait faire cette opération vers la fin de la journée, et faciliter la reprise par des arrosements. Quand on a beaucoup de plantes à repiquer et que le temps est très sec, il ne faut pas attendre qu'on ait terminé pour commencer à arroser.

§ 3. — OIGNONS.

Le seul soin à prendre pour obtenir un succès assuré des plantes bulbeuses qu'on veut multiplier, c'est

de les choisir saines et de les planter dans les circonstances les plus favorables à leur végétation.

§ 4. — CAÏEUX.

On nomme ainsi les petites bulbes ou oignons qui se
forment autour de la couronne des plantes bulbeuses,
telles que les Tulipes, Jacinthes, etc., et qui servent à
les multiplier. Il ne faut les détacher que lorsqu'ils sont
mûrs, ce qui a lieu lorsque les feuilles sont entièrement desséchées. Les caïeux doivent toujours être
plantés dans une terre douce et un mois au moins avant
les oignons à fleurs ; car, en raison de leur petit volume, ils se dessèchent plus promptement. Ces petits
oignons fleurissent ordinairement au bout de trois ou
quatre ans.

§ 5. — BULBILLES.

Plusieurs plantes bulbeuses produisent sur leur tige,
souvent à la place des graines, de petits oignons nommés *bulbilles* qui servent à les multiplier ; il faut les
détacher à leur maturité et les traiter comme les
caïeux.

§ 6. — TUBERCULES.

Les tubercules sont des masses charnues, véritables
tiges souterraines, d'où partent ordinairement de petites racines fibreuses. Certaines plantes, telles que les
Patates, les Pommes de terre, etc., sont pourvues
d'yeux capables de fournir de nouvelles tiges ; et pour
les multiplier on peut les couper en autant de morceaux qu'il y a d'yeux : chaque tronçon produira une
nouvelle plante. D'autres n'ont d'yeux que sur une
partie seulement : tels sont les Dahlias, les Iris germanica, les Pivoines herbacées, et il faut alors, en les
divisant, avoir la précaution de laisser à chacun une

partie du collet de la plante, sans quoi ils ne pousseraient pas.

§ 7. — GRIFFES OU PATTES.

Telles sont les Renoncules, les Anémones, etc.; on
les sépare par éclats, mais de manière qu'il y ait toujours un œil à chacune.

§ 8. — ŒILLETONS.

On nomme ainsi les rejetons qui naissent autour de
certaines plantes (les Artichauts, etc.); on les sépare
des vieux pieds en ayant soin de les enlever autant que
possible avec un talon ; il faut éviter de les laisser faner,
afin que la reprise en soit plus certaine.

§ 9. — SÉPARATION DES RACINES.

Parmi les plantes à racines vivaces, il en est dont les
racines partent d'un collet commun, telles que les Pivoines, et sont munies d'un ou plusieurs yeux qui se
développent l'année suivante. Pour les multiplier on
peut les éclater en autant de parties qu'il y a d'yeux.
Il en est d'autres qui ont les racines presque à la surface du sol, tels sont les Chrysanthèmes, et qui forment
des touffes épaisses que l'on peut diviser par petites
parties ; il faut alors les relever de terre, et, après les
avoir séparées, on ne replante que la circonférence,
qui produira des touffes beaucoup plus belles que si
l'on replantait le centre, qui, étant la plus vieille partie
de la plante, est naturellement la moins vigoureuse.

§ 10. — STOLONS OU COULANTS.

Quelques plantes, telles que les Fraisiers, ont des
coulants qui, à chaque nœud, produisent des rejetons
s'enracinant sur le sol. Séparés et repiqués dans une

saison favorable, ils produisent autant de nouvelles plantes.

§ 11. — MARCOTTES.

Les marcottes sont des branches que l'on couche au printemps soit en pleine terre, soit en pot, et qu'on ne sépare de la branche-mère que lorsqu'elles ont produit des racines. Lorsque les branches que l'on veut multiplier sont placées de manière à ne pas pouvoir être abaissées jusqu'à terre, il faut avoir des pots ou des godets fendus sur les côtés (*fig.* 4), que l'on maintient

Fig. 4.

sur une petite planchette clouée sur un support dont on enfonce l'extrémité en terre. Il y a plusieurs manières de marcotter ; nous allons seulement indiquer les plus usitées ; mais, quel que soit le procédé employé, il faut que la terre dans laquelle sont placées les marcottes soit constamment humide, afin de favoriser la sortie des racines ; et pour conserver l'humidité des arrosements, on fera bien de couvrir le sol avec du fumier consommé ou de la mousse.

4

1, Marcottes simples. — Ce sont celles que l'on emploie pour multiplier les végétaux qui s'enracinent facilement, tels que la Vigne, etc. Toute l'opération consiste à coucher une branche dans une tranchée plus ou moins profonde, selon la grosseur de la branche; et, après avoir supprimé les feuilles et les bourgeons qui se trouveraient sur la partie destinée à être mise en terre, on fait sortir l'extrémité en la courbant avec précaution afin de ne pas la rompre. On peut fixer en terre avec un crochet de bois les marcottes qu'il n'est pas nécessaire d'enterrer profondément.

2. Marcottes par strangulation. — Elles diffèrent des précédentes en ce que, sur la partie qui est en terre, on serre l'écorce sans la couper avec un fil de fer; il en résulte un bourrelet d'où partent de nouvelles racines.

3. Marcottes par incision. — Nous allons décrire

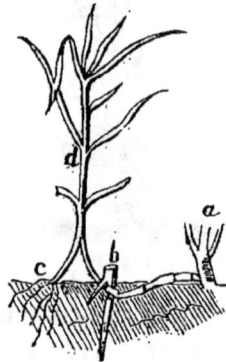

Fig. 5.

cette opération telle qu'on l'exécute pour multiplier les Œillets (voir *fig.* 5). Dans le courant de juillet on suspend les arrosements quelque temps avant le marcottage, afin de rendre les branches plus souples, et l'on choisit des tiges assez longues pour être couchées. On retranchera les feuilles du bas, de telle sorte que la partie qui se trouve en terre en soit dépourvue ; puis on abaissera chaque tige dans une petite tranchée faite avec le doigt, et l'on redressera l'extrémité de la branche au-dessus de la courbure. On pratiquera en remontant à mi-bois, avec la lame du greffoir, une incision d'environ 0^m.2 de longueur, de manière que la partie entaillée forme une languette dont on coupera net l'extrémité au-dessous d'un nœud, en ayant soin de ne pas entamer l'autre moitié de la tige. On maintiendra chaque marcotte par un crochet ou un bout d'osier passé dessous, et dont on enfoncera les deux extrémités en terre ; puis on recouvrira le tout de terre assez fine pour qu'elle s'introduise partout, en ayant soin surtout d'en faire pénétrer un peu entre les parties séparées, qui ordinairement restent écartées par l'effet de la courbure. Une fois l'opération terminée, on a l'habitude de couper l'extrémité des feuilles pour les empêcher de se faner, puis on étendra un léger paillis de fumier à moitié consommé, et l'on mouillera avec un arrosoir à trous très fins, pour ne pas ébranler les marcottes, qui s'enracineront ordinairement au bout de peu de temps.

4. *Marcottes par cépée.* — Ce procédé consiste à couper au printemps un arbre ou un arbuste au ras du sol et à recouvrir la souche de terre. Elle ne tarde pas à fournir des drageons que l'on enlève lorsqu'ils ont pris racine. C'est ainsi que l'on multiplie le Coignassier afin d'avoir des sujets pour greffer.

5. *Marcottes de racines.* — Pour faire ce genre de marcottes, il faut couper l'extrémité d'une racine et laisser la plaie à l'air ; la séve forme un bourrelet d'où il ne tarde pas à se développer des bourgeons, parmi lesquels on choisit le plus vigoureux, et l'on supprime les autres ; puis à l'automne on le sèvre en coupant la racine près de la souche.

§ 12. — BOUTURES.

Presque toutes les plantes en séve peuvent être multipliées par boutures. Cette opération, qui est d'une extrème simplicité, consiste à couper une partie quelconque d'un végétal, même une feuille pour quelques espèces, et à lui faire produire des racines. Certaines plantes sont d'une reprise très facile; mais il en est d'autres qui nécessitent beaucoup de soins, et qui ne peuvent guère être multipliées que chez les horticulteurs marchands, qui ont des bâches disposées spécialement pour cette opération; aussi nous bornerons-nous à indiquer les boutures que l'on peut faire à l'air libre et celles qu'il faut étouffer, mais qui réussissent très bien si l'on possède seulement des cloches et un châssis.

1. *Boutures à l'air libre.* — C'est ainsi qu'on multiplie beaucoup d'arbres et d'arbrisseaux d'agrément. En janvier l'on coupe des rameaux de l'année par tronçons de $0^m.10$ à $0^m.20$ de longueur, selon les espèces; on coupe la partie inférieure bien net au-dessous d'un œil, on les réunit par espèce et on les enterre à moitié de leur longueur dans du sable ou dans de la terre fine, mais dans un lieu à l'abri du hâle et de la gelée, et de la fin de février au commencement d'avril on les plante au plantoir dans un terrain bien préparé et autant que possible à une exposition ombragée; on les les enfoncera de manière à laisser deux ou trois yeux hors de terre, puis après la plantation on paillera le terrain, et lorsque la sécheresse commencera à se faire sentir il faudra avoir soin d'entretenir l'humidité de la terre par des arrosements.

2. *Boutures sous cloches et sous châssis.* — Beaucoup de plantes d'orangerie et de serre tempérée peuvent être multipliées de boutures au printemps sur couche

tiède; elles se font en février et mars. On prépare à cet effet une couche peu épaisse, de manière à obtenir seulement une chaleur douce; on l'entoure d'un réchaud, et on la couvre d'un lit de terreau fin, auquel on peut mêler un peu de terre de bruyère; puis on pose des cloches dessus, ou bien on la recouvre d'un châssis; mais alors la hauteur de la couche aura dû être calculée de telle sorte que les boutures se trouvent peu éloignées du verre. Lorsqu'elle a pris chaleur, on coupe ses boutures avec ou sans talon sur les branches les plus vigoureuses, on les étête en leur donnant $0^m.08$ à $0^m.10$ de longueur, en ayant toujours soin de couper la partie inférieure bien net au-dessous d'un œil; puis on les repique immédiatement sur la couche au moyen d'un petit plantoir, en les enfonçant de $0^m.02$ à $0^m.03$. On pourait aussi repiquer ces boutures dans des pots que l'on enfoncerait dans la couche : c'est ainsi que l'on peut multiplier les Héliotropes, les Pétunias, les Verveines, etc. Après avoir recouvert les boutures de cloches ou de châssis, on les ombragera au moment du soleil, et la nuit on les couvrira de paillassons. Il faudra les bassiner de temps à autre avec le petit arrosoir à pomme, car les boutures ne peuvent s'enraciner qu'en maintenant la terre constamment fraîche; et lorsqu'elles commenceront à pousser, comme l'on sera certain qu'elles sont pourvues de racines, on leur donnera un peu d'air dans le jour en soulevant les cloches ou le châssis, et au bout de quelque temps on pincera les extrémités les plus longues, puis on relèvera ses boutures en tâchant de conserver à chacune sa petite motte. On les plantera dans des pots que l'on pourra replacer sur la même couche après les avoir arrosés, et, si on le juge nécessaire, on ranimera la chaleur de la couche en faisant de nouveaux réchauds; les autres soins se borneront à leur donner

4.

de l'air graduellement et à les arroser au besoin. Toutes les plantes étant ainsi traitées seront assez fortes et assez rustiques pour pouvoir être mises en pleine terre à l'époque où l'on en garnit les massifs et les plates-bandes.

La même opération peut être faite en été à une exposition ombragée ; seulement, à cette époque, il n'est plus besoin de couche : c'est ainsi que l'on multiplie les Pélargoniums, etc. L'époque la plus favorable pour faire ces boutures est de la fin de juillet à la fin d'août. Après les avoir préparées comme nous l'avons indiqué précédemment, on les repique à 0m.03 ou 0m.04 l'une de l'autre dans des pots que l'on a remplis de terre de bruyère mélangée d'un peu de terreau, et après le repiquage on les arrose légèrement ; puis on place les pots sous cloche ou sous châssis, mais à l'abri du soleil. A l'automne les boutures seront enracinées, et pourront être séparées, ce que l'on fera en divisant la potée en autant de parties qu'il y a de boutures, puis on les empotera séparément ; étant ainsi traitées, l'on est certain d'avoir au printemps suivant des plantes de force à fleurir.

On peut encore procéder de la manière suivante pour celles qui s'enracineraient difficilement ; on prend un pot ordinaire, puis ensuite un autre pot plus étroit, mais autant que possible aussi haut que le premier ; on le renverse dans celui-ci, on remplit l'intervalle avec de la terre appropriée au besoin des boutures que l'on se propose de faire, on met une demi-ligne de terre sur le trou, après quoi on repique ses boutures, puis on enterre le tout sur une couche et l'on met une cloche par-dessus.

3. *Boutures par tronçons de racines.* — Quelques végétaux peuvent être multipliés en coupant une racine en tronçons, que l'on plante soit en pleine terre,

soit sur couche, mais toutefois en en laissant à l'air l'extrémité, d'où il sort bientôt des bourgeons.

CHAPITRE IX.

De la greffe.

Nous ne décrirons pas longuement la greffe, cette opération est trop généralement connue pour cela; nous dirons seulement qu'elle a pour objet de multiplier, de conserver et de perfectionner des variétés utiles et agréables, et de faire porter à un tronc sauvage des fleurs brillantes ou des fruits savoureux destinés à l'embellissement de nos jardins et à l'accroissement des produits non moins appréciables de nos vergers.

Cette opération, sur laquelle il a été tant de fois et si longuement écrit, exige tout simplement un peu d'observation et une certaine habileté manuelle. Elle repose sur trois points fondamentaux : 1. l'appréciation des circonstances dans lesquelles la greffe doit être faite, c'est-à-dire le moment où les plantes abreuvées de séve ne demandent qu'à végéter; 2. le choix du sujet, qui doit être dans un état convenable de vigueur et de santé, et surtout apte à recevoir la greffe, qu'on ne peut pratiquer que sur des espèces unies entre elles par d'étroites affinités; car toutes les greffes des Rosiers sur Houx, Lilas, etc., sont autant de contes faits à plaisir; 3. l'opération manuelle, qui n'exige qu'un court apprentissage et peut être considérée comme la moins difficile des trois, puisque, par l'observation des deux conditions qui précèdent, on obtient un succès auquel on ne peut atteindre, quel que soit le soin du greffeur, si les circonstances dans lesquelles il opère sont défavorables.

Il y a différentes sortes de greffes, mais la plupart sont de pur agrément ; aussi nous bornerons-nous à décrire les principales, qui peuvent être considérées comme le type de toutes les autres qu'on pourra exécuter lorsqu'on connaîtra celles que nous indiquons.

1. *Greffe en écusson.* — Cette greffe est la plus généralement employée, et l'on peut l'exécuter à plusieurs époques de l'année : premièrement, de mai en juillet, ce que l'on appelle *greffe à œil poussant ;* cette dénomination vient de ce que ces greffes commencent à pousser aussitôt que l'écusson est repris ; il en est même, les Rosiers par exemple, qui, à l'automne de la même année, forment déjà une belle tête. La seconde époque est d'août en septembre, lorsque la séve commence à se ralentir, et on l'appelle *greffe à œil dormant* parce qu'à cette époque l'écusson ne fait plus que de se souder au sujet et ne pousse que l'année suivante. C'est dans cette saison qu'on greffe de préférence les arbres fruitiers.

Il faut, quelque temps avant l'opération, préparer le sujet à recevoir la greffe, c'est-à-dire faire choix des branches sur lesquelles on veut écussonner, et supprimer les autres, surtout celles qui se trouveraient au-dessous des greffes ; et si les individus qu'on veut greffer commençaient à ne plus être en séve, il faudrait tâcher, par des arrosements, d'en ranimer la végétation. Lorsque le moment sera favorable, on choisira les meilleurs yeux de l'espèce qu'on veut multiplier, on coupera la feuille placée au-dessus de l'œil sans endommager le pétiole, on supprimera aussi les aiguillons qui se trouvaient sur l'écusson ; puis, avec la lame du greffoir, on cernera l'œil de manière à pouvoir l'enlever avec une partie de l'écorce environnante, à laquelle on donnera à peu près la forme de l'écusson (voir *fig.* 6). Pour la détacher on la soulèvera légèrement avec la pointe du greffoir, puis avec la spatule,

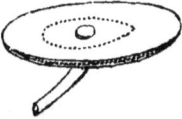 

Fig. 6.   Fig. 7.

en ayant soin d'enlever toutes les parties ligneuses
adhérentes à l'écusson, et qui empêcheraient son contact avec le bois du sujet, à moins que le rameau ne
soit assez tendre pour qu'on n'ait pas besoin de faire
cette opération; et s'il arrivait que l'on enlevât la racine
de l'œil, ce qu'il est facile de reconnaître au vide qui
en résulte, il faudrait réformer cet écusson, dont la reprise serait douteuse.

On peut encore employer un autre moyen pour lever l'écusson, et il est surtout avantageux quand les
greffes sont petites; il consiste à détacher avec un fil
de soie ou un crin (voir *fig.* 7) l'écusson dont on a d'a-

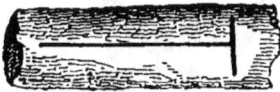

Fig. 8.

bord soulevé la partie supérieure; on fait ensuite sur
l'écorce du sujet à greffer une incision en forme de T
(*fig.* 8), on soulève les bords de la plaie en glissant la
spatule sous l'écorce, de manière à pouvoir placer facilement l'écusson qu'on introduit en le tenant par le pétiole et en appuyant légèrement sur la partie supérieure; et s'il arrivait qu'il ne pût entrer dans toute sa

longueur, il faudrait en couper l'extrémité pour qu'il coïncidât bien avec le sujet ; puis ensuite on rapproche les bords de l'entaille sur l'écusson, et l'on entoure le tout d'une ligature de laine, en ayant soin surtout de

ne pas engager l'œil (*fig.* 9). Nous avons figuré la ligature plus écartée qu'elle ne doit être, afin qu'on puisse voir la position de l'écusson. La chute précoce du pétiole est un signe de la reprise de la greffe, ce qui a lieu ordinairement dix ou quinze jours après l'opération, et il faut alors rabattre le sujet de quelques centimètres au-dessus de la greffe. On aura soin d'enlever toutes les pousses qui paraîtront sur le sujet, et l'on pincera le bourgeon terminal des greffes de manière à favoriser le développement des yeux inférieurs.

Fig. 9.

2. *Greffe en anneau.* — Les mois d'avril et d'août sont les époques les plus favorables pour la reprise de cette greffe. Elle convient pour la multiplication des arbres à bois dur, et particulièrement les noyers. On

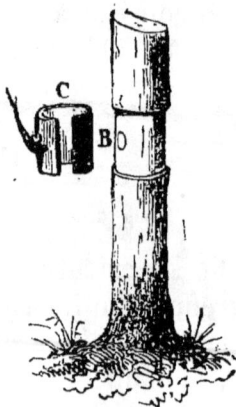

Fig. 10. 11.

choisit sur l'arbre que l'on veut multiplier une branche

de même grosseur que le sujet à greffer, on cerne l'écorce circulairement au-dessous et au-dessus d'un œil, de manière à former un anneau que l'on détache en le fendant perpendiculairement sur la partie opposée à l'œil B (*fig.* 10); puis on l'enlève à l'aide de la spatule du greffoir. On enlève ensuite sur le sujet un anneau de la même largeur C, et l'on rapporte à sa place la partie d'écorce enlevée sur l'arbre que l'on veut améliorer. Il faut, pour être certain du succès, avoir la précaution de bien faire joindre les écorces en haut et en bas; puis on assujettit les greffes avec une ligature de laine, en ayant soin surtout de ne pas engager l'œil. On ne rabattra les branches ou la tête du sujet que quand la reprise de la greffe sera assurée. Cette greffe a l'avantage de ne jamais mutiler le sujet; car, dans le cas où la greffe ne végète pas, l'anneau d'écorce reste et tient lieu de celui qu'on a enlevé.

3. *Greffe en fente.* — Cette greffe peut être également faite au printemps et à l'automne; et pour être certain du succès il faut, comme pour la greffe en écusson à œil dormant, qu'il n'y ait plus assez de sève pour faire pousser la greffe, mais qu'il y en ait encore assez pour la souder au sujet, afin qu'elle ne soit pas desséchée par les intempéries de l'hiver.

Pour greffer au printemps, il faut avoir en janvier la précaution de couper des rameaux de l'année précédente sur chaque espèce d'arbre que l'on veut multiplier, puis on les enterrera dans le sable, à l'exposition du nord, de manière à en retarder autant que possible la végétation; car, pour être certain du succès de ces greffes, il faut que la séve commence à monter dans le sujet, mais qu'elle n'ait pas encore gonflé les bourgeons du rameau que l'on veut greffer. La première quinzaine d'avril est ordinairement l'époque la plus favorable pour cette opération; alors on coupe

horizontalement la tête du sujet, et on le fend au milieu
de son diamètre, de manière à faire une entaille de
$0^m.03$ à $0^m.06$, suivant la force du sujet, et en ayant
soin que cette entaille soit toujours un peu plus profonde et plus large que ne l'exigerait en apparence la
greffe à insérer. Lorsque le sujet est gros et vigoureux,
on peut faire plusieurs entailles (*fig.* 12 *et* 13); mais
il faut qu'elles soient opposées l'une à l'autre, et de
manière qu'elles ne se rejoignent pas. Une fois le
sujet prêt à recevoir la greffe, on choisit un rameau
garni de bons yeux et de $0^m.06$ à $0^m.10$ de long, de
sorte qu'après son insertion dans l'entaille il y ait au
moins deux ou trois yeux au dehors. On taille ensuite
la partie inférieure de ce rameau, de manière à former
deux biseaux de $0^m.03$ à $0^m.06$ de longueur (*fig.* 14), la

Figures 13.   12.   14.

partie qui doit être en dehors étant beaucoup plus
épaisse que l'autre et restant surtout recouverte de
son écorce; ensuite on ouvre la fente avec la spatule du
greffoir ou avec un coin, et l'on insère la greffe de manière que son écorce coïncide exactement avec celle du
sujet; puis on enveloppe le tout d'une ligature, et l'on
couvre l'extrémité du sujet avec de la cire à greffer [1].
Il faut ensuite avoir soin d'enlever toutes les pousses
qui se développeront sur le sujet, car elles vivront aux
dépens de la greffe.

(1) La cire à greffer se compose de deux parties de poix résine, de deux
parties de cire jaune et d'une partie de suif, fondues ensemble.

4. *Greffe en fente sur tubercule.* — Cette greffe est particulièrement employée pour multiplier les Pivoines en arbre. Dans le courant d'août, on prend un tubercule de Pivoine herbacée, on en coupe le sommet transversalement, on fait une fente sur l'un de ses côtés (*fig.* 15), et l'on y insère un rameau dont on aura taillé la partie inférieure en biseau, puis on plante son tubercule dans un pot, mais de manière que toute la greffe se trouve enterrée. Les pots sont placés sur une couche tiède, et on couvre ses greffes d'une cloche qu'il faut ombrager pendant quinze ou vingt jours. Au printemps suivant on peut mettre chacune de ces greffes en pleine terre.

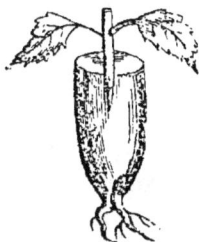 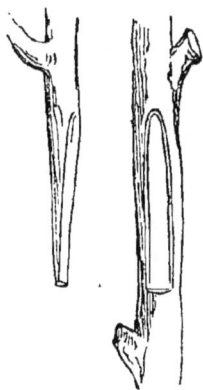 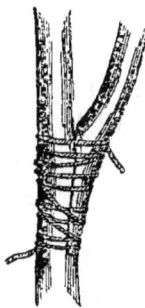

Fig. 15.   Fig. 16.   Fig. 17.   Fig. 18.

5. *Greffe en placage.* — On taille en bec de flûte allongé le rameau que l'on veut greffer (*fig.* 16), puis on enlève sur ce sujet une portion d'écorce (*fig.* 17) exactement de la même grandeur que la partie taillée de la greffe; on réunit les deux parties, et l'on fait une ligature (*fig.* 18). Ces greffes reprennent avec facilité, mais pour cela il faut les étouffer sous cloche.

6. *Greffe de la Vigne.* — Dans le courant de mars, on coupe le sujet sur le collet de la racine, à environ

0^m.08 à 0^m.10 en terre, et on laisse sécher la plaie pendant quelques jours ; car, si l'on greffait aussitôt, la séve monterait avec une telle abondance qu'il pourrait arriver qu'elle noyât la greffe. On prépare les rameaux comme pour les autres greffes en fente, puis on fait une ou plusieurs entailles, selon la force du sujet, et l'on place ses greffes, auxquelles on laisse deux ou trois yeux hors de terre. La greffe et l'extrémité du sujet sont recouverts ensuite avec de la cire à greffer ; quelques personnes se contentent même de comprimer un peu la terre autour de la greffe, en ayant grand soin de ne pas déranger les rameaux.

Dans le midi de la France, on pratique la greffe en fente modifiée de la manière suivante : après avoir déchaussé le cep qui sert de sujet, on le coupe un peu au-dessus du sol, on le fend de part en part et on y insère latéralement une greffe taillée en lame de couteau vers la moitié de sa longueur, et dont l'extrémité inférieure, entièrement libre, plonge dans le sol de 0^m.15 à 0^m.20 ; ce qui sert à alimenter la greffe jusqu'à sa parfaite soudure avec le sujet.

Greffe herbacée. — Cette greffe ne diffère guère de la greffe en fente que par l'époque où on l'exécute. Elle peut être employée pour multiplier presque tous les végétaux encore à l'état herbacé, et particulièrement les arbres résineux et quelques arbrisseaux d'agrément. L'époque de faire cette greffe varie suivant l'état de la saison ; ordinairement le moment le plus favorable est le mois de mai. On coupe l'extrémité du bourgeon au-dessus d'une ou de plusieurs feuilles qu'il faut avoir soin de ménager, afin d'attirer la séve vers la greffe, puis on fend le sujet d'environ 0^m.03 à 0^m.06 de long, et l'on prépare le rameau comme pour la greffe en fente, en ayant soin de ne pas trop l'amincir. Pour cette opération il faut se servir d'un instrument bien tran-

chant et bien affilé, afin de couper bien net. La greffe
une fois préparée, on l'introduit dans la fente du sujet.
et on l'assujettit avec une ligature de laine. Pour éviter de couper la tête du sujet, on peut procéder d'une
autre manière, c'est-à-dire que l'on y fait une incision,
comme pour placer un écusson ; puis, après avoir taillé
le rameau en biseau allongé d'un seul côté, ou en bec
de flûte, on l'introduit entre le bois et l'écorce ; et comme
toujours on maintient la greffe avec une ligature que
l'on doit enlever environ un mois après l'opération.
Pour assurer la reprise de ses greffes, il est nécessaire
de les garantir du soleil et du hâle ; ainsi, si l'on opère
sur des plantes en pot, il faudra les réunir sous un
châssis que l'on aura soin d'ombrer ; et pour celles que
l'on fera sur des sujets en pleine terre on les garantira
en les entourant d'un cornet de papier, d'une feuille de
Vigne, ou de tout autre abri que l'on pourra enlever dix
ou quinze jours après l'opération. Cette greffe peut aussi
s'appliquer à la multiplication des plantes tubercu-
leuses ; c'est ainsi qu'au printemps l'on greffe les jeunes
pousses des variétés de Dahlias les plus belles sur des
tubercules de variétés inférieures. On prend pour cela
un tubercule, on en coupe le sommet horizontalement,
et on le fend sur l'un des côtés, puis l'on fait choix d'un
rameau qui ne soit par encore creux, ce qui arrive lorsqu'ils sont déjà forts, et l'on en taille la partie inférieure en biseau peu aigu, en ayant soin d'enlever seulement l'épiderme ; puis on l'insinue dans la fente du
tubercule, que l'on plante dans un pot, de telle sorte
que toute la greffe se trouve enterrée. On place ses pots
sur une couche tiède, et on les couvre d'une cloche
qu'il faut avoir soin d'ombrager plusieurs jours.

On pratique aussi la greffe herbacée sur la Vigne.

Cette opération doit avoir lieu en mai ou juin, sur
des bourgeons de 0^m.20 ou 0^m.25 de longueur. Elle ne

diffère en rien de la greffe en fente ordinaire; seulement il faut, après avoir enveloppé la greffe avec de la
laine ou avec de la cire, l'introduire dans une bouteille
à large col (bouteille à conserves), qu'on fixe à un tuteur ou à tout autre support, et boucher l'ouverture avec
de la mousse fraîche.

Au bout de douze ou quinze jours, lorsque la reprise
est certaine, on débouche la bouteille, afin de fortifier
la greffe, et peu de temps après on la livre à l'air libre.
Il arrive quelquefois que ces greffes portent fruits dès
la première année, ce qui fait que ce procédé peut être
employé avec avantage non-seulement comme moyen
de multiplication, mais encore pour juger du mérite
des espèces nouvelles.

Greffe en couronne, connue sous le nom de *greffe
Pline.* — Cette greffe est employée quand le sujet est
trop fort pour être greffé en fente; elle doit être faite
à la même époque que cette dernière greffe, et il faut
également avoir eu la précaution de couper, pendant
l'hiver, des rameaux de sujet à multiplier, pour les
empêcher d'entrer trop tôt en végétation. La tête du
sujet à greffer doit être coupée horizontalement (*fig.* 18),
et il faut entourer l'extrémité avec une ligature pour
maintenir l'écorce, dans la crainte qu'elle ne se fende
en faisant les entailles; on enfonce ensuite à la profondeur d'environ $0^m.05$ un petit coin de fer ou de bois

fig. 19.

dur entre l'écorce et le bois, puis on taille son rameau
en biseau, et, après avoir retiré le coin, on enfonce sa

greffe de manière que tout le biseau soit caché (*fig*. 19).
Le nombre des greffes que l'on posera sur le même
sujet sera proportionné à sa grosseur. Elles devront être
placées à environ 0ᵐ.25 l'un de l'autre; et, aussitot l'o-
pération terminée, il faudra couvrir l'extrémité du
sujet ainsi que les bords de l'écorce avec de la cire à
greffer.

7. *Greffe ordinaire par approche.* — Cette opération
consiste à appliquer une branche de la variété que l'on
veut greffer contre une branche ou la tige d'un sujet
de même espèce; on peut l'exécuter pendant tout le
temps que les arbres sont en végétation. On devra procéder de la manière suivante : après avoir rapproché

Fig. 20.

les deux branches parallèlement (*fig*. 20), on enlèvera
sur chacune une partie d'écorce de manière à former
une plaie longitudinale, dont la longueur doit toujours
être proportionnée à la force des individus; puis on les
appliquera l'une sur l'autre, en ayant soin de faire
coïncider les écorces, et l'on maintiendra les deux
branches en contact par une ligature de laine ou de
filasse, qu'il est souvent nécessaire de déserrer aussitôt la reprise des greffes, afin que la force de la végétation n'occasionne pas d'étranglement, ce qui non-
seulement forme des bourrelets, mais nuit aussi à la

reprise des greffes. Il ne faudra détacher les greffes que
lorsqu'on sera certain qu''elles sont solidement sou-
dées ; et même il est souvent plus prudent de commencer par couper la tète du sujet, de n'entailler qu'à moitié la partie qui doit être coupée, et de ne la sevrer
tout à fait que quelque temps après. Il faudra alors la
couper le plus près possible de la greffe, afin que la
séve recouvre plus facilement la plaie. Cette opération nécessite beaucoup de précaution, pour ne pas entamer le sujet avec la lame du greffoir.

8. *Greffe par approche compliquée* (*fig.* 21). — Cette

Fig. 21.

greffe diffère peu de la précédente : elle est spécialement
employée pour donner de la solidité aux haies. On croise
les branches les unes sur les autres de manière à former un losange ; et au point où elles se rencontrent on
fait une plaie longitudinale sur chaque branche, ayant
soin de faire coïncider les écorces ; on maintient les
deux parties au moyen d'une ligature, et l'on recom-
mence l'opération à mesure que les branches prennent de l'accroissement.

CHAPITRE X.

De la conservation des plantes.

Nous nous bornerons à dire sur ce chapitre que la situation septentrionale de notre pays, l'irrégularité de la marche des saisons, l'humidité de nos printemps et de nos automnes rendraient impraticable la culture de certaines plantes exotiques si nous n'avions recours à des moyens de conservation et de multiplication artificiels.

Ces moyens sont de plusieurs ordres; ils comprennent, en commençant par les plus simples pour arriver aux plus composés : 1. les *cloches*, 2. les *châssis*, 3. l'*orangerie* ou *serre froide*, 4. la *serre tempérée*, 5. la *serre chaude*.

1. *Cloches* (*fig.* 22).—Les cloches de verre sont les plus simples de tous les abris; elles servent à garantir du

Fig. 22.

froid et de l'humidité les plantes délicates et les boutures, et à concentrer la chaleur sur celles qui ont besoin d'une température plus élevée que celle de l'atmosphère. Il faut choisir les cloches dont le verre est le plus blanc, car elles sont assez sujettes à se ternir au bout de quelques années. Il faut avoir la précaution de les laver de temps à autre; et lorsqu'elles ne servent plus on les met l'une dans l'autre, en ayant soin de les séparer avec un peu de paille pour éviter la casse.

2. *Châssis.* — Les châssis ont pour objet d'activer la

germination de certaines graines, d'augmenter la chaleur des couches, de permettre la culture des plantes
potagères qui ne réussissent pas à l'air libre, et de garantir contre les injures de l'air les plantes délicates.
Ils se composent de deux parties : le coffre *a*, *a* (*fig. 23*),
et les panneaux *e*. Chaque coffre a ordinairement

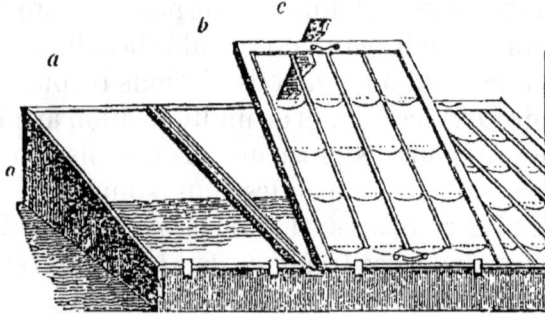

Fig. 23.

4 mètres de longueur, et 1^m.33 de largeur ; il est formé
de quatre planches clouées sur quatre pieds placés intérieurement aux quatre coins. Le derrière du coffre
doit toujours être plus élevé que le devant, afin que les
panneaux soient inclinés au midi. On maintiendra l'é-
cartement par deux barres *b*, *b*, assemblées à queue
d'aronde par le haut et par le bas, et qui servent de
support aux panneaux. Les panneaux vitrés doivent
être en bois de chêne d'une bonne épaisseur. Ils se
composent d'un cadre de 1^m.33 de large et d'une longueur arbitraire, divisé par trois petites barres de
même épaisseur, que l'on peut remplacer avantageusement par des montants en fer fixés sur les traverses
du haut en bas. On place une poignée à chaque bout afin
de pouvoir les enlever, et avant de les vitrer on les
peint à l'huile, opération qu'il est bon de faire chaque
année à l'automne.

Paillassons. — Les paillassons servent à couvrir les
couches, les cloches, les châssis, les serres, etc.

Au moyen du modèle (*fig.* 24) on peut facilement
faire ses paillassons soi-même. Il se compose d'un cadre
de bois de 2 mètres de longueur sur 1^m.33 de largeur,
portant à ses deux extrémités autant de chevilles sans
tête qu'on y veut tendre de ficelles, ce qui dépend de
la longueur que l'on donne au paillasson. On est dans

Fig. 24.

l'habitude de ne faire que trois rangs ; cependant il vaudrait mieux en faire quatre pour plus de solidité. On
attache les ficelles aux chevilles du bas par une boucle
fixe, et au haut par un nœud coulant, ce qui permet
de les tendre autant qu'il est nécessaire. Une fois chaque
ficelle tendue, on lui laisse le double de la longueur
du cadre ; cet excédant de longueur sert à coudre le
paillasson, après quoi on pose en travers et aussi également que possible deux couches de paille de seigle ;
que l'on étend tête-bêche, et après avoir roulé la ficelle
du rang du milieu sur un espèce de navette faite avec
un morceau de bois de 0^m,08 de longueur et évidé sur
les côtés, on prend une pincée de paille et l'on passe la
navette de droite à gauche par-dessous la paille et par-

5.

dessus la ficelle, puis on revient en dessus l'engager
dans l'anse formée par la ficelle, et l'on serre en tirant
droit devant soi, en ayant soin de presser la paille entre
le pouce et l'index de la main gauche, afin d'avoir une
maille plate et non ronde; puis on continue avec la
même navette dans toute la longueur du paillasson, et
lorsqu'on est arrivé au bout on arrête la ficelle par un
nœud. On passe ensuite aux autres rangs, que l'on coud
de la même manière, en se guidant pour les mailles du
bord sur celles du milieu, et, une fois le paillasson terminé, on coupe les épis qui débordent de chaque côté.

Quoique ces paillassons soient destinés à couvrir des
panneaux de 1^m.33 de largeur, il faut leur donner 2 mètres de longueur, parce qu'à l'humidité ils se raccour-
cissent d'environ 0^m.50, ce qui fait qu'il ne leur reste
plus que la longueur voulue.

3. *Orangerie.* — L'orangerie ou serre froide est destinée à garantir du froid extérieur certains végétaux
qui ne demandent qu'un faible degré de chaleur. Elle
doit être exposée au midi et construite sur un terrain
sec; sa forme est un carré long, et ses dimensions doivent être, tant en hauteur qu'en largeur, proportionnées
à la quantité de plantes qu'elle est destinée à contenir.
Les murs doivent être assez épais pour que la gelée ne
puisse pas facilement les traverser. La façade sera garnie de fenêtres aussi grandes que possible, et la porte
d'entrée, placée au centre, sera vitrée et s'ouvrira à
deux battants. On y fera construire un poêle, dont les
tuyaux circuleront autour des murs intérieurs; mais il
ne faudra faire de feu que s'il survient des froids ex-
traordinaires. Pour conserver la santé des plantes, il
suffit d'empêcher la gelée de pénétrer dans cette serre;
à cet effet il faut y placer un thermomètre, que l'on
doit consulter souvent, afin d'entretenir dans chacune la température nécessaire. L'eau destinée aux

arrosements des plantes d'orangerie et même de celles des serres y attenant devra arriver dans le bâtiment par des tuyaux souterrains, et elle sera reçue dans un bassin ou dans un tonneau pour y perdre sa froideur.

§ 1. — *De la rentrée des plantes d'orangerie et de leur traitement en hiver.*

La rentrée des plantes dans l'orangerie doit avoir lieu dans la seconde quinzaine d'octobre, rarement plus tard. Il convient de ne les rentrer que par un temps sec, et il faut avoir soin de placer les plus élevées par derrière, de manière à former un gradin, afin que toutes jouissent autant que possible de la lumière.

Indépendamment des Orangers, les Lauriers, les Grenadiers et beaucoup d'autres plantes rustiques peuvent passer l'hiver dans l'orangerie; on peut même sans inconvénient les placer derrière ou entre les Orangers; mais il n'en est pas de même pour les Myrtes, qui peuvent également être placés dans l'orangerie; car il faut qu'ils reçoivent la lumière directement, faute de quoi ils perdent leurs feuilles. Sur les tablettes on peut mettre les gros Pélargonium zonale (Géranium rouge): leur rusticité est telle qu'ils se contentent parfaitement bien de l'orangerie; il faut même peu les arroser (sans cependant les laisser dessécher), afin d'éviter qu'ils végètent pendant leur séjour dans la serre; car alors les pousses sont tellement tendres qu'il faut les rabattre en les sortant. Pendant les gelées on peut encore déposer dans l'orangerie les Œillets cultivés en pots et les Giroflées grosses espèces; mais il faut les mettre dehors aussitôt que la température le permet.

On laisse d'abord l'orangerie entièrement ouverte jour et nuit. Lorsque le froid commence à se faire sentir, on la ferme la nuit, puis enfin, quand il gèle, pendant le jour. Alors toutes les fenêtres doivent être fermées hermétiquement et garnies extérieurement de paillassons.

Toutes les fois que le thermomètre placé au dehors marquera trois ou quatre degrés au-dessus de glace, on donnera de l'air, à moins que la température ne soit trop humide ou le vent trop violent.

Les plantes rentrées dans l'orangerie ne seront arrosées que lorsqu'elles en auront besoin, et il ne faudra leur donner que la quantité d'eau absolument nécessaire à leur entretien. L'hiver étant pour les plantes un temps de repos, il faut éviter à cette époque de ranimer la végétation, ce qui les épuiserait.

§ 2. *De la sortie des plantes d'orangerie et de leur traitement pendant l'été.*

La sortie des plantes ne peut avoir lieu que dans la première quinzaine de mai, et l'on commencera toujours par les plus rustiques ; mais il faut, pour les accoutumer aux influences atmosphériques, leur donner longtemps d'avance le plus d'air possible, et l'on attendra, pour les sortir, un temps couvert ou pluvieux.

Toutes les plantes seront placées (comme cela a presque toujours lieu) près de l'habitation, mais toujours à bonne exposition et à l'abri des vents ; il faut surtout placer les Lauriers-Roses à fleurs doubles et les Grenadiers à l'extrême sud, si l'on veut les voir fleurir chaque année. Aussitôt après être sorties, l'on rencaissera toutes les plantes qui auraient besoin de l'être, soit qu'elles demandent plus d'espace, soit que les caisses doivent être remplacées, mais ce que l'on ne fera qu'après les avoir déposées à leur place, afin d'éviter qu'elles ne soient ébranlées dans le trajet.

En toute circonstance nous conseillons de ne donner

des caisses plus grandes que progressivement et avec
beaucoup de réserve; car, rencaissés trop grandement,
les Lauriers et les Grenadiers poussent beaucoup, mais
ne fleurissent pas, et les Orangers languissent. Jusqu'à
l'âge de huit à dix ans, les Orangers doivent être en-
caissés à peu près tous les deux ou trois ans, et ensuite
tous les cinq ou six ; mais il est nécessaire de rencaisser
les Lauriers et les Grenadiers plus fréquemment, car
il est positif que le développement des branches et des
rameaux est toujours en rapport avec celui des racines,
et alors, comme ces arbustes végètent beaucoup plus
vigoureusement que les Orangers, il faut donc les rencaisser plus souvent. Si, en attendant l'époque du rencaissage, il arrivait que les feuilles des arbustes jaunissent sans que cela provînt d'une trop grande humidité,
il faudrait leur donner un demi-rencaissage, ce qui
consiste à couper bien net 0^m.05 à 0^m.10 de terre autour de la caisse, et de la remplacer par de la terre
neuve appropriée aux besoins de la plante. A la fin de
ce chapitre nous indiquerons la terre qui convient à
chaque plante. Le rencaissage différant peu du rempotage, sauf l'exécution qui doit être modifiée, nous renvoyons à cet article pour la connaissance des détails.
Après l'opération, on couvre la surface de la terre d'un
paillis de fumier consommé, et l'on donne un bon arrosement à chaque plante.

L'eau que l'on emploiera devra, comme pour les arrosements d'hiver, être restée quelque temps dans un
tonneau ; il serait même bon d'arroser de temps à autre
avec de l'eau dans laquelle on aurait mis à décomposer
des substances animales ou végétales.

Les arrosements devront avoir lieu au moins une
fois par jour en été. Enfin ils seront plus ou moins
abondants selon la température, puis on diminue progressivement à mesure que la température se rafraîchit.

Vers la fin d'août ou au commencement de septembre, il faut tailler les Orangers, opération qui consiste
à supprimer les bois morts et toutes les petites branches
inutiles ou mal placées, celles de l'intérieur par exemple, car elles rendent la tête trop compacte et nuisent à
la circulation de la séve. Enfin, qu'on élève les Orangers sous la forme arrondie ou cylindrique, il faut
couper l'extrémité de toutes les branches élancées, de
manière à donner à chaque arbre une forme régulière ;
c'est aussi à cette époque que l'on peut diminuer la tête
de ceux qui prendraient trop d'accroissement, ou qui,
ne poussant plus, auraient besoin d'être rajeunis, ce
qui a lieu en rabattant toutes les branches plus ou
moins près du tronc, suivant la force de l'arbre. Les
Lauriers peuvent être soumis au même traitement lorsqu'ils s'élancent par trop ; mais ils ne doivent pas être
taillés annuellement, car alors on serait privé de fleurs.
Il faut seulement, aussitôt qu'ils sont défleuris, couper
l'extrémité des branches qui portaient les fleurs, afin
d'avoir des arbres à tête bien arrondie. Les Myrtes
doivent être soumis à une tonte régulière, qui doit
avoir lieu aussitôt après qu'ils sont défleuris ; les Grenadiers doivent aussi être tondus chaque année, afin
de leur donner une forme aussi gracieuse que possible ;
mais cette taille ne doit avoir lieu qu'au moment de les
rentrer.

Afin de compléter autant que possible nos renseignements sur les plantes d'orangerie, nous dirons qu'il faut
tondre également les Pélargonium zonale avant de les
mettre dans la serre.

§ 3. — *Composition de la terre qu'il faut donner aux*
plantes ci-après désignées.

ORANGERS. — Un quart terre franche, un quart bonne

terre de potager, un quart terre de bruyère, un quart terreau gras.

MYRTES. — Terre de bruyère pure.

GRENADIERS ET LAURIERS-ROSES. — Bonne terre de potager mêlée de terreau gras.

Serre tempérée. — Cette serre diffère de l'orangerie en ce qu'elle est beaucoup plus éclairée, condition indispensable pour la conservation des plantes que nous conseillons d'y placer; elle sera attenante à l'orangerie, et l'on communiquera de l'une dans l'autre; elle aura 8 mètres de longueur sur 3 de largeur, et à partir du sol intérieur elle aura 2^m.45 d'élévation par derrière; le devant aura 0^m.80 de hauteur, et sera vitré. Les petits châssis qui la formeront seront fixés dans le haut par des charnières, et s'ouvriront horizontalement de bas en haut; ils porteront par en bas sur un petit mur d'appui recouvert d'une dalle, et ils battront sur les montants qui soutiennent la partie inférieure des chevrons, qui doivent être comme le reste en bois de chêne, et placés à 1^m.33 l'un de l'autre, de manière à recevoir les panneaux vitrés dont la serre doit être couverte. Ceux du premier rang auront 2 mètres de longueur sur 1^m.33 de largeur; ils porteront du bas sur une planche d'égout destinée à rejeter les eaux pluviales, et du haut sur une traverse nommée entretoise, qui doit aller d'un chevron à l'autre. Les panneaux du second rang n'auront que 1^m.36 de longueur, et pour qu'ils puissent porter sur les chevrons il faut appliquer une semelle sur chacun d'eux, de manière à former l'épaisseur des panneaux du bas, sur lesquels ceux du second rang devront porter d'environ 0^m.03, et du haut sur une traverse qui, comme celle du bas, doit aller d'un chevron à l'autre.

Les panneaux seront fixés du haut par des crochets placés à l'intérieur, et pour donner de l'air on soulèvera le bas, que l'on tiendra ouvert au moyen de petites crémaillères de fer.

On fera en haut de la serre un petit toit avancé, sur lequel on doit pouvoir circuler pour faire le service des paillassons ; et, afin d'éviter qu'on ne glisse sur les panneaux, il faut faire placer une main-courante dans toute la longueur de la serre. A l'intérieur, on ménagera au niveau du sol de l'orangerie un chemin de 0^m.75 de largeur et soutenu par un mur d'appui ; car le reste de la serre doit être de 0^m.50 plus bas. Le milieu sera occupé par un gradin de 1^m.25 de large, et formé de six tablettes ; la hauteur du gradin doit être calculée de manière que les plantes ne soient pas à plus de 0^m.60 ou 0^m.80 des vitres ; on fera devant le gradin un chemin de 0^m.50 de largeur, afin de pouvoir circuler tout autour, puis on établira une tablette contre le mur de derrière, et une autre de 0^m.50 de largeur sur le devant de la serre, et sous laquelle circuleront les tuyaux du poêle, dont la bouche doit toujours être en dehors. On fera une ouverture dans le pignon de cette serre, et on la garnira d'une double porte, qui servira d'entrée pendant les gelées, ce qui évitera d'ouvrir celle de l'orangerie.

§ 4. — *De la rentrée des plantes de serre tempérée et de leur traitement en hiver.*

La rentrée des plantes doit avoir lieu dans le courant d'octobre, mais il nous est impossible d'en déterminer au juste l'époque ; nous dirons seulement qu'il faut éviter autant que possible qu'elles ne restent exposées à l'humidité de l'automne, et surtout qu'elles ne soient atteintes par les premières gelées. Dès le commencement du mois, les panneaux doivent être prêts à être placés sur la serre ; l'intérieur en sera nettoyé et toutes les réparations faites ; enfin, dès cette époque, elle doit être prête à recevoir les plantes, que l'on placera dans l'ordre suivant, ce qui ne devra toutefois avoir lieu qu'après avoir nettoyé les pots et gratté légèrement la surface du sol, afin de ne laisser ni herbe ni mousse.

On placera sur le gradin les Pélargonium, les Calcéolaires, les Cinéraires et les Verveines. Sa disposition permet de placer au-dessous des Hortensias, des Érythrines, des Balisiers, ou les tubercules de Dahlias. On mettra sur la tablette placée contre le mur de derrière les plantes grasses ou celles qui exigent peu de soins pendant l'hiver ; mais la tablette du devant sera réservée pour les Camellias, qui doivent toujours être placés dans la partie la plus éclairée de la serre. Toutes ces plantes seront placées sur les tablettes par rang de taille, en ayant soin de les distancer de manière que les têtes ne se touchent pas ; et pendant leur séjour dans la serre il faut avoir soin de les retourner de temps à autre, afin qu'elles présentent successivement toutes leurs parties à la lumière ; car sans cette précaution elles s'inclineraient toutes du même côté, et n'auraient plus alors qu'une forme disgracieuse. Depuis le placement des plantes dans la serre jusqu'au printemps les arrosements doivent être modérés et avoir lieu seulement au fur et à mesure que les plantes en ont un véritable besoin. Ils auront lieu avec un petit arrosoir auquel on ajoutera un bec de prolongement pour atteindre les plantes éloignées, et l'eau que l'on emploiera aura dû être tenue pendant quelque temps à la température de la serre. Les autres soins consistent à entretenir la propreté et à renouveler l'air aussi souvent que possible, en évitant toutefois d'ouvrir les châssis par un temps couvert ou pluvieux, afin de ne pas introduire d'humidité dans la serre ; puis, dès l'appro-

che des froids, l'on bouchera hermétiquement toutes
les ouvertures avec de la mousse, et quand le soir
le temps sera clair, et que le thermomètre placé extérieurement ne marquera pas plus de 3 ou 4 degrés
au-dessus de zéro, il faudra couvrir la serre avec des
paillassons, car il est probable qu'il gèlera dans la nuit.

En décembre, on garnira les petits châssis du devant
de la serre d'un réchaud de fumier sec; et quel que
soit l'état de la température, il est prudent de couvrir
la serre toutes les nuits, en ayant soin toutefois d'enlever les paillassons pendant le jour, à moins cependant
que le temps ne soit couvert et le froid rigoureux. Au
reste, l'on peut découvrir sans inconvénient toutes les
fois que le thermomètre ne marquera pas plus de 4
à 5 degrés de froid; seulement il faut avoir soin de remettre les paillassons avant qu'il se soit formé du
givre sur les vitres; et si à cette époque il arrivait
qu'on donnât de l'air, il faudrait toujours refermer
avant la disparition du soleil, afin de renfermer de la
chaleur dans la serre, ce qui peut souvent épargner la
peine de faire du feu la nuit; enfin, soit en doublant
les paillassons, soit en faisant un peu de feu (ce qu'il
ne faut faire qu'avec beaucoup de réserve) on veillera
à ce que la température de la terre ne descende pas au-
dessous de 5 degrés de chaleur, et si l'on se trouvait
dans la nécessité de faire du feu, il ne faut pas qu'elle
soit portée à plus de 6 à 8 degrés, car le point essentiel est de maintenir les plantes dans un état de repos
dont il faudrait qu'elles ne sortissent que vers la fin
de l'hiver. Comme presque toutes les plantes dont
nous avons parlé sont sujettes à être attaquées des pucerons, il faut, aussi souvent que le besoin s'en fera
sentir, avoir recours à une fumigation de tabac, ce qui
doit avoir lieu après avoir tout fermé [1].

(1) Cette opération doit avoir lieu au moyen d'un appareil en cuivre de forme

Arrivé au mois de mars, il n'est plus besoin de faire du feu dans la serre, car ordinairement le soleil échauffe suffisamment l'atmosphère ; souvent même, au moment où il rayonne directement sur la serre, il est nécessaire d'étendre une toile de tissu clair sur les panneaux, afin d'éviter que le feuillage des plantes ne soit brûlé. Dès ce moment les arrosements doivent peu à peu être plus fréquents et plus abondants ; il est même nécessaire de seringuer les plantes de temps à autre, opération qui doit à cette époque avoir lieu le matin. Mais, tout bienfaisants que soient ces arrosements, il faut les suspendre dès l'épanouissement des premières fleurs de Pélargonium, car ils en terniraient promptement l'éclat. Dans les premiers jours d'avril, on introduira progressivement, et selon la température, une plus grande quantité d'air dans la serre, afin de fortifier les plantes qui doivent bientôt être exposées à l'air libre. Si l'on veut avoir une brillante floraison de Pélargonium, il faut les sortir de la serre aussitôt que la température le permettra, et les placer à une bonne exposition, en ayant soin de les disposer de manière que l'on puisse facilement les couvrir la nuit s'il arrivait que la température l'exigeât, après quoi on les laisse ainsi jusqu'au moment où les premières fleurs commenceront à s'épanouir, et alors on les replacera dans la serre ; de cette manière on aura des plantes moins élancées, plus robustes, et des fleurs d'un coloris plus vif. S'il arrive que quelque circonstance empêche de sortir les Pélargonium aussitôt que nous l'in-

cylindrique, nommé *enfumigateur*. Il se compose de deux pièces : la partie supérieure entre à frottement sur la partie inférieure ; une plaque percée de trous fins est fixée intérieurement pour recevoir le tabac et éviter qu'il ne passe par les tuyaux. Pour faire fonctionner l'appareil, on introduit l'extrémité d'un soufflet de cuisine dans le tuyau placé à la base de la partie inférieure de l'appareil, et en soufflant la fumée s'échappe par le tuyau fixé sur l'un des côtés de la partie supérieure.

diquons, il faudra, pour remédier autant que possible
à ce contre-temps, donner de l'air par toutes les ouvertures de la serre.

§ 5. — *De la sortie des plantes de serre tempérée et de leur traitement en été.*

Dans la première quinzaine de mai, et autant que
possible par un temps couvert, on sortira les plantes
de la serre, excepté les Pélargonium et les Calcéolaires,
que l'on ne sortira qu'après qu'ils seront défleuris,
afin de jouir de toute la beauté de leur floraison ; et
alors on les traitera comme nous allons l'indiquer en
parlant des plantes que l'on doit sortir. On les déposera pendant quelques jours à une exposition ombragée,
afin qu'elles se fortifient ; et avant de les mettre en place
on rempotera celles qui en auraient besoin, ce qui doit
avoir lieu chaque année pour celles qui poussent beaucoup. Mais toutes ne peuvent être rempotées à la même
époque ; car, pour que cette opération soit faite à propos, il faut toujours qu'elle ait lieu quelque temps avant
l'époque où les plantes entrent en végétation, et c'est à
tort que beaucoup de jardiniers rempotent encore indistinctement toutes leurs plantes à l'automne. On
comprendra facilement le motif qui nous fait blâmer
cet usage : le rempotage ne peut guère avoir lieu sans
que les racines soient endommagées ; il arrive même
souvent que, le chevelu ayant complétement tapissé la
motte, il devient nécessaire de la diminuer ; il est certain alors que cette opération peut être inutile, sinon
nuisible, lorsqu'elle a lieu à une époque où les plantes
doivent rester plusieurs mois en repos. Ainsi donc il
est préférable de rempoter les plantes au printemps.
Cependant, pour celles qui, comme les Pélargonium,
végètent dès la fin de l'hiver, il faut les rempoter vers

la fin d'août ou au commencement de septembre, enfin assez à temps pour qu'elles puissent refaire de nouvelles racines avant l'hiver. Puisque nous sommes arrivé à parler des Pélargonium, nous dirons qu'il faut toujours les tailler une quinzaine de jours avant le rempotage, opération qui consiste à supprimer les branches maigres ou mal placées, et à rabattre celles de l'année à deux ou trois yeux au-dessus de leur insertion, enfin selon leur position et la vigueur des plantes, mais toujours de manière à former une tête bien arrondie. Après l'empotage, dont nous indiquerons les détails dans le chapitre suivant, on arrosera immédiatement les plantes avec l'arrosoir à pomme, puis on les placera par rang de taille dans un lieu bien aéré, mais à mi-ombre autant que possible ; et, à défaut d'abri naturel, on formera des palissades à claire-voie en menus roseaux fixés du haut et du bas sur des gaulettes maintenues par des pieux ; on continuera d'arroser à propos ; on pourra même continuer les seringages, ce qui, pendant les journées chaudes de juin, juillet et août, ne devra avoir lieu que vers la fin de la journée. Si, peu de temps après l'empotage, il survenait des pluies abondantes, il faudrait momentanément coucher les pots de côté pour éviter qu'une trop grande humidité pourrisse les racines. Bien que nous indiquions d'une manière générale les soins à donner aux plantes de serre tempérée, ils peuvent être appliqués à toutes les plantes cultivées en pots, à moins d'enfoncer les plantes en pleine terre avec leur pot, ce qui cependant ne peut avoir lieu que pour les Verveines, les Pétunias, les Hortensias, les Pélargonium et quelques variétés de Calcéolaires, toutes plantes avec lesquelles on peut former des groupes très gracieux.

Il n'est plus besoin alors de les protéger contre l'ardeur du soleil ; seulement il faut les rabattre et les rem-

poter assez à temps pour qu'elles aient repris à l'époque
de les rentrer dans la serre.

§ 6. — *Rempotage*.

Avant de procéder au rempotage, on aura dû préparer la terre favorable à chaque plante, ce que nous
indiquerons à la fin de ce chapitre; et lorsque tout sera
disposé, on profitera autant que possible d'un temps
couvert, ou, à défaut, l'on se mettra dans un lieu à
l'ombre.

On prend alors successivement chaque plante, on la
dépote avec précaution en plaçant la main gauche sur
la surface de la terre de manière que la tige passe entre
les doigts, puis on renverse la plante la tête en bas, et,
en soutenant le pot de la main droite, l'on en frappe
légèrement le bord sur un point d'appui, et, une fois la
motte sortie du pot, on la visite. S'il arrive, ce qui a
souvent lieu, que le chevelu qui tapisse la motte soit
formé d'un tissu de racines desséchées, on le coupe
bien net, puis, en grattant légèrement, l'on fait tomber une plus ou moins forte partie de vieille terre selon
qu'elle sera plus ou moins décomposée; ensuite on
supprime les racines rompues ou pourries. Après avoir
ainsi préparé la motte, s'il arrivait qu'elle fût très
sèche, on la plongerait dans l'eau jusqu'à ce qu'elle fût
bien imbibée. Après l'avoir fait égoutter, on la place
dans le pot qu'on lui destine, et qui doit toujours être
proportionné au volume des racines et à la vigueur de
la plante, ce qui cependant ne doit avoir lieu qu'après
avoir placé un tesson ou un lit de gravier au fond du
pot, afin de faciliter l'écoulement de l'eau des arrosements. Ensuite on met un lit de terre dont l'épaisseur
doit être calculée de telle sorte que la surface de la
motte se trouve de $0^m.15$ à $0^m.20$ au-dessus des bords

du pot ; puis on coule de la terre entre la motte et les parois du pot, en ayant soin de maintenir la tige de la plante juste au milieu, et, afin qu'il n'existe aucun vide, on la foule avec une spatule ; on frappe légèrement le fond du pot par terre, puis on achève de remplir le pot avec de la terre qu'on tasse cette fois avec les pouces, en ayant soin de laisser la surface de la terre d'environ 0^m.010 plus basse que les bords du pot, afin de recevoir l'eau des arrosements.

Tel est l'ensemble des soins que nécessitent les plantes de serre tempérée. Bien que donnés d'une manière très sommaire, ces conseils suffiront toujours pour cultiver toutes les plantes qui ne ressortent pas de la culture ordinaire.

§ 7. — Composition de la terre qu'il faut donner aux plantes ci-après désignées.

PÉLARGONIUM. — Un tiers de terre de bruyère, un tiers de terre franche, un tiers de terreau de feuilles, ou, à défaut de fumier, un peu de poudrette bien tamisée[1].

CALCÉOLAIRES. — Terre de bruyère mêlée de terreau de feuilles.

VERVEINES — Terre de bruyère mêlée d'une partie de bonne terre de potager.

CINÉRAIRES. — Terre de bruyère pure.

CAMELLIAS. — Terre de bruyère pure.

---

(1) Comme en toute circonstance la terre pour les empotages doit être très meuble et bien mélangée, il faut toujours la passer à la claie ou au crible.

La claie consiste en un cadre en bois, garni, dans le sens de la hauteur, de tringles en fer distantes les unes des autres d'environ 0m.015. Ces tringles sont soutenues par une traverse placée au milieu du cadre. Pour s'en servir, on l'appuie (en ayant soin de l'incliner un peu) sur un bon piquet.

Le crible est un panier dont le fond est garni de mailles en osier ou en fil de fer plus ou moins larges, selon que l'on veut plus ou moins ameublir la terre qu'on y passe.

HORTENSIAS. — Terre de bruyère pure.

PLANTES GRASSES. — Terre de bruyère mêlée d'un peu de poudrette bien tamisée.

Serre chaude. — Cette serre communique, ainsi que la serre tempérée, avec l'orangerie. Comme sa structure est exactement semblable à la serre tempérée, nous y renvoyons pour la construction, et nous ne parlerons que des dispositions intérieures.

Le chemin intérieur aura $0^m.75$ de largeur, et la couche $2^m.25$, y compris un petit mur d'appui de $0^m.45$ de hauteur pour soutenir la couche; et un autre sur le devant de la serre, sur lequel circulent les tuyaux du poêle, dont la bouche sera toujours en dehors. La tablette placée contre le mur de derrière est destinée à recevoir des Fraisiers en pots. On pourra remplacer la couche de fumier par un *thermosiphon*, dont les tuyaux circuleront sous un plancher recouvert d'un lit de tannée assez épais pour que l'on puisse enterrer les pots, et la température intérieure pourra être produite par le même appareil à l'aide de tuyaux qui circulent au-dessus de la couche.

La culture des plantes de serre chaude étant fort restreinte, nous nous bornerons à dire que, pendant l'hiver, il faut entretenir la température de la serre entre 15 et 18 degrés centigrades. En avril, on commence à seringuer les plantes et à donner un peu d'air vers le milieu de la journée.

Dans la seconde quinzaine de mai on sort les plus rustiques, pour les rentrer dans le courant de septembre; enfin on peut dire que les soins généraux à donner aux plantes de serre chaude sont les mêmes que ceux indiqués pour les plantes de serre tempérée.

CHAPITRE XI.

Jardin potager.

AIL (*Allium sativum*). — Il se multiplie de caïeux que l'on plante en planches et en bordures, vers la fin de février et au commencement de mars. Toutes les terres lui conviennent, mais il préfère celles qui sont légères et substantielles. Au commencement de juin on fait un nœud avec les feuilles et la tige, afin d'arrêter la séve au profit des bulbes, que l'on arrache aussitôt que les feuilles commencent à se dessécher; et avant de les mettre en bottes on les laisse quelque temps sur le terrain, où ils achèvent de mûrir; puis on les suspend dans un endroit sec pour les conserver jusqu'au printemps.

Ail d'Espagne ou *Rocambole*. — Cette espèce, moins répandue que la précédente, en diffère en ce qu'elle rapporte, au lieu de graines, des bulbilles qui peuvent servir à sa reproduction. Du reste, la culture est la même.

ANANAS (*Ananassa sativa*). — Pour élever les Ananas

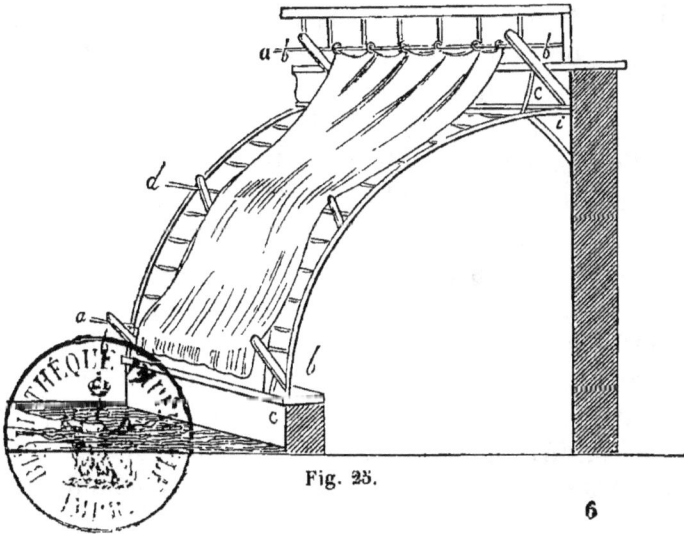

Fig. 25.

6

et les préparer à la fructification, il faut avoir des châssis de $1^m.65$ de longueur sur $1^m.33$ de largeur, et pour les faire fructifier une serre bien exposée, à une ou deux pentes, ou mieux encore une serre en fer semblable à celle de la figure 25; mais peu élevée, de manière que les plantes ne se trouvent pas trop éloignées du verre.

La première quinzaine d'octobre est l'époque la plus favorable pour la plantation des couronnes et des œilletons, parce que les jeunes plantes ne demanderont pas plus de soin pour passer l'hiver qu'il n'en faudrait pour conserver les vieux pieds; et au printemps on aura des plantes déjà fortes et tout enracinées. Vers la fin de septembre on fait une bonne couche d'environ $0^m.60$ d'épaisseur, composée de moitié fumier neuf, moitié feuilles mêlées, ou, à défaut, d'une partie de fumier provenant d'anciennes couches. La hauteur de la couche aura dû être calculée de telle sorte qu'après avoir été rechargée de $0^m.20$ ou $0^m.30$ de tannée, ou, à défaut, de mousse, les plantes se trouvent être aussi près du verre que possible. Les œilletons destinés à la plantation doivent être pris de préférence dans l'aisselle des feuilles, où ils sont toujours plus forts. Après avoir enlevé les œilletons, on ne conserve les vieux pieds que si l'on est à court, et seulement jusqu'à ce qu'ils aient produit le nombre d'œilletons dont on a besoin. Avant de planter les œilletons, on dégarnit de feuilles la partie qui doit être en terre (environ $0^m.05$ à $0^m.06$), puis on rafraîchit proprement la plaie, et on les plante immédiatement dans des pots de $0^m.10$ à $0^m.12$, suivant leur force. Ce que nous conseillons pour les œilletons est en toutes circonstances applicable aux couronnes. Nous dirons à ce sujet que l'on peut, si le besoin l'exige, conserver les couronnes pendant un mois au moins, en les plaçant à l'ombre dans un lieu sec. Pour la plantation on emploiera de la terre de bruyère pure, ou, à défaut, une terre composée d'un cinquième de terre franche, une moitié de terre de bruyère et un sixième de terreau, le tout préparé depuis six mois au moins, remué plusieurs fois et passé à la claie. Il faut que cette terre, au moment de l'empotage, ne soit pas humide, sans cependant être desséchée, bien qu'il vaille mieux l'employer sèche qu'humide. Aussitôt après la plantation, on enfonce les pots sur la couche en commençant par le rang d'en haut et en choisissant toujours les plantes les plus élevées, ce qu'il faut observer chaque fois qu'on les replace, en raison de la pente que l'on doit toujours donner aux châssis. Il faut avoir soin de les espacer suivant leur force. Pendant la nuit on couvre les châssis avec des paillassons, et pendant le jour on atténue l'intensité des rayons solaires avec une toile ou du paillis qu'on étend sur les châssis. Enfin, pendant un mois, espace de temps nécessaire pour qu'ils prennent racine, on les soigne comme des boutures. Quand ils commencent à végéter, on leur donne un peu d'air en soulevant les châssis au moment du soleil, puis on les arrose au pied, mais seulement au fur et à mesure du besoin. Vers le commencement de novembre, c'est-à-dire à l'époque des froids et des temps humides, on entoure le coffre d'un bon réchaud de fumier, qui doit descendre à la même profondeur que la couche ; et à partir de cette époque jusqu'au printemps il doit être remué au moins tous les mois, en y ajoutant chaque fois une partie de fumier neuf. Quand les froids sont rigoureux, il faut doubler les paillassons pour la nuit, étendre sur le tout une bonne couche de litière, et avoir soin d'entretenir les réchauds à hauteur des châssis ; puis on découvre chaque fois que le soleil brille, ou quand le thermomètre ne descend pas au-dessous de 4 à 5 degrés de froid. Au printemps les arrosements doivent être plus fréquents et plus abondants, et l'on

donne de plus en plus d'eau à mesure que le soleil prend
de la force. Dans les premiers jours de mai on fait une
couche qui doit être beaucoup plus longue que celle
d'automne, en raison du développement des plantes;
et, la température étant plus douce, il n'est pas nécessaire qu'elle soit aussi forte qu'à l'automne. Il en est
de même des réchauds, que l'on ne fait pas aussi profonds et que l'on ne remanie plus que de loin en loin.
Cette fois on remplace la tannée par une couche de terre
de 0^m.25, semblable à celle employée pour l'empotage
des œilletons; puis on dépote les Ananas, on visite les
racines, et, s'il s'en trouve quelques-unes de pourries,
on les supprime; dans le cas contraire, on les ménage
toutes; seulement on retranche à chacun quelques
feuilles du bas, après quoi on les plante sur couche,
en ayant soin de les enfoncer de manière que l'ancienne
motte se trouve recouverte de quelques centimètres de
terre; et cela afin de favoriser l'émission de nouvelles
racines qui partent du collet. Quelque temps après la
plantation, on commence à donner un peu d'air; puis
on augmente progressivement suivant la température;
car, arrivé à ce point, il est préférable de ne pas habituer les Ananas à être ombragés; par ce moyen on aura
des plantes beaucoup plus rustiques, mais on comprend
qu'il faut alors donner plus d'air. Pendant les chaleurs
on peut, sans inconvénient, les arroser avec l'arrosoir
à pomme, surtout si l'on a planté sur une bonne couche; car l'humidité ne leur est réellement préjudiciable qu'en hiver. Ainsi traités, les Ananas auront pris
à l'automne un développement qu'on trouverait à peine
chez ceux cultivés constamment en pot pendant deux
ans. Vers la fin de septembre ou au commencement
d'octobre, on relève ses Ananas de pleine terre, on supprime alors tous les œilletons et quelques feuilles du
bas, puis toutes les racines en les coupant au rez de la

plante; après quoi on lie les Ananas avec un lien de paille, de manière à les rempoter plus facilement, ce qui doit avoir lieu dans des pots de $0^m.24$ seulement. Cette opération s'appelle planter à *cul nu*. Après l'empotage, on les replace sur une nouvelle couche, et, jusqu'à ce qu'ils aient de nouvelles racines, on leur donne les mêmes soins qu'aux œilletons du premier âge. Vers le mois de janvier on les place dans une serre où l'on a préparé une couche d'environ $0^m.65$ d'épaisseur et de toute la longueur de l'encaissement, qui ne doit pas avoir moins de 2 mètres. Cette couche doit être chargée d'un bon lit de tannée ou de mousse, de manière à pouvoir facilement enterrer les pots, que l'on place à environ $0^m.50$ les uns des autres en tous sens ; enfin, suivant la force des plantes. On les laisse ainsi jusqu'à ce qu'ils marquent fruit, c'est-à-dire depuis avril jusqu'en juillet, et alors on les plante en pleine terre, sur la même couche, après l'avoir remaniée et avoir remplacé la tannée par un lit de terre. Pendant tout le temps que les Ananas restent dans la serre, on peut avec avantage remplacer la couche dont nous avons parlé par un chauffage au thermosiphon : dans ce cas on place la tannée, et par suite la terre, sur un plancher sous lequel circulent les tuyaux de l'appareil ; on règle le chauffage de manière à entretenir à peu près 25 à 30 degrés dans la couche, chaleur bien suffisante pour le besoin de ces plantes.

Au printemps on commence à moins chauffer, pour cesser complétement en mai ; car, à partir de cette époque jusqu'en septembre, la chaleur du soleil suffit. La serre dans laquelle on place les Ananas doit être divisée en deux par une cloison vitrée, de manière à faire deux saisons : les plus fortes plantes doivent être placées dans la première partie, et l'on commence ordinairement à les chauffer vers la fin de janvier. A partir de cette épo-

que la température de la serre doit être entretenue de
25 à 30 degrés de chaleur constante. Pendant la nuit,
jusque vers la fin d'avril, on couvre la serre avec des
paillassons, qu'il faut enlever tous les jours. Pour les
arrosements qui ont lieu au pied des plantes, on emploie avec avantage de l'eau dans laquelle on aura mis à
décomposer des substances animales ou végétales. Pendant l'hiver il faut subordonner ces arrosements à la
chaleur de la couche ; mais en été ils doivent être abondants, et même de temps à autre on donnera des bassinages ; et, comme nous l'avons précédemment indiqué, il est nécessaire de donner beaucoup d'air afin
de ne point ombrer. Les fruits de la première saison
mûrissent ordinairement de juillet en septembre.

On a soin de ne pas élever à plus de 12 degrés la température de la serre où se trouvent placées les plantes
destinées à faire la seconde saison ; mais une fois en
mars, époque où l'on commence habituellement à les
chauffer, on observera tout ce qui a été indiqué pour la
première saison.

Les fruits de la seconde saison mûrissent ordinairement de septembre en décembre. On voit qu'en les
traitant ainsi on obtient des fruits mûrs vingt et vingt-six
mois après la plantation des œilletons ; ce qui démontre
d'une manière concluante la supériorité du mode de
culture que nous indiquons sur celui qu'on trouve
encore aujourd'hui prescrit dans les ouvrages d'horticulture les plus en réputation, et qui disait, contrairement aux faits à la connaissance du moins du jardinier
primeuriste, que dans ce pays-ci les Ananas ne fleurissent guère que la troisième année. Or de la floraison à la maturité des fruits on compte encore de quatre
à six mois, suivant les variétés : ainsi il faudrait trois
ans et demi pour avoir des fruits mûrs, c'est-à-dire
quarante à quarante-deux mois après la plantation.

Les variétés suivantes peuvent être considérées comme dignes de figurer dans toutes les collections :

De la Martinique.	Comte de Paris.
De Cayenne.	Enville.
De la Jamaïque.	Poli blanc.
De la Providence.	Reine Pomaré.
De Mont-Serrat.	Charlotte Rothschild.
Duchesse d'Orléans.	Princesse de Russie.

ANGÉLIQUE (*Angelica archangelica*). — Cette plante réussit assez bien dans tous les terrains; mais elle préfère une terre franche, substantielle et humide. Elle se multiplie de graines qu'il faut semer aussitôt après leur maturité, soit en place, soit en pépinière, pour repiquer le plant quant il est assez fort; mais, quel que soit le mode de semis, il faut avoir la précaution de peu recouvrir les graines, puis arroser abondamment jusqu'à la levée.

On commence à couper l'Angélique en mai et juin de la seconde année, et elle ne monte ordinairement en graine que la troisième; mais, s'il arrivait que quelques pieds montassent dès la seconde année, il faudrait couper la tige, afin d'en prolonger la végétation d'une année.

Les graines mûrissent en août, et ne sont bonnes qu'un an.

ARROCHE DES JARDINS. *Belle-Dame, Bonne-Dame* (*Atriplex hortensis*). — Cette plante n'est guère cultivée que pour adoucir l'acidité de l'Oseille.

On la sème au printemps, et elle n'exige aucun soin; elle se ressème ordinairement d'elle-même; et, quand on en possède quelques pieds, il est rare qu'il soit nécessaire d'en semer. Il y en a deux variétés :

La blonde.	La rouge.

Les graines ne se conservent bonnes que pendant une année.

ARTICHAUT (*Synara scolymus*).—Pour cultiver les Artichauts avec succès il faut une terre douce et substantielle; ils aiment la chaleur, et craignent l'humidité froide. On peut les multiplier de graines semées sur couche en février et mars, ou bien immédiatement en place en avril et mai; mais, comme ils reproduisent rarement leur espèce, il est préférable de les propager par œilletons. Cette opération a lieu de la manière suivante: en avril on éclate les rejetons qui naissent au collet des vieux pieds, en ayant soin de les enlever avec le talon ou portion du collet de la racine; puis on choisit les plus forts, on raccourcit l'extrémité des feuilles, et, après avoir bien préparé le terrain, on les plante en échiquier à environ 0^m.75 dans les terres un peu maigres, et à 1 mètre dans celles où l'on espère une végétation vigoureuse. S'ils sont binés et arrosés à propos, une bonne partie de ces œilletons donnera fruit à l'automne, et tous fructifieront abondamment au printemps suivant. Chaque année, à l'automne, il faut avoir soin de couper les vieilles tiges et l'extrémité des feuilles les plus longues; puis, dans le courant de novembre, enfin avant les gelées, il faut les butter, opération qui consiste à relever la terre autour de chaque pied; et, quand la gelée commence à se faire sentir, on les couvre complétement avec des feuilles ou de la litière qu'on écarte toutes les fois que le temps se radoucit. Dans le courant de mars, lorsque les gelées ne sont plus à craindre, on détruit les buttes des Artichauts, et on leur donne un bon labour; puis en avril on les œilletonne, comme nous l'avons indiqué précédemment, de manière à ne laisser que les deux ou trois plus beaux œilletons sur chaque pied. Une plantation d'Artichauts ne produit abondamment que pendant quatre ans; il faut donc replanter tous les trois ans, afin de ne pas éprouver d'interruption dans les récoltes. Comme les racines des Artichauts ne prennent pas un grand développement, elles n'épuisent en rien le terrain environnant, et l'on peut sans inconvénient contreplanter d'avance de jeunes Artichauts entre ceux que l'on doit détruire, de manière que le terrain se trouve, au moment d'arracher les vieux Artichauts, garni de jeunes pieds en plein rapport.

On peut facilement avancer l'époque de production des Artichauts. Soit qu'on les force sur place, soit qu'on les relève en motte, dans le courant de novembre, pour les planter dans un coffre, les soins consistent à entourer le coffre d'un réchaud de fumier pendant les gelées, à couvrir les panneaux pendant la nuit et à donner de l'air pendant le jour. Les Artichauts ainsi traités produisent en avril. On peut aussi, ce qui est beaucoup plus simple, forcer les Artichauts de la manière suivante :

Dans la première quinzaine de février on enlève la terre des sentiers qui entourent la planche à environ 0^m.50 de profondeur, et on la remplace par un réchaud de fumier neuf; après quoi on met des cerceaux de loin en loin en travers de la planche, de manière à servir de support aux paillassons qu'on emploie pour couvrir les Artichauts pendant la nuit et par le mauvais temps; puis on couvre le sol avec du fumier chaud, afin d'activer la végétation, on remanie les réchauds tous les dix ou quinze jours, en ajoutant chaque fois plus ou moins de fumier neuf, suivant l'état de la température.

Voici les noms des meilleures variétés d'Artichauts :

Vert de Provence.	Camus de Bretagne.
Gros vert de Laon.	Violet.

Les graines se conservent bonnes pendant cinq ou six ans.

ASPERGE (*Asparagus officinalis*). — On en cultive deux espèces : la *Commune* ou *Asperge verte*, et celle connue sous le nom de *grosse Asperge violette* ou *de Hollande*. Celles de Marchiennes, d'Ulm, de Besançon et de Vendôme ne sont que des variétés de la dernière, et sont le résultat d'influences locales.

Les asperges se multiplient de graines qu'on sème en mars, soit en place, soit en pépinière, en pleine terre ou sur couche, pour être plantées ensuite.

Les méthodes de plantation varient suivant les pays ; celle que nous exposons ayant produit d'excellents résultats dans toutes les localités où elle a été mise en pratique, nous croyons devoir lui donner la préférence.

Après avoir fait choix d'un emplacement favorable, on enlève en automne $0^m.40$ ou $0^m.50$ de terre sur toute la surface du terrain destiné à la plantation. Si à cette profondeur la terre ne se trouve pas être de bonne qualité, on enlève $0^m.35$ en plus, que l'on remplace par une égale quantité de bonne terre prise à la surface du sol ou dans toute autre partie du jardin. On pourrait même y mélanger de vieux gazons consommés ou des débris de vieilles couches, si le fond était trop humide ou de nature trop compacte et capable de retenir l'eau ; mais dans un cas comme dans l'autre on étend au fond de la tranchée un bon lit de fumier de vache ou tout autre bon engrais ; car, pour que les Asperges réussissent bien, il leur faut un sol non-seulement léger et sablonneux, mais encore bien amendé ; puis, par-dessus le tout, on rapporte un lit de bonne terre, dont l'épaisseur doit être calculée de telle sorte que les griffes d'Asperges soient plantées à $0^m.35$ de profondeur.

Dans le courant de mars on donne un bon labour, on passe le râteau sur le tout, afin d'enlever les mottes et les pierres; on divise le terrain par planches de 1^m.33 de large, entre chacune desquelles on laisse un sentier d'environ 0^m.50; après quoi on trace quatre rangs qui doivent être distancés également entre eux, et de manière que les deux rangs extérieurs soient à 0^m.16 des bords de la planche. On prend ensuite des plants d'un ou de deux ans de semis, arrachés à la fourche avec précaution, afin que les racines ne soient pas brisées; on place les griffes à environ 0^m.35 les unes des autres sur la ligne, et, après avoir bien étendu les racines, on les recouvre de 0^m.12 ou 0^m.15 de terre bien meuble; il faudrait même la passer à la claie si elle était mêlée de pierres ou de mottes de terre mal brisées.

Une fois les planches également recouvertes, on étend sur chacune un bon paillis de fumier à moitié consommé.

Chaque année, à l'automne, on coupera les vieilles tiges, on donnera un léger binage, on rechargera les planches de 0^m.15 environ de bonne terre, et l'on couvrira le tout d'un paillis de fumier à moitié consommé; en procédant ainsi pendant trois années, au bout de ce temps les fosses seront complétement remplies, et les Asperges en plein rapport à la troisième pousse; on coupera les plus grosses Asperges seulement, ce qui doit avoir lieu à l'aide du couteau à Asperge.

On peut aussi faire le semis en place après avoir préparé les planches comme nous l'indiquons plus haut. On sème en ligne en février ou mars; et quand le plant est assez fort, on éclaircit en ne laissant que les plus beaux pieds et à une distance égale à celle indiquée, après quoi les autres soins à leur donner sont les mêmes que pour les Asperges plantées.

Nous ajouterons encore un autre procédé communiqué au Cercle général d'horticulture par M. Lenormand, qui le pratique avec succès depuis un grand

nombre d'années. Nous laisserons cet habile horticulteur indiquer lui-même la manière dont il établit ses
plantations d'Asperges.

« Au mois d'avril 1834, je fis des tranchées de 1ᵐ.30
de largeur sur 0ᵐ.33 de profondeur dans lesquelles je
fis des couches qui, foulées et mouillées, avaient de
0ᵐ.38 à 0ᵐ40 d'épaisseur; après les avoir recouvertes
de terre bien nivelée, je plaçai les coffres destinés
à recevoir les châssis, et dans chaque châssis je
plantai seize griffes d'Asperges d'*un an de semis.*
Après la plantation, je tapissai la terre d'un bon paillis et je plantai par châssis dessus deux pieds de Melon
qui sont parfaitement venus sans nuire aux Asperges.
Lorsque les pieds de Melon ont été aux trois quarts de
leur force, j'ajoutai quatre Choux-Fleurs par châssis,
et après la récolte des Melons, au mois de septembre,
je semai des mâches pour l'hiver; le tout a complète-
ment réussi.

« Au mois de février suivant, la couche ayant tassé,
je rehaussai mes griffes; avec la terre des sentiers,
puis je plantai sur le tout des Laitues et des Romaines
avec deux rangs de Choux-Fleurs par planche, ce
qui a fait disparaître toute trace de couche. Le tout a
poussé avec une rapidité et une force étonnantes,
puisque j'ai eu des Asperges de 0ᵐ.07 de circonférence. En bonifiant ainsi la terre, on peut obtenir
deux récoltes par an, indépendamment des Asperges que l'on peut forcer dès la seconde année, et
continuer ainsi en leur laissant une année de repos sur
trois. Ce plant, établi en 1834, existe encore aujour-
d'hui, ce qui prouve que l'on ne fait rien perdre aux
griffes de leur vigueur, quoique les mettant en rapport
trois ans plus tôt qu'on ne pouvait le faire par l'ancien
procédé. »

Si l'on veut avoir des Asperges précoces, on peut

commencer à en forcer une planche dans les premiers jours de novembre, et l'on peut continuer successivement jusqu'en février, ce qui a lieu de la manière suivante. Après avoir placé les coffres sur les planches que l'on veut forcer, on étend un lit de terreau sur les Asperges, puis on enlève la terre des sentiers à 0^m.50 de profondeur, et on la dépose sur les planches de manière à les recharger de 0^m.33 environ, et cela afin d'avoir des asperges beaucoup plus longues; puis on remplace la terre des sentiers par un réchaud de fumier neuf qui doit être élevé jusqu'à la hauteur des panneaux avec lesquels on couvre les coffres; mais, avant de placer les panneaux, on étend un lit de fumier sur les planches, afin d'activer la végétation, en ayant soin toutefois d'enlever ce fumier aussitôt que les asperges commencent à sortir de terre. Quel que soit l'état de la température, on ne donne pas d'air à ces asperges. Pendant la nuit et par le mauvais temps, on couvre les panneaux avec de bons paillassons, afin de concentrer la chaleur. On remanie les réchauds tous les dix ou quinze jours environ, en ajoutant chaque fois plus ou moins de fumier neuf, suivant l'état de la température, enfin de manière à obtenir sous les panneaux une chaleur qui ne doit pas être moindre de 15 degrés, et qu'il est inutile d'élever à plus de 25. Ces Asperges sont ordinairement bonnes à couper vingt ou vingt-cinq jours (suivant l'état de la température) après qu'on aura commencé à les forcer.

Les vieilles griffes ou celles qu'on se propose de détruire peuvent être plantées sur couches, où elles produiront, une fois seulement des Asperges minces et vertes propres à être mangées en petits pois.

Pour cela, on prépare une couche de 0^m.60 à 0^m.80 d'épaisseur, dont la chaleur soit de 20 à 25 degrés; on pose des coffres, on charge la couche de quelques cen-

7

timètres de terreau, puis on remplit les sentiers, mais à moitié seulement. Lorsque la couche a jeté son premier feu, on prend ses griffes d'Asperges, et, sans rien retrancher de la longueur des racines, on les place sur la couche les unes à côté des autres; on les laisse en cet état pendant quelques jours, après quoi on coule un peu de terreau entre les griffes, de manière à les recouvrir légèrement, puis on achève de remplir les sentiers, et on les remanie au besoin. Pendant la nuit on couvre les panneaux avec des paillassons, et, dès que les Asperges commencent à pousser, il faut leur donner de l'air pendant le jour, à moins que la température ne soit par trop défavorable. Au bout de douze ou quinze jours les Asperges commencent à produire, et l'on coupe pendant tout le temps qu'elles donnent, c'est-à-dire pendant trois mois environ.

Les graines d'Asperges mûrissent vers la fin d'octobre, et ne sont bonnes que pendant deux ans.

AUBERGINE OU MÉLONGÈNE (*Solanum Melongena*). — Sous le climat de Paris on sème l'Aubergine vers la fin de décembre ou au commencement de janvier sur une couche dont la chaleur soit de 20 à 25 degrés. Pendant la nuit on couvre les panneaux avec des paillassons; quinze jours ou trois semaines après les semis, on repique le plant en pépinière, mais sur une couche moins chaude que la première; au bout de quelque temps on le relève pour le repiquer une seconde fois avant de le mettre en place. Lorsque le plant est repris et que l'état de la température le permet, on commence à donner un peu d'air.

Dans le courant de mars on prépare une dernière couche dont la longueur doit être proportionnée à la quantité de plant qu'on veut cultiver; on place les coffres, on charge la couche de terreau, et lorsque la chaleur de la couche est convenable (15 à 20 degrés), on plante quatre Aubergines sous chaque panneau de 1^m.33 ; on les prive d'air pendant quelques jours afin de faciliter la reprise des plantes ; après quoi on commence à donner un peu d'air, soit par le haut, soit par le bas des panneaux, puis on augmente progressivement à mesure qu'on avance en saison, de manière à enlever les panneaux et les coffres dans le courant de mai. Les autres soins consistent à arroser au besoin, à nettoyer les feuilles qui sont attaquées par les kermès. On en cultive plusieurs variétés :

La violette longue.	La blanche longue de Chine.
— ronde.	Panachée de la Guadeloupe.

Les graines d'Aubergine ne sont bonnes que pendant un an ou deux.

BASELLE (*Basella*). — Plante grimpante dont les feuilles remplacent les Épinards. On sème en mars sur couche, et lorsqu'on n'a plus de gelées à craindre, on les repique en pleine terre, au pied d'un mur à bonne exposition. On en cultive deux variétés :

La rouge et la blanche.

BASILIC COMMMUN (*Ocimum basilicum*). — Plante annuelle, que l'on emploie, ainsi que ses variétés, comme assaisonnement. Toutes se sèment en mars sur couche pour être replantées en mai à une exposition ombragée. Les variétés sont :

Le grand vert.	Le fin violet.
— violet.	A feuilles de Laitue.
Le fin vert.	— d'Ortie.

Les graines se conservent pendant deux ans environ.

BETTERAVE (*Beta vulgaris*). — On la sème à la fin d'a-

vril ou au commencement de mai, en lignes ou à la
volée, en terre profondément labourée et fumée de
l'année précédente ; puis, lorsque les plants ont cinq
ou six feuilles, on les éclaircit de manière qu'elles se
trouvent à environ 0ᵐ.35 les unes des autres, et l'on
en repique dans les places où il en manque, opération
qu'il ne faut faire que par un temps pluvieux. Dans le
courant de l'été on leur donne plusieurs binages, et
vers la fin d'octobre ou au commencement de novembre on fait la récolte des racines, après en avoir coupé
les feuilles. On les met dans la serre à légumes ou dans
une cave bien saine ; l'on peut en conserver ainsi jusqu'en mai.

Les variétés cultivées pour salade sont :

La rouge grosse.	La rouge plate de Bassano.
— ronde précoce.	La jaune grosse.
— de Castelnaudary.	— ronde précoce.
— foncé de Whyte.	— de Castelnaudary.

Les graines mûrissent en septembre et se conservent
bonnes pendant cinq ou six ans.

BOURRACHE (*Borrago officinalis*). — Plante dont on
emploie les fleurs pour orner les salades ; elle vient dans
tous les terrains, et se sème en place au printemps et à
l'automne.

CAPUCINE GRANDE (*Tropæolum majus*). — On la sème
en avril, au pied d'un mur à bonne exposition. On peut
aussi la semer isolée, mais alors il faut la ramer. On
emploie les fleurs pour parer les salades, et les graines
cueillies encore vertes se confisent au vinaigre, et remplacent les câpres.

CAPUCINE NAINE. (*T. minus*).—Variété de la précédente,
que l'on peut semer pour faire des bordures et qu'on
emploie au même usage.

CAPUCINE TUBÉREUSE (*T. tuberosum*). — On la multiplie par boutures, ou mieux de tubercules qu'on plante en pleine terre en avril. Pendant la végétation de ces plantes, on les butte plusieurs fois, afin de favoriser le développement des tubercules, qu'il faut avoir soin d'arracher avant les gelées. Confits au vinaigre, ces tubercules ont une saveur agréable, et sont fort estimés de différentes personnes.

CARDON (*Cynara cardunculus*). — Il faut aux Cardons une terre douce et profonde, ainsi que de fréquents arrosements en été. Ils se multiplient de graines semées en avril sur couche, ou mieux en mai, immédiatement en place. On fait des trous à un mètre l'un de l'autre, on les remplit de terreau, puis on sème deux ou trois graines dans chaque, et lorsqu'elles sont bien levées on choisit le pied le plus vigoureux, et l'on supprime les autres. Dans le cas où l'on aurait à craindre le ravage des vers blancs ou des courtilières, il faudrait, à la même époque, en semer en pots, afin de pouvoir regarnir les places vides. Vers le mois de septembre, lorsqu'ils sont assez forts pour être blanchis, on les empaille en fixant au collet de la plante un lien fait avec de la litière, puis on l'enroule du bas en haut, de manière à ne laisser voir que l'extrémité des feuilles. Au bout de quinze jours ou trois semaines, les côtes sont blanches, et doivent être consommées sur-le-champ, sans quoi elles pourriraient; il ne faut donc les empailler que successivement.

Avant les fortes gelées on arrache les Cardons en mottes pour les replanter près l'un de l'autre dans la serre à légumes, où ils blanchiront sans couvertures; mais il faut les visiter souvent et enlever toutes les feuilles pourries. On peut par ce moyen les conserver jusqu'en mars.

Les variétés sont :

Cardon de Tours.	Cardon plein inerme.
— d'Espagne, sans épines.	— à côtes rouges.

Les graines de Cardon mûrissent dans la première quinzaine de septembre, et sont bonnes pendant cinq ou six ans.

CAROTTE (*Daucus carota*). — Les premiers semis ont lieu sur couche, en décembre. On prépare une couche de 0^m.35 à 0^m.40 d'épaisseur, dont la chaleur soit de 15 à 20 degrés; on place les coffres, on charge la couche de 0^m.15 de terreau, et, à moins de froid rigoureux, on ne remplit les sentiers qu'à moitié. Lorsque la chaleur de la couche est favorable, on sème les variétés connues sous le nom de *Carottes courtes hât:ves* ou *de Hollande*.

On peut repiquer parmi les Carottes quelques Laitues petites noires, ou semer un peu de Radis rose. Pendant la nuit on couvre les panneaux avec des paillassons; lorsque le semis est en bonne voie, on remanie les réchauds, que l'on fait alors de toute la hauteur des coffres. Ces Carottes sont ordinairement bonnes à récolter dans le courant d'avril. Si, dans la seconde quinzaine de mars, le temps est doux, et qu'on ait besoin des panneaux qui couvrent les Carottes, on peut les enlever, ainsi que les coffres; mais alors on récolte plus tard.

En pleine terre les premiers semis peuvent se faire dès le mois de février, et être continués jusqu'en juillet; ce qui toutefois ne peut avoir lieu que pour la Carotte courte hâtive; car pour les autres variétés il ne faut pas dépasser le mois d'avril, afin qu'elles puissent atteindre tout leur développement avant l'hiver.

Quelle que soit l'époque du semis, le terrain doit être bien préparé, après quoi on sème à la volée. On herse légèrement à la fourche, on foule le terrain, puis on étend une couche de terreau sur chaque planche. On passe légèrement le râteau sur le tout, et l'on arrose toutes les fois qu'il en est besoin. Lorsque les Carottes sont levées, on éclaircit le plant, qui est presque toujours trop dru si le semis a réussi.

En novembre on coupe le collet de chaque Carotte ; on les met en jauge, puis on les couvre de grand fumier pendant les gelées, ou bien on les dépose dans la serre à légumes, afin d'en avoir pendant l'hiver. Dans les terres légères et saines on peut se dispenser de les arracher ; il suffit de couvrir les plants de Carottes pendant les gelées.

Les variétés cultivées pour la cuisine sont :

Rouge courte de Hollande.	Jaune longue.
— demi-longue.	Rouge pâle de Flandre.
— longue.	blanche.
— — d'Altringham.	Violette d'Espagne.

CÉLERI CULTIVÉ. — Variété de l'*Apium graveolens.* — On le sème sur couche, mais à l'air libre, dès le mois de février ; la graine doit être très légèrement recouverte. En avril on plante en pleine terre, à environ 0^m.33 de distance.

D'avril en juin on sème en pleine terre à une exposition ombragée pour repiquer immédiatement en place. On favorise la germination des graines par de fréquents bassinages, et s'il arrivait que le plant fût trop dru, il faudrait l'éclaircir pour éviter qu'il ne s'étiolât. En juin et juillet on repique le plant en place. On trace quatre rangs par planche de 1^m.33 de large, puis on plante à 0^m.33 de distance sur la ligne. Aussitôt après la plantation on arrose pour faciliter la reprise, et l'on continue jusqu'à ce que le Céleri soit assez fort pour être blanchi, ce qui doit avoir lieu de la manière suivante : on ouvre une tranchée de 1 mètre de large, dont on jette la terre à droite et à gauche, après quoi on relève le Céleri en mottes pour le planter dans la tranchée ; on en met huit par rang, puis on coule du terreau entre chaque rang, de manière qu'il se trouve complétement enterré, sauf l'extrémité des feuilles. Au bout d'une quinzaine de jours, il est ordinairément assez blanc pour être récolté ; mais comme il ne se conserve pas longtemps après qu'il est blanc, il ne faut en faire blanchir que successivement, de manière à le prolonger aussi longtemps que possible. Pendant les gelées on le couvre de litière, que l'on enlève toutes les fois que la température le permet. Avec des soins on peut en conserver jusqu'à la fin de janvier et la fin de février.

Les variétés cultivées sont :

Plein blanc.	Plein rose.
Turc.	Violet.
Nain frisé.	A couper.

Céleri rave. — Les semis peuvent avoir lieu en avril, en pleine terre, à une exposition ombragée ; mais il vaut mieux semer en février sur couche, puis repiquer le plant en pleine terre ; après quoi on le met en place, après avoir retranché les grandes feuilles et toutes les racines latérales. On arrose abondamment pendant l'été ; puis on retranche toutes les feuilles inutiles, en ayant soin de ménager celles du cœur ; opération qu'il faut recommencer aussi souvent qu'il est nécessaire de le faire, afin de favoriser le développement du tubercule. On arrache le Céleri rave au commencement de l'hiver pour le mettre en jauge, et on le couvre pendant les gelées ; ou bien on le rentre dans la serre à légumes après en avoir coupé les feuilles. Ainsi traité, on peut en conserver facilement jusqu'en mars.

La graine de Céleri se conserve bonne pendant trois ou quatre ans.

CERFEUIL (*Anthriscus cerefolium*). — On le sème presque toute l'année : au printemps et à l'automne, au pied d'un mur à bonne exposition, et pendant les chaleurs à celle du nord.

Cerfeuil frisé. — Variété du précédent, et qui se cultive de même.

Les graines mûrissent en août, et se conservent pendant trois ans.

Cerfeuil musqué (*Myrrhis odorata*). — S'emploie comme les précédents ; mais il a une saveur particulière qui ne plaît pas à tout le monde. On le sème aussitôt après la maturité des graines ; sans cela elles mettent plusieurs mois à lever. Elles mûrissent en août, et ne sont bonnes qu'un an.

CHAMPIGNON COMESTIBLE (*Agaricus edulis*). — Le succès des couches ou meules de Champignons dépend du choix, de la préparation des fumiers et des soins à donner aux meules. Pour établir une meule à Champignons il faut prendre du fumier provenant des chevaux qui font un travail pénible ; car, étant renouvelé moins souvent, il est plus moelleux, c'est-à-dire plus imprégné d'urine, et contient plus de crottin que celui des chevaux de luxe.

On commence par déposer son fumier en tas, afin qu'il entre en fermentation ; puis un mois après environ on le reprend à la fourche pour en former une couche (nommée planchée) d'environ 0^{m}.65 d'épaisseur sur 1^{m}.33 de largeur. On étend un premier lit en ayant soin de retirer les plus longues pailles, les liens et le foin, puis de bien mélanger les parties sèches avec celles qui sont le plus imprégnées d'urine ; et pour for-

7.

mer les bords de la couche on retourne le fumier sur
les côtés, de manière que les bouts se trouvent en dedans. Dès qu'on a formé un lit de fumier, on le mouille
avec l'arrosoir à pomme, puis on le foule avec les pieds.
On refait un second lit, que l'on traite de la même
manière, et ainsi de suite jusqu'à ce qu'on soit arrivé
à la hauteur indiquée. Huit ou dix jours après on remanie la couche en commençant par un bout, puis on
la remonte de la même manière que la première fois,
mais en ayant soin de remettre au centre ce qui se
trouvait sur les bords et en dessus. Après l'avoir laissé
encore fermenter huit ou dix jours, le fumier doit enfin
être bon à mettre en meule, c'est-à-dire être gras sans
être moins humide, et n'avoir plus que le degré de
chaleur qui convient à l'opération. Comme pendant
l'été les orages font souvent avorter le blanc, on ne
commence à cultiver les Champignons à l'air libre
qu'en septembre; et, à partir de cette époque, l'on continue successivement jusqu'en décembre. Après s'être
assuré de la bonne condition du fumier, on commence
à dresser ses meules; elles doivent avoir 0^m.60 de largeur à la base et autant de hauteur; on foule le fumier
à mesure qu'on élève la meule, afin qu'elle éprouve le
moins de tassement possible. On la monte en dos d'âne,
de telle sorte qu'elle n'ait que 0^m.10 de largeur au sommet. Pendant la durée de l'opération, on a soin de bien
affermir les côtés de la meule en frappant légèrement
avec le dos de la pelle, puis avec le râteau on enlève
les longues pailles qui dépassent de chaque côté. Si,
après avoir monté ses meules, il survenait des pluies
abondantes, il faudrait les envelopper d'une chemise
(couverture de grande litière), ce qui, par un temps
favorable, ne doit avoir lieu qu'après avoir gobeté les
meules, opération dont nous parlerons plus loin. Au
bout de huit à dix jours, on s'assurera du degré de cha-

leur au moyen d'un thermomètre à couche, et s'il ne marque pas plus de 15 à 18 degrés, on pourra larder la meule, c'est-à-dire qu'on pratique des deux côtés de la meule, et à 0^m.10 ou à 0^m.15 du sol, selon qu'il est sec ou humide, une rangée de petites ouvertures qui doivent être faites avec la main et à 0^m.33 les unes des autres, dans lesquelles on place le blanc[1] à fleur du flanc de la meule, puis on appuie légèrement, afin de mettre le blanc en contact parfait avec le fumier; mais dans le cas où l'on craindrait qu'il n'y ait encore trop de chaleur, on ne rapprocherait le fumier qu'au bout de quelques jours. Si, huit ou dix jours après avoir lardé la meule, l'on aperçoit quelques petits filaments blanchâtres qui commencent à s'étendre sur toute la surface, on prendra de la terre légère et maigre, salpêtrée autant que possible, on la passera à la claie et l'on étendra partout environ 0^m.03 d'épaisseur, que l'on appuiera légèrement avec le dos de la pelle, ce qu'on appelle *gobeter*.

Dans le cas où l'on n'aurait pas remarqué les traces dont nous avons parlé, il faudrait recommencer l'opération en remettant de nouveau blanc dans des ouvertures pratiquées à côté des anciennes.

Si le temps est doux et sec, on rafraîchit la meule par de légers bassinages; mais il faut bien se garder de lui donner trop d'eau à la fois, car l'excès d'humidité détruirait les Champignons naissants. Après avoir gobeté, on couvre la meule d'une chemise de 0^m.5 à 0^m.6 de grande litière (une couverture plus épaisse pourrait faire de nouveau fermenter le fumier, ce qui

(1) On appelle blanc de Champignon de petits filaments blancs assez semblables à de la moisissure et qui se forment dans le fumier. On le trouve soit dans le fumier en tas depuis longtemps, où il s'en forme souvent de très bon, soit dans les vieilles couches à melons; à défaut, on peut en prendre dans une meule déjà en rapport, mais où l'on n'aurait encore cueilli qu'une fois. Placé dans un lieu sec, le blanc de Champignon peut se conserver pendant deux ans.

détruirait tout espoir de récolte), qu'on augmentera pendant les gelées et suivant la rigueur du froid. Environ six semaines après, on commencera à cueillir les premiers Champignons. Pour les chercher on relèvera la litière avec soin, et après les avoir cueillis on remplira les trous qu'ils occupaient avec de la terre de même nature que celle qui a servi à gobeter la meule. Si l'on trouvait quelques petites places où les jeunes Champignons eussent péri, il faudrait enlever toute la partie détruite et remettre de la terre nouvelle. Il faut en tout temps, même après avoir épuisé un côté de la meule, la recouvrir soigneusement avec la litière. Une meule peut produire de trois à cinq mois en tout temps, mais mieux en été. On peut établir ses meules dans une cave peu éclairée, et alors, vu l'égalité de température qui règne dans ces localités, il devient inutile de couvrir les meules de litière.

CHENILLETTE (*Scorpiurus vermiculata*), VERS (*Astragalus hamosus*), LIMAÇON (*Medicago turbinata*). — Plantes annuelles indigènes de la famille de Papilionacées coronillées, astragalées et trifoliées, dont les fruits imitent des chenilles, des vers ou des limaçons, et qui doivent être semées en place en avril et mai, à environ 0^m.30 les uns des autres.

CHERVIS ou CHIROUIS (*Sium sisarum*). — Plante dont les racines charnues et très sucrées se mangent comme les Scorsonères. On la sème au printemps ou en septembre, en terre franche bien meuble, puis on bine et l'on donne de fréquents arrosements.

CHICORÉES. *Chicorée sauvage* (*Cichorium intybus*). — Avec les feuilles naissantes de cette espèce on fait une salade fort estimée, que l'on peut se procurer presque toute l'année en en semant sur couche dès le mois de mars, puis en pleine terre à partir du mois d'avril jusqu'à l'automne. Si l'on veut faire avec les racines la salade appelée *Barbe de capucin*, il faut, en avril, semer en rayons, et tous les soins consistent à donner des binages et quelques arrosements; puis, à l'approche des gelées, on arrache les racines, en les soulevant à la fourche afin de ne pas les rompre. On les met en jauge de manière à les avoir à sa disposition, et dans le courant d'octobre, époque à laquelle on commence ordinairement ce travail, on prépare une couche d'environ $0^m.40$ d'épaisseur, dont la chaleur soit de 15 à 20 degrés. L'endroit le plus favorable pour cette opération est une cave base sans air ni lumière. Lorsque la couche a jeté son premier feu, on réunit les racines par bottes, mais seulement après en avoir enlevé avec soin les vieilles feuilles et toutes les parties qui seraient susceptibles d'engendrer de la moisissure; après quoi on les place debout sur la couche, puis on bassine fréquemment avec l'arrosoir à pomme; mais, comme toujours, les arrosements doivent être proportionnés à la chaleur de la couche, et, dès que la Chicorée commence à pousser, les arrosements doivent être donnés avec beaucoup de ménagement pour éviter d'engendrer la pourriture dans l'intérieur des bottes. Ordinairement, au bout de quinze ou dix-huit jours, la Chicorée est assez longue pour être récoltée. On peut successivement en faire blanchir depuis le mois d'octobre ou de novembre jusqu'en avril. On peut encore faire blanchir de la Chicorée en enterrant des racines sur une couche recouverte de panneaux à cadres pleins, afin d'intercepter la lumière, ou, à défaut, de panneaux ordinaires que l'on tiendra constamment couverts de paillassons.

Les graines de Chicorée mûrissent en septembre, et se conservent bonnes pendant dix ans.

Chicorée frisée (*Cichorium endivia*). — Les premiers
semis peuvent avoir lieu en septembre sous cloche,
mais à froid. A partir de cette époque jusqu'en juin,
on sème la Chicorée frisée ou d'Italie. Dans les premiers jours d'octobre, on repique le plant également
sous cloche, et vers la fin d'octobre ou au commencement de novembre on plante sa Chicorée sur terre,
mais sous panneaux; on donne de l'air aussi souvent
que possible, et pendant les gelées on couvre les panneaux la nuit. En janvier ou février on sème sur couche
chaude et sous panneaux. La couche ne doit pas avoir
moins de 20 à 25 degrés de chaleur, car, pour obtenir du
plant qui ne monte pas, il faut que les graines germent
en vingt-quatre heures, n'importe l'époque; mieux vaut
recommencer le semis que de repiquer du plant qui
aurait langui. Douze ou quinze jours après le semis,
on repique le plant en pépinière pour le planter quinze
jours ou trois semaines après, toujours sous panneaux,
mais sur une couche moins forte. Dans la seconde
quinzaine de mars on peut commencer à repiquer ses
Chicorées en pleine terre, mais sous cloche ou sous
panneaux, qu'on enlève aussitôt que le temps est favorable. En avril, mai et juin, on sème encore les Chicorées sur couche; mais alors le plant peut être repiqué immédiatement en pleine terre. On trace quatre
rangs par planche de 1^m.33 de large, et l'on plante à
0^m.40 de distance sur la ligne.

En juillet on sème la Chicorée de Meaux en pleine
terre à une exposition ombragée. Toutefois, dans bien
des terrains, il vaudrait mieux continuer de semer sur
couche, mais à l'air libre. Lorsque le plant est de force
à être repiqué, on étend un bon paillis sur chaque
planche, puis on plante à la distance ci-dessus indiquée, et l'on donne un bon arrosement pour faciliter
la reprise; les autres soins consistent à arracher les

mauvaises herbes et à mouiller au besoin. Lorsque les Chicorées sont suffisamment garnies, on profite d'un temps sec pour relever les feuilles, qu'on lie avec du jonc ou de la paille pour en faire blanchir l'intérieur; mais comme elles blanchissent en peu de temps, il n'en faut lier qu'à proportion de la consommation. Dès qu'elles sont liées, il ne faut plus les arroser qu'au goulot, afin d'éviter de les mouiller, ce qui pourrait les faire pourrir, et dès les premières gelées il faut les couvrir avec des paillassons ou de la litière, que l'on enlève toutes les fois que le temps le permet; puis, lorsque les gelées augmentent, on les arrache et on les rentre dans la serre à légumes, où on les enterre à moitié dans du sable : de cette manière on en conserve jusqu'en janvier.

Chicorée toujours blanche. — Cette variété n'est pas aussi répandue qu'elle le mérite, car elle peut, et avec avantage, remplacer les Épinards, surtout en été, époque où il est souvent difficile de se procurer ce légume. On sème cette Chicorée en place et à la volée pour être coupée toute jeune; on peut la semer sur couche ou en pleine terre, depuis le mois de février jusqu'au mois d'août.

Scaroles. — La Scarole est une variété de Chicorée dont la culture est tout à fait analogue à celle de la Chicorée de Meaux.

Les variétés et sous-variétés de Chicorée sont :

Frisée de Meaux.	Sauvage panachée.
Fine d'été ou d'Italie.	— améliorée.
— de Rouen ou corne de cerf.	Scarole ordinaire.
Toujours blanche.	— blonde ou à feuilles de
Sauvage.	Laitue.

Les graines sont bonnes à récolter à la fin de septembre, et elles se conservent pendant cinq ou six ans.

Choux (*Brassica*). — Les choux demandent une terre un peu fraîche et surtout bien fumée ; car , plus ils ont d'engrais, plus ils deviennent gros. Ils sont très nombreux en variétés ; mais toutes peuvent se rapporter à cinq races principales, savoir : 1° les *Choux cabus* ou *pommés*, 2° les *Choux de Milan* ou *pommés frisés*, 3° les *Choux verts* ou *non pommés*, 4° les *Choux-Raves*, et 5° les *Choux-Fleurs* et *Brocolis*.

N. 1. *Choux cabus ou pommés.* — Vers la fin d'août ou dans les premiers jours de septembre, on sème tous les Choux pommés hâtifs dont suit la nomenclature. En octobre on repique le plant en pépinière le long d'un mur à bonne exposition, pour le mettre en place vers la fin de novembre ou au commencement de décembre, et en février ou mars dans les terres froides ou humides. Si l'hiver est rigoureux, il sera nécessaire de garantir le plant soit avec de la litière, soit avec des paillassons posés sur des gaulettes. Si au printemps il arrivait que l'on manquât de plant, on pourrait en semer en février sur couche et en mars sur plate-bande bien terreautée. Les Choux que l'on peut traiter ainsi sont :

Le Cabbage.	Pain de sucre.
D'York, petit et gros.	Cœur de bœuf, petit et gros.

* *Chou de Poméranie.* — Variété très recommandable, mais trop tendre pour supporter nos hivers ; c'est pourquoi il faut le semer seulement en avril et mai, pour récolter en juillet et août.

Chou vert de Vaugirard. — On le sème en juin, mais pas plus tard, car il faut qu'il ait le temps de pommer avant l'hiver ; on le repique en juillet immédiatement en place. Ce Chou a l'avantage de se conserver facilement jusqu'en mars et avril.

·· Les Choux dont les noms suivent ne se sèment ordinairement qu'en février ou mars, mais on peut aussi les semer dans le courant d'août, et alors il faut traiter le plant comme il a été dit pour les Choux pommés hâtifs :

De Hollande à pied court.	Gros pommé de Holl. tardif.
Pommé de Saint-Denis.	Trapu de Brunswick.
— de Bonneuil.	Vert glacé d'Amérique.
— d'Allemagne, dit Quintal.	Rouge pommé, petit et gros.

Conservation des Choux pommés. — Comme les fortes gelées sont très préjudiciables aux Choux pommés, il faut, en novembre, arracher tous ceux dont les pommes sont faites et les mettre en jauge dans une planche, mais près l'un de l'autre et en ayant soin d'en incliner un peu la tête. Lorsqu'il vient de fortes gelées, on les couvre de litière ou de feuilles que l'on retire dès que le temps est doux. Dans les terres légères, on peut enterrer la tête au lieu des racines : de cette manière les Choux peuvent se conserver jusqu'au mois de mai sans couverture ; il est bon cependant d'en couvrir une partie, afin de pouvoir en arracher pendant les gelées.

N. 2. *Choux de Milan.* — On les sème depuis la fin de février jusqu'en juin, en commençant par celui des *Vertus.* Nous allons faire suivre une liste des principales variétés de cette race rangées par ordre de grosseur et de précocité.

Milan hâtif petit.	Milan doré.
— pied court.	Pancalier de Touraine.
— ordinaire.	Milan gros tardif des Vertus.
— à tête longue.	

Chou à jets de Bruxelles. — On le sème en mai ; on le repique en juin immédiatement en place, et l'on récolte les premiers en octobre, puis successivement jusqu'en février.

N. 3. *Choux verts non pommés.* — Nous les divisons en deux catégories : ceux de la première sont à peu près les seuls cultivés dans le potager ; les autres sont cultivés en grand comme fourrage, et quelques-uns comme plante d'ornements. On sème les premiers en mai et juin pour les planter en juillet et août ; ils craignent peu le froid, et sont même plus agréables à manger lorsque la gelée les a attendris. Ces variétés sont :

Choux à grosses côtes verts.	Choux à grosses côtes fran-
— à grosses côtes blonds.	gés.

Ceux de la seconde se sèment en juillet et août, ou mieux en mars et avril, et l'on repique le plant immédiatement à demeure ; mais on peut aussi semer en place, soit en ligne, soit à la volée. Ces Choux donnent leurs produits en feuilles pendant tout l'hiver et jusqu'à leur seconde année. Les variétés les plus avantageuses sont :

Cavalier ou Chou arbre.	Branchu de Poitou.
Moellier.	Vivace de Daubenton.

N. 4. *Choux-Raves.* — Les premiers semis ont lieu vers la fin de février, et peuvent se continuer jusqu'en juin ; on sème sur une plate-bande terreautée pour plus tard mettre en place. Ces Choux diffèrent des autres par leur collet, qui est renflé et charnu et que l'on emploie en cuisine comme les Navets ; mais pour les avoir bien tendres il faut en été leur donner de fréquents arrosements. On en cultive quatre variétés qui sont :

Blanc ou de Siam.	Violet.
— hâtif.	— hâtif.

Le *Chou-Navet*, assez semblable au précédent, pro-

duit en terre une tubérosité charnue de même saveur
que le Choux-Rave. On le sème en place en mai et juin,
soit en ligne, soit à la volée; puis les autres soins consistent à éclaircir le plant de manière que les Choux se
trouvent à environ 0^m.40 les uns des autres. Ils craignent peu la gelée, et, à moins d'un hiver rigoureux,
on peut ne les arracher qu'au fur et à mesure du besoin. Ses sous-variétés sont :

Chou navet hâtif.	Chou navet à collet rose.
— turnep ou de Laponie.	Rutabaga ou Navet de Suède.

Les graines de Choux mûrissent en juillet et août, et
se conservent bonnes pendant cinq ou six ans.

N. 5. *Choux-Fleurs.*—Ils sont beaucoup plus délicats
que les autres espèces de Choux, aiment une terre légère, bien fumée et surtout beaucoup d'arrosements
en été. On en cultive plusieurs variétés; mais il est impossible de conseiller plutôt l'une que l'autre, car les
résultats tiennent uniquement à des causes locales. Les
premiers semis se font en septembre, sur une plate-
bande bien terreautée ou sur une vieille couche, pour
être repiqués en octobre en pépinière, sur un ados, et,
lorsqu'il gèle, on pose des cloches ou des panneaux sur
le plant. Il faut avoir soin de donner de l'air tous les
jours, et aussi longtemps que la température le permettra. Si, malgré cette précaution, il arrivait que le
plant avançât trop, il faudrait l'arracher et le replanter
pour en retarder un peu la végétation; puis, quand les
froids deviennent rigoureux, on entoure les cloches
avec de la litière, et l'on couvre le tout avec des paillassons; on découvre toutes les fois que le temps le
permet, et l'on donne de l'air. En décembre, on peut
planter une partie de ses Choux-Fleurs sur couche et
sous panneaux; on plante six Choux-Fleurs par panneau, et entre eux quelque Laitues. Pendant la nuit on

couvre les panneaux avec des paillassons, on arrose au
besoin, et l'on donne de l'air toutes les fois que la température le permet ; puis, lorsque les Choux-Fleurs atteignent les vitraux, il faut avoir soin d'exhausser les
coffres ; et si, dans la seconde quinzaine de mars, le
temps est favorable, on enlève les panneaux ; ils produiront en avril et mai ; en mars on plantera l'autre
partie en pleine terre, et ils donneront depuis la fin de
mai jusqu'en juillet. On peut aussi semer en février et
en mars sur couche, et peu de temps après on repique
le plant également sur couche, pour le planter en
pleine terre vers la fin de mars ou au commencement
d'avril, et il produira en juin et juillet.

On sème les derniers Choux-Fleurs en juin : c'est
l'époque où l'on en sème le plus et celle où la culture
en est le plus facile ; c'est celle des Choux ordinaires,
et tout le succès dépend de l'abondance des arrosements, qui doivent être très fréquents, surtout pendant
les premiers mois. Il faut semer à une exposition ombragée sur une plate-bande bien terreautée ; puis,
lorsque le plant est assez fort, on repique immédiatement en place. Ces Choux-Fleurs produisent depuis la
fin d'août jusqu'en novembre ; on peut même en conserver jusqu'en février et quelquefois jusqu'en avril.
Pour cela, il faut ne les couper que le plus tard possible, et surtout par un temps bien sec, afin de ne les
rentrer que bien ressuyés, car de là dépend toute la
durée de leur conservation.

Conservation des Choux Fleurs.—Après avoir enlevé
toutes les feuilles de ses Choux-Fleurs, on les dépose
sur les tablettes de la serre à légumes, ou bien, ce qui
est encore préférable, on les pend la tête en bas ; et,
comme en séchant ils se réduisent beaucoup, il faut,
la veille du jour où l'on veut les manger, rafraîchir
le bout du trognon et les mettre tremper dans l'eau

fraîche pendant quelques heures, en ayant soin d'éviter de mouiller la tête ; ils ne tardent pas à reprendre leur forme primitive, sans avoir rien perdu de leur qualité.

On distingue deux races de Choux-Fleurs : 1. les *Choux-Fleurs* proprement dits ; 2. les *Brocolis*. Les variétés de la première race sont les Choux-Fleurs :

Tendres ou hâtifs.	Durs d'Angleterre.
Demi-durs.	— de Hollande.

Les graines mûrissent en septembre et octobre, et peuvent se conserver cinq ans.

Brocolis. — Ces Choux se sèment en mai et juin, et on les traite absolument comme les Choux-Fleurs semés à cette époque ; seulement il faut les planter plus éloignés les uns des autres. Le violet nain hâtif pomme dès l'automne ; mais, comme les autres ne produisent que vers la fin de l'hiver, il faut les butter à l'approche des gelées, ou bien faire près de chaque pied une petite rigole dans laquelle on couche la tige, et que l'on recouvre de terre, en ayant soin de laisser passer la tête ; puis, lorsque les froids deviennent rigoureux, on les couvre de litière, ou de feuilles que l'on enlève toutes les fois que le temps le permet. Les variétés de Brocolis sont :

Violet nain hâtif.	Blanc d'Angleterre.
— pommé.	Vert pommé.

Chou marin. *Crambé maritime.* — Le Crambé est un fort bon légume dont on mange les feuilles naissantes, qu'on fait blanchir en buttant le pied ; il est rustique et d'une culture facile. Dans des conditions favorables (c'est-à-dire dans un terrain sablonneux et bien fumé) il produit pendant fort longtemps. Nous avons vu une plantation de Crambé en plein rapport, qui, depuis quinze ans, donne chaque année plusieurs récoltes. On le multiplie de graines semées en mars, en pleine terre, en place ou en pépinière; mais ce moyen est lent, et le mieux est de le multiplier par boutures de racines.

En février on coupe des racines par tronçons de $0^m.6$ à $0^m.8$ de longueur; on les plante dans des petits pots qu'on enfonce sur une couche tiède, après quoi on les couvre de cloches ou de panneaux; et lorsqu'elles commencent à végéter, on leur donne un peu d'air et on augmente successivement. Ces boutures ainsi traitées acquièrent un tel développement qu'elles peuvent être plantées quelques mois après. On trace alors deux rangs dans une planche de $1^m.33$ de large, et l'on plante à $0^m.50$ de distance sur la ligne. Chaque année, à l'automne, on enlève les feuilles mortes, on donne un binage; puis on étend sur les planches un bon lit de fumier à moitié consommé. Dès la seconde pousse on pourrait commencer à couper les feuilles des Crambés; mais il est préférable d'attendre la troisième; car alors ils seront dans toute la force de leur végétation, et on les conservera beaucoup plus longtemps. On commence ordinairement à butter les Crambés vers la fin de janvier ou au commencement de février; mais, afin que tous ne donnent pas ensemble, on butte une première partie, et le reste quinze jours après, ce qui a lieu de la manière suivante : on dépose sur chaque pied un tas de terreau (ou de terre légère) d'environ $0^m.16$, et l'on recouvre le tout d'un bon lit de fumier ou de feuilles, afin d'activer la végétation; un mois après environ, enfin lorsque l'extrémité des feuilles commence à paraître, on les coupe rez terre, mais en ayant soin de ménager les yeux qui se trouvent au collet de la plante, car sans cette précaution elle ne repousserait plus. Après la récolte, on les butte de nouveau, et ils donnent une seconde récolte souvent aussi abondante que la première. Après la seconde coupe on détruit les buttes, on étend une partie du terreau sur les planches, et l'on enlève le reste. On peut aussi forcer le Crambé sous panneaux comme les Asperges. En décembre ou janvier l'on place des coffres ; et, après avoir butté ses Crambés, on les couvre de panneaux qui, au lieu de vitraux, sont à cadre plein, afin d'intercepter la lumière ; puis on entoure les coffres d'un réchaud de fumier, qu'on remanie de temps à autre. On couvre la nuit avec des paillassons ou de la litière ; et pour les autres soins on observe tout ce qui a été précédemment indiqué.

On récolte les graines de Crambé en août ; rarement elles se conservent bonnes plus d'une année.

CIBOULE COMMUNE (*Allium fistulosum*). — Les premiers semis ont lieu dans le courant de février en place et à la volée ; et, à partir de cette époque, on peut continuer de semer successivement jusqu'en juillet. Après le semis, on couvre les graines d'une légère couche de terreau, et l'on arrose toutes les fois qu'il en est besoin. Pour ne pas manquer de Ciboule en hiver, il faut en arracher en novembre, la mettre en jauge, puis la couvrir de litière sèche pendant les gelées. On cultive plusieurs variétés de Ciboule :

La commune. | La blanche hâtive.

Les graines mûrissent en août, et se conservent pendant deux ans.

Ciboule vivace. — Elle se multiplie d'éclats au printemps ou à l'automne.

CIBOULETTE, *Civette* (*Allium schœnoprasum*). — Cette

plante se multiplie par ses caïeux, que l'on sépare en
février et mars pour les planter en bordures. Elle est
d'autant plus tendre et pousse d'autant mieux qu'on la
coupe plus souvent.

Pour lui faire passer l'hiver, on la coupe au rez du
sol, puis on la couvre de terreau.

CLAYTONE PERFOLIÉE (*Claytonia perfoliata*).—Plante
annuelle, haute d'environ 0^m.33, que l'on peut couper
plusieurs fois dans le courant de l'été, et qu'on emploie comme Epinard. On la sème au printemps, à
bonne exposition, en planche ou en rayons.

CONCOMBRE (*Cucumis sativus*).—On sème les Concombres en janvier, février et mars, sur couche chaude
et sous panneaux. Lorsque les cotylédons et les premières feuilles sont bien développés, on les repique
dans de petits pots, qu'on enfonce sur une couche
chaude, pour les planter quelque temps après également sur couche et sous panneaux. Plus tard, lorsque
les gelées ne sont plus à craindre, on peut planter les
concombres en pleine terre. Dans les terres légères,
faciles à s'échauffer, on peut même semer les concombres en place, dans de petites fosses remplies de terreau.

Comme les Melons, les Concombres doivent être taillés pour donner de beaux fruits; ce qui doit avoir lieu
comme il est indiqué à l'article *Melon*.

On cultive plusieurs variétés de Concombres qui
sont :

Le blanc hâtif.	Le vert long anglais.
Le blanc gros.	— de Russie.
Le jaune long.	Le serpent.

Concombre vert petit à cornichons. —On le sème au
commencement de mai sur couche et sous panneaux.

Peu de temps après on repique le plant en pépinière également sur couche et sous panneaux. Dès qu'il est repris, on commence à donner un peu d'air, afin de le fortifier, et vers la fin de mai ou le commencement de juin on le relève en motte pour le mettre en pleine terre à bonne exposition à 0^m.60 de distance.

On peut aussi semer le Cornichon en pleine terre; plus rustique même que les autres Concombres, il n'a pas besoin d'être taillé.

Dans les terrains naturellement humides, il faut, pour récolter de beaux fruits, ramer les Concombres et les Cornichons, comme les Pois et les Haricots, afin qu'ils ne posent pas sur le sol.

COURGE POTIRON (*Cucurbita maxima*). — On sème les Potirons en mars sur couche chaude et sous panneaux; en avril on les repique en pépinière également sur couche et sous panneaux. Quelques jours après le repiquage, on commence à donner un peu d'air, afin de fortifier le plant; et en mai on prépare des trous que l'on dispose de manière que les Potirons soient au moins à 1^m.65 les uns des autres. On remplit les trous de fumier, que l'on couvre d'environ 0^m.15 de terreau. Si après la plantation il survient de petites gelées blanches pendant la nuit, il faut couvrir les Potirons avec des cloches, ou, à défaut, avec de la litière. Pendant leur végétation il faut les arroser abondamment, et les autres soins consistent à pincer la première tige au dessus du second œil, afin de favoriser le développement d'une ou de deux branches sur chaque. Lorsqu'elles ont environ 1^m.50 de longueur, on les marcotte, ce qui consiste à coucher les branches en terre afin qu'elles produisent des racines; de cette manière on obtient une végétation beaucoup plus vigoureuse. Dès qu'un fruit est noué et jugé digne d'être conservé, il faut pincer

la branche qui le porte à deux ou trois yeux au-dessus
du fruit; et, si l'on veut en obtenir de volumineux, on
ne doit en laisser qu'un ou deux sur chaque pied, excepté sur celui de *Hollande,* variété dont les fruits sont
moins gros, mais d'excellente qualité; c'est même celui
que l'on doit réserver de préférence pour les provisions
d'hiver; car, cueilli avant les gelées et déposé sur les
tablettes du fruitier ou de l'orangerie, on en conserve
souvent jusqu'en avril. Les variétés ci-après désignées
sont généralement estimées:

jaune gros.	blanc.
d'Espagne.	de Corfou.
de Hollande.	Châtaigne.

Courge mélopépon.—Les variétés de cette Courge sont
très nombreuses; nous allons indiquer les plus recommandables. Toutes se cultivent comme le Potiron.

Courge de Barbarie.	Musquée.
— pleine de Naples.	Coucourzelle.
— à la moelle, ou Végétable	Concombre des Patagons.
Marrow des Anglais.	Giraumon turban.
— de l'Ohio.	Patisson.

CRESSON DE FONTAINE (*Nasturtium officinale*). — Cette
plante, jusqu'à présent employée en cuisine comme
salade et fourniture seulement, peut aussi être préparée à la manière des Épinards, et sous cette forme
elle a une saveur fort agréable. La consommation du
Cresson est devenue tellement considérable que, dans
un rayon très rapproché de Paris, des terrains très
étendus sont consacrés à cette culture.

Ces cressonnières sont alimentées par des sources
naturelles ou artificielles, et disposées de manière à être
submergées à volonté. Le terrain est divisé par fosses
larges chacune d'environ 3 mètres sur 0^m.40 à peu près
de longueur, dont le fond doit être un peu plus élevé

d'un bout que de l'autre, de manière à pouvoir en vider l'eau facilement. On multiplie le Cresson de graines semées au printemps, ou mieux de boutures en août. Avant la plantation, il faut bien unir le terrain, et, s'il arrivait qu'il ne fût pas assez humide, on y laisserait couler un peu d'eau. Une fois le terrain bien préparé, on prend du Cresson, et on le place au fond des fosses par petites pincées, à environ $0^m.12$ à $0^m.15$ l'un de l'autre. Au bout de peu de temps, il est enraciné et couvre complétement le sol ; alors on étend sur toute sa surface une légère couche de fumier de vache bien consommé ; puis, au moyen d'une planche à laquelle on adapte un manche placé obliquement, on appuie le tout légèrement, après quoi on introduit $0^m.10$ à $0^m.12$ d'eau, quantité bien suffisante pour cette culture. En été, on cueille le Cresson tous les quinze jours ou toutes les trois semaines. Pour le cueillir avec plus de facilité, on pose une planche en travers de la fosse. Dès qu'une fosse est coupée, on la met à sec, et l'on étend de nouveau un peu de fumier de vache, qu'on appuie avec l'instrument mentionné ci-dessus, opération qu'il faut recommencer immédiatement après chaque coupe. Quand une fosse a produit pendant un an, on la détruit pour la replanter comme nous l'avons indiqué précédemment, mais seulement après avoir enlevé les vieilles racines et les débris de fumier, qui forment une épaisseur assez considérable au fond de la fosse.

On peut aussi en semer ou en planter sur le bord des cours d'eau, comme il en circule souvent dans les jardins d'agrément. Les tiges ne tardent pas à s'étendre, et l'on peut en couper chaque année jusqu'aux gelées, pourvu qu'on le fasse assez souvent pour l'empêcher de monter à graines.

Cresson de terre. Cresson vivace (Erysimum præcox).

— Il peut remplacer le Cresson de fontaine, dont il a tout à fait la saveur. On le sème au printemps en rayons, dans une terre franche, légère et humide.

Cresson des prés (Cardamine pratensis). — Il sert au même usage et se cultive comme le précédent.

Cresson alénois (Lepidium sativum). — Comme cette plante monte très vite en graine, on est obligé d'en semer très souvent; les semis se font en rayons au printemps sur couche, et en été à une exposition ombragée. On en cultive quatre variétés :

Cresson alénois.	Cresson alén. à larges feuilles,
— alénois frisé.	doré.

Les graines mûrissent en juin, et se conservent pendant cinq ou six ans.

ÉCHALOTE (*Allium Ascalonicum*). — On ne la cultive avec succès que dans une terre légère et substantielle, fumée de l'année précédente. Elle se multiplie de caïeux plantés en février et mars, à $0^m.08$ ou $0^m.10$ de distance, et presque à fleur de terre, afin d'éviter l'humidité, qui lui est très préjudiciable. On choisit pour replanter les plus minces et les plus allongées, car ce sont celles qui produisent les plus belles bulbes. On les arrache en juillet ou en août, enfin lorsque les feuilles sont sèches, et on les laisse deux ou trois jours au soleil, puis on les rentre dans un lieu sec.

ÉPINARDS (*Spinacia oleracea*). — On les sème en ligne ou à la volée, depuis le mois de mars jusqu'à la fin d'octobre; et, comme ils restent peu de temps en terre, on en sème souvent parmi les plantes nouvellement repiquées ou pour garnir les planches qui doivent être employées à une autre culture environ un mois après. Les semis d'été doivent se faire à un exposition ombragée; il faut arroser fréquemment pour les empê-

cher de monter. Les principales variétés de cette plante
sont :

Épinard ordinaire.	Épinard de Flandre.
— de Hollande.	— d'Esquermes, à feuilles de
— d'Angleterre.	Laitue.

Les graines mûrissent en juillet, et se conservent pendant deux ou trois ans.

ESTRAGON (*Artemisia dracunculus*). — On le multiplie
de graines, mais plus fréquemment par éclats des
pieds, qu'on replante au printemps à bonne exposition. On coupe les tiges à l'entrée de l'hiver, et on couvre les touffes de quelques centimètres de terreau.

FENOUIL (*Anethum fœniculum*). — On en cultive plusieurs variétés; mais, comme légume, le Fenouil doux
est le plus estimé. On le multiplie de graines que
l'on tire d'Italie chaque année; celles récoltées dans
nos jardins dégénèrent promptement. On sème de
mars en juin en place ou en pépinière, et on repique à 0^m.33 de distance ; puis on donne des binages
et de fréquents arrosements pendant la sécheresse.
Quand le Fenouil est assez fort, on le fait blanchir
à la manière du Céleri. On mange les racines et les
pousses.

FÈVE (*Faba vulgaris*). — On sème les premières Fèves
en janvier sous panneaux (pour semer à cette époque
l'on prend de préférence la Fève naine hâtive); en février on les repique en rayons un peu profonds, qu'on
trace à 0^m.35 les unes des autres; on les couvre de
litière pendant les mauvais temps, et lorsqu'elles ont
quelques centimètres de hauteur on donne un binage,
puis on achève de remplir les rayons, ce qui augmente la vigueur des plantes et des produits; lors-

8.

qu'elles sont défleuries, on pince toutes les extrémités, afin de forcer la séve à se porter vers le fruit. En février on sème en pleine terre par touffes ou en rayons ; et à partir de cette époque les semis peuvent être continués successivement jusqu'à la fin de mai ; enfin, n'importe l'époque des semis, les soins consistent à donner quelques binages, et à pincer l'extrémité des tiges comme nous l'avons précédemment indiqué ; les variétés des Fèves cultivées dans les jardins potagers sont :

Naine hative.	Toujours verte.
Julienne.	Violette.
De marais.	A fleur pourpre.
De Windsor.	A longue cosse.

FRAISIER (*Fragaria vesca*). — On multiplie les Fraisiers de graines ou de filets qui ne doivent être pris que sur du plant d'un an ; car ceux provenant de vieilles touffes produisent beaucoup moins, les fruits en sont moins beaux et de moins bonne qualité. On sème en mars à une exposition ombragée ; on couvre les graines d'une légère couche de terre fine, mêlée de terreau, et l'on entretient la fraîcheur de la terre par des bassinages.

Dès que le plant a quatre ou cinq feuilles, on le repique en pépinière, deux par deux, sur une vieille couche. Aussitôt après le repiquage, on bassine avec l'arrosoir à pomme, ce que l'on continue de faire suivant le besoin ; et pendant quelques jours on garantit les jeunes plants contre l'action du soleil avec un peu de litière qu'on étend bien légèrement.

Dans le commencement de juillet on relève le plant en motte pour planter en pleine terre à environ 0^m.15 de distance l'un de l'autre ; et, comme après le premier repiquage, on protége la reprise par de fréquents arrosements. Le résultat de ces repiquages est de favoriser le développement d'une grande quantité de jeunes racines ; et plus les Fraisiers en sont garnis, plus ils deviennent productifs. A partir de cette époque jusqu'au moment de les mettre en place, on a soin de supprimer toutes les fleurs et les filets qui se développent sur le jeune plant, et d'arracher ceux qui paraissent dégénérer, ce qu'il est facile de reconnaître à leur vigueur et à l'absence des fleurs.

Vers la fin de septembre on donne un bon labour aux planches dans lesquelles on doit planter ses Fraisiers ; et, si le terrain ne se trouvait pas être de bonne qualité, il faudrait pour l'améliorer n'employer que des engrais bien consommés : car, lorsque les racines des Fraisiers atteignent le fumier non consommé, les feuilles se dessèchent successivement, et souvent les touffes périssent. Après avoir bien préparé le terrain, on trace cinq rangs par planche de $0^m.33$ de large. Puis on plante ces Fraisiers à $0^m.35$ de distance sur la ligne, ce qui toutefois ne doit avoir lieu que pour les Fraisiers d'espèce ordinaire ; car, pour ceux à très gros fruits, tels que le Fraisier Keen's seedling, on trace quatre rangs seulement, et l'on plante à $0^m.50$ de distance sur la ligne ; après quoi l'on continue de couper les fleurs et les filets de chaque touffe avant qu'ils soient enracinés, afin de concentrer sur chaque pied la force de production dont ils sont doués.

Au printemps on donne un binage à chaque planche ; et dès que les fleurs commencent à paraître, il faut couvrir la terre d'un paillis un peu long, ce qui d'une part, a l'avantage de conserver l'humidité du sol, et, de l'autre, empêche les fruits de porter sur la terre. Les arrosements doivent être faits avec les arrosoirs à pomme, au printemps le matin, et le soir en été. L'année suivante on continue les mêmes soins ; mais,

comme au bout de quelques années, les produits dégénèrent, il ne faut pas conserver les Fraisiers plus de
deux ans. Cependant, dans un bon terrain, on peut
les conserver trois ou quatre ans, en ayant soin de les
rechausser chaque année au printemps avec de la
terre neuve.

Les Fraisiers qu'on multiplie de filets doivent être
plantés en juillet, et, comme ce que nous venons de
dire pour les Fraisiers provenant de graines est en tout
applicable à ces derniers, nous croyons inutile de
traiter ce sujet plus longuement.

Des Fraisiers forcés. — Les Fraisiers cultivés pour
forcer sont : le Fraisier des Alpes ou des Quatre-Saisons, Keen's seedling, Swainston's seedling, Myatt's
surprise, Princesse royale.

Dans le courant de janvier ou dans les premiers jours
de février, on pose des coffres, puis des panneaux, sur
les planches des Fraisiers qu'on veut forcer; on enlève
la terre des sentiers qui entourent les coffres jusqu'à
environ 0^m.45 de profondeur, après quoi on remplit
les sentiers de fumier, mais jusqu'au rez du sol seulement, et dans la première quinzaine de février on
achève de les remplir. A partir de cette époque il faut
avoir soin de les entretenir à la hauteur des panneaux :
pour cela on rapporte du fumier au fur et à mesure
qu'il en est besoin. On couvre les panneaux pendant
la nuit avec des paillassons, et l'on donne de l'air au
moment du soleil. Vers la fin d'avril on commence à
donner quelques bassinages si la température l'exige,
ce que l'on continue de faire au besoin. Les Fraisiers
étant ainsi traités, les fruits commenceront à mûrir
dans le courant d'avril.

Après la récolte on enlève les panneaux (qui peuvent
encore servir pour mettre sur les Melons), ce qui
n'empêchera pas les Fraisiers de fructifier jusqu'aux

gelées, ceux des Alpes surtout. Néanmoins on peut également obtenir une seconde récolte des Keen's seedling et autres espèces à gros fruits. Pour cela il faut les priver d'eau pendant quelque temps, afin d'en arrêter la végétation, et, lorsqu'ils sont presque fanés, on supprime une bonne partie des feuilles, on les bine légèrement, puis on favorise leur végétation par de bons arrosements. Dans les premiers jours d'août on aura une seconde fructification tout aussi abondante que la première.

Depuis l'adoption du chauffage au thermosiphon, on a modifié la culture forcée des Fraisiers. Ainsi, après avoir traité les Fraisiers comme nous l'avons indiqué, vers la fin de septembre ou au commencement d'octobre, on les relève en mottes pour les planter dans des pots de 0^m.15. On emploie pour l'empotage une bonne terre douce passée à la claie, et aussitôt après la plantation on place les pots l'un à côté de l'autre dans un coffre, de manière à pouvoir les garantir des grandes pluies et des gelées, en posant dessus des châssis ou des paillassons ; puis on les arrose pour en faciliter la reprise, et, comme pour ceux cultivés en pleine terre, ou supprime les filets et les fleurs au fur et à mesure qu'ils paraissent. Dans le courant de janvier on prépare les coffres à recevoir les Fraisiers : puis on les place sur le sol, tous à côté les uns des autres, ou sur un gradin sous lequel on fait circuler les tuyaux du thermosiphon. Après avoir tout disposé, on bine la terre des pots, on enlève les feuilles mortes, et l'on pose les panneaux, que l'on couvre de paillassons pendant la nuit. Arrivé à ce point, on commece à les chauffer, ce qu'il ne faut faire que modérément et de manière à entretenir sous les panneaux une température de 12 à 15 degrés; et, comme nous l'avons indiqué pour les Fraisiers forcés en pleine terre, on bassine et on donne de l'air toutes les fois que la température est favorable. On peut, par ce moyen, avoir des fruits mûrs dès les premiers jours de mars. Comme ceux forcés en pleine terre, les Fraisiers forcés en pots sont susceptibles de donner une seconde récolte; il suffit de les dépoter, de les planter en pleine terre et de leur donner les soins ci-dessus indiqués.

On divise les Fraisiers en plusieurs sections, qui contiennent chacune un grand nombre de variétés. Nous allons indiquer seulement celles qui entrent le plus communément dans la culture.

Des quatre saisons.	Myatt's surprise.
— à fruit blanc.	Prince Albert.
De Gaillon, sans filets.	Swainston's seedling.
— à fruit blanc.	Wilmot superb.
Keen's seedling.	British queen.
Princesse royale.	Barner's large white.
Comte de Paris.	Elton.

Haricot (*Phaseolus vulgaris*). — On sème les premiers Haricots en décembre sur couches et sous panneaux; mais, comme à cette époque il y a souvent absence complète de soleil, ce qui est très défavorable à ce genre de culture, il est préférable de ne commencer ce travail que dans le courant de janvier, et à partir de cette époque l'on peut continuer jusqu'à la fin de mars. On sème sur couche et sous panneaux, et aussitôt après le développement des cotylédons on repique les Haricots en pépinière, toujours sur couche et sous panneaux. Quelques jours après on prépare une couche d'environ $0^m.50$ d'épaisseur, dont la chaleur soit de 20 à 25 degrés; on pose les coffres, on charge la couche de $0^m.12$ à $0^m.15$ de terre légère, et l'on plante ses Haricots.

On trace quatre rangs par coffre, et l'on plante à

environ 0^m.15 sur la ligne; après quoi les soins à donner consistent à refaire les réchauds de temps à autre,
afin d'entretenir la chaleur nécessaire dans la couche;
à couvrir les panneaux pendant la nuit, à donner de
l'air toutes les fois que la température le permet; enfin
à bassiner au besoin, surtout au moment de la floraison,
afin d'empêcher les fleurs de couler; et, lorsque les Haricots ont environ 0^m.25 de haut, on les couche vers le
haut du coffre, puis on les maintient dans cette position au moyen de petits triangles de bois qu'on pose
sur les tiges. Peu de jours après, l'extrémité des tiges
se relève (on peut alors enlever les tringles), mais la
partie inférieure reste couchée sur le sol. Ainsi traités,
on commence ordinairement à cueillir les premiers
Haricots six semaines après le semis.

C'est souvent à tort que l'on détruit les Haricots aussitôt après qu'on en a récolté les premiers produits;
car, en les nettoyant avec soin, opération qui consiste
à enlever les feuilles mortes et les fruits que l'on a
trouvés trop petits pour être cueillis, ils donneront au
bout de quelque temps une seconde récolte aussi abondante que la première.

On peut faire avec avantage l'application du chauffage par le thermosiphon à la culture de Haricots sous
panneaux. Il suffit alors de préparer une couche très
mince dans le but seul de garantir les Haricots de l'humidité du sol, puis on fait circuler les tuyaux de l'appareil au-dessus de la couche; on entretient de 15 à
20 degrés de chaleur sous les panneaux; et, comme
l'on peut régler ce chauffage à volonté, on découvre
tous les jours, sans avoir égard à l'état de température, et l'on donne de l'air aussi souvent qu'il est nécessaire, ce qui contribue puissamment au succès de
l'opération.

En avril on sème encore sur couche, mais on re-

pique en pleine terre et sous cloche. On repique trois
Haricots sous chacune ; au bout de quelques jours on
commence à donner de l'air, puis en enlève les cloches
lorsque les gelées ne sont plus à craindre et que la
température est favorable. Il va sans dire qu'on peut
indifféremment employer des cloches ou des panneaux.

On sème en pleine terre en mai ; en terre légère on
sème dans la première quinzaine du mois, mais en
terre forte dans la seconde seulement, par touffes, ou
mieux en rayons ; car, par ce moyen, on obtient une
végétation beaucoup plus vigoureure et par conséquent
des produits plus abondants. On trace des rayons d'environ $0^m.05$ de profondeur à $0^m.40$ les uns des autres ;
après quoi on sème ses Haricots un à un à $0^m.15$ ou
$0^m.20$ sur la ligne, puis on les couvre d'environ $0^m.02$
de terre.

Pour semer par touffes, on fait des trous de $0^m.5$ à
$0^m.6$ de profondeur, disposés en échiquier, à $0^m.40$
les uns des autres ; on sème cinq ou six Haricots dans
chacun, puis on les recouvre de la même quantité de
terre que ceux semés en rayons. Quelque temps après
on donne un binage pour faciliter la levée des graines ;
mais ce n'est que lorsque les Haricots sont bien levés
qu'on finit de remplir les trous ou les rayons. A partir
de l'époque ci-dessus indiquée, on peut semer des Haricots en pleine terre jusqu'à la mi-août pour manger
en vert (les Haricots qu'on cultive particulièrement
pour cet usage sont le Nain de Hollande, le Flageolet et
le Bagnolet) ; mais quand on veut récolter en sec, il
ne faut pas semer passé le mois de mai, excepté pour
quelques espèces naines hâtives, que l'on peut encore
semer dans la première quinzaine de juin. On cultive
encore un grand nombre de variétés de Haricots, que
l'on divise en deux catégories.

Haricots à rames.

De Soissons.	Prague jaspé.
Sabre.	— bicolor.
Prédomme.	Beurre ou d'Alger.
Prague rouge.	Riz.

Haricots nains ou sans rames.

Hâtif de Hollande.	Gris Bagnolet.
Noir hâtif de Belgique.	Sabre.
Flageolet.	Prédomme.
— jaune hâtif.	Jaune de Chine.
— rouge.	Du Canada.
De Soissons au gros pied.	Solitaire.

LAITUES (*Lactuca sativa*). — On en cultive deux races principales : les Laitues pommées (*Lactuca capitata*) et les Laitues romaines (*Lactuca romana*).

Laitues romaines. — On les divise en Laitues pommées, de printemps, d'été, d'hiver et à couper.

Laitues de printemps. — Dans la première quinzaine d'octobre, on sème la variété dite petite noire, sur un ados exposé au midi ; lorsque les cotylédons sont bien développés et que les premières petites feuilles commencent à paraître, on place trois rangs de cloches sur l'ados, et l'on repique sous chacune une trentaine de plants ; puis on élève ses Laitues sans jamais leur donner d'air. Mais il n'en est pas de même pour les autres variétés, qu'on sème dans la seconde quinzaine du mois ; car lorsque le plant est bien repris, ce qui se voit quand il commence à végéter, on donne un peu d'air en soulevant les cloches d'environ $0^m.03$ du côté opposé au vent. Au bout de quelques jours on augmente progressivement, selon l'état de la température, et afin de fortifier le plant. Il ne faut rabattre les cloches que lorsqu'il gèle à deux ou trois degrés. Lorsque la ge-

lée devient plus forte, on garnit les cloches avec du fumier bien sec, qu'on augmente en raison de l'intensité
du froid.

On découvre les cloches au moment du soleil; mais
il faut s'assurer avant si le plant ne souffre pas de la
gelée ; car il faudrait alors, au lieu de découvrir,
augmenter la couverture et le laisser dégeler graduellement.

Dans la première quinzaine de novembre, on plante
sur couche (sous panneau ou sous cloche), et à partir de cette époque on continue successivement jusqu'à
la fin de février. En mars, on plante en pleine terre à
bonne exposition, toujours avec des plants pris sur le
même ados.

Vers la fin de février ou au commencement de mars,
on sème sur couche et sous panneau; et lorsque le
plant est assez fort, on le repique en planches que l'on
aura eu soin de pailler avant la plantation ; pour les
semis qu'on vient d'indiquer les variétés les plus estimées sont les Laitues :

Crêpe ou petite noire.	Dauphine.
Gotte.	A bord rouge.
Georges.	

On sème aussi ces variétés en août et en septembre;
on les plante sur de vieilles couches, qu'on recharge de
terreau, de manière qu'elles se trouvent près du verre;
mais c'est seulement quand il gèle qu'on les recouvre
de panneaux, et en ayant soin de leur donner autant
d'air qu'il est possible. On en conserve souvent jusqu'en
décembre.

Laitues d'été. — On commence à en semer dès les
premiers jours d'avril, puis jusqu'en juillet, successivement tous les quinze jours, afin d'en avoir qui se
succèdent pendant toute la saison. Les soins sont les

mêmes que ceux indiqués précédemment; seulement, en raison de l'époque, les arrosements doivent être beaucoup plus fréquents. Les variétés à semer sont les suivantes :

Blonde de Versailles.	Verte de Gênes.
— d'été.	D'Amérique.
— de Berlin.	De Russie.
Batavia blonde ou de Silésie.	Grosse brune paresseuse.
Chou ou Batavia brune.	Rouge ou Palatine.
De Malte.	Rouge chartreuse.
Turque.	Rousse à graine jaune.
Impériale.	Sanguine ou flagellée.

Laitues d'hiver. — On commence à les semer en août, et l'on peut continuer jusque vers le milieu de septembre. En octobre on les plante dans une plate-bande, à bonne exposition, et on les garantit des fortes gelées et de la neige en les couvrant avec de la litière, qu'on enlève toutes les fois que le temps le permet. Les variétés que l'on peut semer à cette époque sont les suivantes :

Passion.	De Groslay.
Flagellée.	Coquille.
Morine.	

Laitues à couper. — On peut facilement en avoir presque toute l'année, en commençant à semer sur couche en janvier et en février, puis en pleine terre dès le mois de mars, et successivement jusqu'en novembre. Les variétés à cultiver sont :

Les Laitues à couper ou petite Laitue.	Chicorée.
	Épinard ou à feuille de Chêne.

Laitues romaines. — On en cultive plusieurs variétés que l'on peut classer, comme les Laitues pommées, en Romaines de printemps, d'été et d'hiver,

Romaines de printemps — Dans la première quinzaine d'octobre on sème la Romaine verte hâtive, et
dans la seconde les Romaines blonde et grise maraî-
chères ; on traite le plant comme celui des Laitues
pommées cultivées à cette époque ; seulement dans le
courant de novembre on relève le plant de Romaines
vertes pour le replanter immédiatement ; mais alors
on n'en place plus que douze ou quinze par cloche.

Vers la fin de décembre ou le commencement de janvier, on commence à planter sous panneaux ou sous
cloches, et, à partir de cette époque, on continue successivement jusqu'à la fin de février ; en mars, on
plante en pleine terre, à bonne exposition.

Romaines d'été. — On les cultive absolument comme
les Laitues d'été, à la seule différence que pour les
faire blanchir on lie avec un ou deux liens de paille
les espèces qui ne se coiffent pas elles-mêmes. Cette
opération ne doit avoir lieu que par un temps sec, et
dès lors il faut s'abstenir de mouiller les feuilles en
arrosant.

Indépendamment des Romaines blonde et grise ma-
raîchères, on peut encore semer à cette époque les
variétés suivantes :

Alphange blonde.	Panachée.
De Brunoy.	Dorée.
Monstrueuse.	A feuille de Chêne.

Romaines d'hiver. — On les traite comme les Laitues d'hiver ; et pour semer à cette époque on donne
généralement la préférence à la Romaine rouge d'hiver, variété très rustique et supportant le mieux les
gelées.

Les graines de Laitues et Romaines mûrissent en
août et septembre, et elles se conservent bonnes pendant trois ans et quelquefois plus.

Lentilles (*Ervum lens*). — Cette plante est plus cultivée en plein champ que dans les jardins ; on la sème en rayons en mars et avril. Dans un terrain sec et sablonneux ses produits sont beaucoup plus abondants, que dans un terrain gras et humide ; car alors elle végète beaucoup, mais ne donne que très peu de graines. La variété à laquelle on donne généralement la préférence est celle de *Gallardon*.

Mache de Hollande (*Valerianella olitoria*). — Elle aime une terre douce et bien fumée. On commence à en semer en août et jusqu'à la fin d'octobre. On la sème à la volée ; et, après avoir hersé à la fourche, on la recouvre légèrement avec le râteau, et l'on arrose si le temps est sec. Celle semée en octobre sera bonne au printemps.

Il existe une nouvelle variété de Mâche à feuilles panachées, qui peut être cultivée exactement de la même manière.

Mâche d'Italie ou régence. — C'est une espèce à feuilles plus larges, mais plus tardive ; on en sème souvent parmi celle de Hollande, de manière à prolonger la durée du semis. Les graines de Mâche sont bonnes à récolter en juin, et elles se conservent pendant six ou huit ans.

Maïs (*Zea maïs*). — Dans les jardins, on cultive particulièrement le Maïs pour ses jeunes épis, que l'on fait confire au vinaigre comme les Cornichons. On le sème en mai en pleine terre, ou en avril sur couche, pour le repiquer ensuite à 0^m.60 de distance. Quand les plantes prennent de la force, on les butte et on retranche les bourgeons qui viennent au pied. On en cultive plusieurs variétés :

Le jaune gros.	A poulets.
— quarantain.	

MELONS (*Cucumis Melo*). — La culture des Melons, sur
laquelle il a déjà paru beaucoup de traités rarement
écrits par des praticiens, est on ne peut plus facile;
cependant dans nos pays elle exige des soins assidus et
intelligents, surtout pour ceux de première saison : car
alors l'on a à lutter contre les chances défavorables de
la température; et la bonne culture a une telle in-
fluence sur la qualité des fruits, que, quoique placés
dans des conditions bien moins favorables, nos Melons
cantaloups sont ordinairement supérieurs en qualité à
ceux des contrées méridionales, où ils sont semés en
plein champ et abandonnés à eux-mêmes.

On divise cette culture en trois catégories : la culture
sous panneaux, celle sous cloches et celle en pleine terre.

Melons sous panneaux. — On ne cultive sous panneaux que le Cantaloup Prescott fond blanc, et ses
variétés.

Dans la culture de haute primeur on sème les premiers Melons dès les premiers jours de janvier; mais
dans les cultures ordinaires on sème seulement dans
les premiers jours de février.

On prépare une couche d'environ 0^m.75 d'épaisseur,
composée de moitié fumier neuf, moitié fumier recuit.

On la charge de 0^m.10 de terreau, de manière que
le semis se trouve peu éloigné du verre. On entoure
le coffre d'un bon réchaud de fumier, et lorsque la
chaleur de la couche est favorable (25 à 30 degrés),
on trace des rayons, on sème les graines, que l'on recouvre légèrement; on tient les panneaux couverts de
paillassons pendant deux ou trois jours jusqu'à ce que
ces graines soient levées; après quoi on découvre tous
les jours en ayant soin de recouvrir avant la nuit. Quelques jours après la levée des graines on commence à
donner un peu d'air par le haut des panneaux chaque
fois que le temps le permet, afin de fortifier le plant. Lors-

que les cotylédons sont bien développés, on prépare une
autre couche de même épaisseur que la précédente, mais
dont la longueur doit être proportionnée à la quantité de plants que l'on veut repiquer; puis on la charge
de terreau. On place les coffres, on étend le terreau
également, et lorsque la chaleur de la couche est favorable, on choisit le plant le plus vigoureux et on le
repique avec le doigt, comme on le ferait avec un plantoir. On fait ordinairement dix rangs par coffre, et l'on
repique ses Melons à 0^m.12 de distance sur la ligne,
ayant soin de les enfoncer jusqu'aux cotylédons; ou
bien on enfonce des pots de 0^m.08 de diamètre sur la
la couche; en les emplit de bonne terre douce mêlée
de terreau, on la foule légèrement, et lorsque la chaleur
est favorable, on repique un pied de Melon dans chaque pot [1]; et, dans ce cas comme dans l'autre, on
tient les panneaux couverts de paillassons pendant
trois ou quatre jours pour faciliter la reprise du plant;
après quoi on découvre tous les jours, et l'on donne
un peu d'air au moment du soleil.

Première taille. — Lorsque la tige primitive a trois
ou quatre feuilles, on la coupe au-dessus de la seconde
feuille (*fig.* 24); ensuite on supprime les cotylédons,

Fig 24.

[1] Ces deux modes de repiquage sont encore pratiqués dans la culture
maraîchère. Cependant bon nombre de maraîchers ont abandonné le repiquage en pot; car l'expérience prouve qu'un Melon dont les racines sont contournées (ce qui arrive nécessairement à ceux repiqués en pot si la plantation
se trouve retardée de quelques jours) doit végéter avec moins de vigueur
que celui qui est repiqué sur couche, et dont les racines n'ont pas été gênées
dans leur développement.

dans la crainte que l'humidité ne pourrisse ces organes et qu'ils ne gâtent la tige,

Dans la seconde quinzaine de février on prépare des couches de 0^m.60 d'épaisseur et 1^m.33 de large composées de fumier neuf, de feuilles d'arbres, de marc de raisin ou de fumier neuf et d'un tiers de fumier provenant d'anciennes couches. On les charge d'environ 0^m.15 de bonne terre de potager mêlée de terreau; on place les coffres, et, après avoir bien étendu la terre dans les coffres, on place les panneaux, on remplit les sentiers à moitié, et quand la couche a jeté son premier feu, on plante deux pieds de Melon sous chaque panneau. Avant la plantation on fait un rang de trous sur le milieu de la couche; puis, si l'on a repiqué sur couche, on lève son plant avec une bonne motte, et l'on plante un pied de Melon dans chaque couche, en ayant soin de l'enfoncer jusqu'aux premières feuilles. Si l'on a repiqué en pot, on dépote son plant avec précaution. Pour cela on prend le pot de la main droite, on place la main gauche sur la surface de la terre, de sorte que la tige se trouve entre deux doigts. On renverse le pot, puis on le frappe légèrement sur le bord du coffre, et, lorsque la motte est sortie du pot, on plante son Melon comme nous l'avons indiqué. Aussitôt après la plantation on donne un peu d'eau au pied; au moment du soleil on ombrage les panneaux avec un peu de litière, et pendant quelques jours on s'abstient de leur donner de l'air.

Quelques jours après la plantation on entoure les coffres d'un bon réchaud de fumier, et l'on achève de remplir les sentiers. Pendant la nuit et par le mauvais temps, on couvre les panneaux avec des paillassons, puis on donne de l'air toutes les fois que la température le permet.

Deuxième taille. — La première taille, c'est-à-dire le

placement de la tige primitive, ayant déterminé le développement de deux branches latérales, on en dirige
une par le haut du coffre et l'autre par en bas ; et, lorsqu'elles ont environ 0^m.33 de longueur, on les taille
au-dessus de la troisième ou quatrième feuille (*fig. 25*),

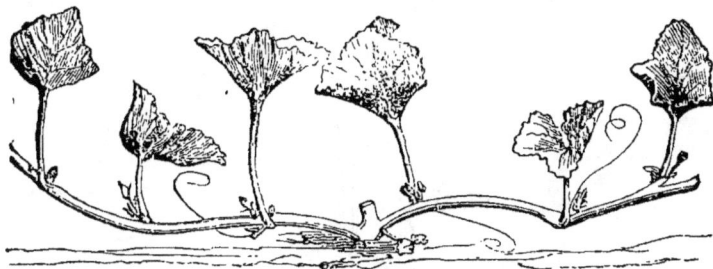

Fig. 25.

suivant la vigueur des pieds. Arrivé à ce point, et avant
le développement des nouvelles branches, on étend sur
toute la couche un bon paillis de fumier à moitié consommé.

Troisième taille. — La seconde taille détermine le développement de trois ou quatre branches sur chaque
branche latérale. Pendant leur végétation on les dirige
de manière qu'elles ne se croisent pas, et, lorsqu'elles
ont environ 0^m.33 de longueur, on les taille au-dessus
de la troisième feuille (*fig. 26*), sans avoir égard aux
fleurs, que l'on supprime, car les premières fleurs du
Melon sont ordinairement des fleurs mâles, qu'on
nomme fausses fleurs, et si par hasard il se trouve quelques fleurs femelles nommées mailles, on supprime
aussi les branches où elles se trouvent ; car alors, les
plantes n'étant pas encore assez fortes, les fruits seraient
très inférieurs à ceux qu'on obtiendra plus tard. Après
la troisième taille on surveille le développement des
nouvelles branches avec soin ; et, lorsqu'on a de jeunes
fruits noués, on choisit le mieux fait ; on pince la bran-

9.

che qui le porte à deux yeux au-dessus du fruit, que
l'on garantit avec les feuilles environnantes, de manière
qu'il ne soit pas atteint par les rayons directs du soleil,
qui le durciraient ; puis l'on supprime immédiatement
sur chaque pied tous les autres fruits, afin de favori-

Fig. 26.

ser le développement de celui que l'on a laissé, et l'on
pince toutes les autres branches au-dessus de la seconde
feuille (*fig.* 26).

Comme il arrive quelquefois que le jeune fruit n'a

pas une forme régulière, ou bien qu'il allonge trop,
dans ce cas on le supprime, et l'on fait choix d'une
autre maille. Enfin, quand il a atteint à peu près sa
grosseur, si les plantes sont vigoureuses, on choisit sur
chaque pied, parmi les fruits nouvellement noués, un
second fruit, mais en exigeant toujours les mêmes conditions que pour le premier ; après quoi on supprime
tous les autres, ce qui fera d'un à deux Melons sur chaque pied. Les autres soins se bornent à couper toutes
les branches nouvelles au-dessus de leurs premières
feuilles, et à couper l'extrémité des branches qui sorti-
raient du coffre. Pour toutes les opérations qui obligent
d'enlever les panneaux, il faut choisir le moment de la
journée où la température est la plus douce, afin que le
froid ne saisisse pas les Melons, qui sont excessivement
tendres. Lorsque les arrosements deviennent nécessaires, on bassine avec l'arrosoir à pomme ; mais à
cette époque il faut que l'eau qu'on emploie soit au
même degré de température que l'atmosphère dans laquelle on la répand, afin de ne point retarder la végétation. Si les Melons poussent très vigoureusement, il
est bon de ne pas les arroser ou de ne leur donner que
très peu d'eau avant qu'ils aient des fruits noués ; car
plus ils sont vigoureux, moins ils sont disposés à fructifier. Chaque jour, au moment du soleil, on donne de
l'air aux panneaux, en ayant soin de les soulever à
l'opposé du vent. Il ne faut pas, autant que possible,
les habituer à être ombragés ; il vaut mieux aérer davantage à mesure que le soleil prend de la force. En
effet, lorsqu'on a commencé, il faut continuer et avec
beaucoup d'exactitude ; car souvent il ne faut qu'un
rayon de soleil pour brûler les feuilles. On continue de
couvrir les panneaux toutes les nuits ; et, à partir de
l'époque de la plantation, il faut entretenir les réchauds à la hauteur des panneaux et les remanier tous

les mois environ, en ajoutant chaque fois au moins la
moitié de fumier neuf, afin d'entretenir la chaleur de
la couche; mais il ne faut pas refaire les réchauds dans
toute leur profondeur une fois que les Melons pousseront vigoureusement, car ils ont des racines qui rampent presque à la superficie du sol; et, comme elles se
développent rapidement, elles ne tardent pas à pénétrer dans les sentiers : c'est pourquoi il faut s'abstenir
de toute opération qui pourrait en arrêter le développement.

Par ce traitement, les fruits de la première saison
commencent à mûrir dans la première quinzaine d'a-
vril, et ceux semés en février donnent en mai[1].

Les Melons de primeur sont au nombre des plantes qu'il
est avantageux de chauffer avec le thermosiphon, car
une des circonstances les plus défavorables à cette culture est l'absence du soleil, ce qui a souvent lieu en
janvier et février; et comme, malgré la rigueur de la
température, il est nécessaire de bassiner les Melons
à cause de la chaleur de la couche, il arrive souvent
que l'atmosphère du châssis se charge d'humidité et
que de nombreuses gouttelettes d'eau se forment sur
toute la surface intérieure des panneaux; or, si la

_____

(1) Un fait assez important à connaître est le point précis de la maturité
des Melons. A ce sujet nous dirons qu'il n'est pas toujours indispensable
d'attendre la maturité complète pour récolter un Melon; il suffit qu'il soit
frappé, c'est-à-dire qu'il commence à changer de couleur ou de teinte; lorsqu'il est arrivé à ce point, on peut le cueillir, le déposer dans un lieu frais,
où il achève de mûrir sans rien perdre de sa qualité; par ce moyen, on peut
facilement prolonger la récolte. Bien qu'il ne soit pas toujours facile de
constater la maturité d'un Melon, nous dirons qu'on le juge arrivé au point
d'être mangé lorsqu'il prend une coloration jaune, qui devient assez intense dans les espèces de couleur claire; lorsque la queue se cerne à son
point d'insertion, comme si elle allait se détacher; enfin lorsque le fruit répand une odeur agréable, et qu'en pressant doucement l'ombilic (le point
opposé à la queue) on le sent fléchir sous le doigt. Les espèces à écorces
minces sont les plus faciles à distinguer; quant aux Cantaloups, ils présentent
plus d'incertitude.

température ne permet pas de donner de l'air, cet excès d'humidité occasionne la coulure des fleurs. C'est dans cette circonstance qu'on peut apprécier l'effet bienfaisant du thermosiphon. Comme on règle ce chauffage à volonté, on peut donner de l'air toutes les fois qu'il est nécessaire. Par ce moyen, les soins sont exactement les mêmes que ceux précédemment indiqués. Seulement on fait une couche beaucoup moins forte, et on fait circuler les tuyaux de l'appareil au-dessus de la couche.

Dans le seconde quinzaine de février on sème une seconde saison de Melons.

Comme, à l'époque où ces Melons sont bons à planter, la température commence à être plus favorable, on ne fait plus les couches aussi fortes, et il n'est plus nécessaire de refaire les réchauds aussi souvent. Une quinzaine de jours après le repiquage, on choisit un emplacement bien exposé au midi, mais où l'on n'ait pas cultivé de Melons l'année précédente ; car, pour que le succès de cette culture soit plein et entier, il ne faut pas planter deux années de suite sur le même terrain. On fait une première tranchée de 1 mètre de largeur et de $0^m.33$ de profondeur; on dépose les terres à l'extrémité du carré, c'est-à-dire à l'endroit où l'on doit faire la dernière tranchée; puis on prépare une bonne couche d'environ $0^m.66$ d'épaisseur, composée, comme pour les Melons de première saison, de fumier, de feuilles ou de marc de Raisin. Ensuite on ouvre une tranchée à $0^m.66$ de la première, et avec la terre, si elle n'est pas trop compacte, on charge la couche de $0^m.15$; on fait une couche dans la seconde, et ainsi de suite jusqu'au bout du carré, où l'on trouvera la terre de la première tranchée pour charger la dernière couche.

Après quoi on laboure les sentiers, on place les coffres, on étend la terre dans l'intérieur des coffres, on

pose les panneaux, puis on entoure les coffres d'un bon
réchaud de fumier, et on remplit les sentiers. Lorsque
la chaleur de la couche est au point convenable, on
plante deux pieds de Melons sous chaque panneau et on
leur donne les mêmes soins qu'aux Melons de première
saison.

Melons sous cloches. — Pour planter sous cloches, on
peut encore semer les Melons cantaloups Prescott ; mais
beaucoup de maraîchers préfèrent le Melon maraîcher,
qui fructifie beaucoup plus. Vers la fin de mars ou le
commencement d'avril, on sème sur couches et sous
panneaux, en ayant soin d'observer tout ce qui a été
indiqué pour l'éducation du plant de première saison.
Quelque temps avant la plantation on fait une tranchée
de $0^m.65$ de largeur sur $0^m.40$ de profondeur, puis on
prépare une couche d'environ $0^m.75$ d'épaisseur. On la
bombe légèrement du milieu et on la couvre d'un lit
de bonne terre mêlée de terreau. Lorsque la chaleur
de la couche est favorable, on plante ces Melons sur un
rang et à $0^m.66$ les uns des autres. Aussitôt après la
plantation, on couvre chaque Melon d'une cloche que
l'on enveloppe de litière pendant deux ou trois jours
pour favoriser la reprise du jeune plant ; pendant la
nuit on couvre les cloches avec des paillassons. Dès que
les Melons commencent à végéter, on donne un peu
d'air en soulevant les cloches pendant le jour, puis on
augmente graduellement jusqu'au moment de les enlever, ce qui a lieu lorsqu'elles ne peuvent plus contenir les branches, mais ce qu'il ne faut faire que par
un beau temps, car il vaudrait mieux retarder cette
opération que de les enlever par un temps humide. A
partir de l'époque ci-dessus indiquée jusqu'à la Saint-
Jean (20 ou 25 juin), on peut successivement planter
plusieurs saisons de Melons sous cloches. L'éducation
du plant, la taille et les autres soins sont en tout con-

formes à ceux indiqués pour les Melons cultivés sous panneaux.

Melons sur buttes. — Nous allons maintenant donner la description d'une méthode aussi simple que peu dispendieuse, récemment indiquée par M. Loisel. Dans le courant de mai on élève sur le sol des buttes en forme de cônes, faites avec du fumier à moitié consommé, des feuilles ou de la mousse. On leur donne environ $0^m.50$ ou $0^m.60$ de diamètre à la base, $0^m.60$ de hauteur, et on les établit à environ 1 mètre l'une de l'autre. Les fumiers doivent être préparés comme pour les autres couches, c'est-à-dire qu'il faut bien les mélanger, et les mouiller s'ils sont trop secs; puis, à mesure qu'on les emploie, il faut les fouler de manière que les buttes subissent le moins de tassement possible; et, quelle que soit la nature des substances employées pour construire ces buttes, il faut les couvrir d'environ $0^m.15$ de bonne terre, préparée comme nous l'avons indiqué précédemment. On fait sur le sommet de chaque butte un petit trou d'environ $0^m.10$ de diamètre, que l'on remplit de terreau fin; puis on sème trois ou quatre graines dans chacun, pour ne laisser plus tard que les deux pieds les plus vigoureux, ou bien, ce qui est encore préférable, on plante des pieds tout élevés. Il faut, dans ces deux cas, les couvrir aussitôt d'une cloche, que l'on enlèvera lorsqu'elle ne pourra plus contenir les branches. Nous renvoyons, pour les soins à donner et pour la première taille, à ce qui a été dit à l'égard des Melons sous châssis. Avant d'enlever les cloches on binera légèrement la terre des buttes en ayant soin de leur conserver leur forme arrondie, ainsi que le terrain environnant, puis on les couvrira complétement d'un paillis de fumier, que l'on peut étendre à 1 mètre environ autour. Cette couverture a l'avantage de maintenir la fraîcheur des arrosements. On visitera ses buttes de temps à autre. Les soins à donner consistent à faire descendre les branches qui prendraient une mauvaise direction, à arracher les mauvaises herbes à mesure qu'elles paraîtront ; et, lorsque les branches seront arrivées à peu près au milieu de la butte, on en pincera l'extrémité. Cette opération donnera naissance à de nouvelles branches, qui se chargeront bientôt de fleurs et de fruits ; et, comme elles atteignent promptement le bas de la butte, il en faut couper une dernière fois toutes les extrémités lorsqu'elles commencent à ramper sur le sol. Une fois arrivé à ce point, tous les soins se borneront à les arroser au besoin et à poser une tuile ou un bout de planche sous chaque fruit lorsqu'ils seront arrivés à peu près à moitié de leur grosseur. Outre l'économie que présentent ces buttes, elles offrent l'avantage d'être plus facilement pénétrées par les rayons solaires, ce qui est un point important dans les cultures de ce genre. D'un autre côté, l'inclinaison des branches est tellement favorable à la fructification que chaque butte peut facilement produire 10 ou 12 bons Melons dans le courant de l'été ; les premiers commencent ordinairement à mûrir dans la seconde quinzaine de juillet, et continuent à donner des fruits jusqu'en septembre.

On divise les Melons en trois races, dont nous allons indiquer les meilleures variétés :

1. *Melons brodés.*

Maraîcher.	D'Arkengel.
Sucrin de Tours.	De Grammont.
— à chair blanche.	De Honfleur.
Ananas d'Amérique.	

2. *Melons cantaloups.*

Orange.	De vingt-huit jours.
Noir des Carmes.	Prescott fond blanc.

Prescott fond gris. | De Portugal.
Galeux fond vert. | Noir de Hollande [1].

3. *Melons à écorce lisse.*

De Malte. | D'hiver.
— à chair rouge. | De Perse ou d'Odessa.

Melon d'eau, Pastèque (*Cucurbita Citrullus*). — On les cultive comme les Melons à cloches, à cette différence près qu'on laisse une plus grande quantité de fruits sur chacun.

Navet (*Brassica Napus*). — Ils viennent assez bien dans tous les terrains, mais ils préfèrent une terre douce et sablonneuse ; ce n'est même que dans un sol de cette nature qu'ils acquièrent une bonne qualité. On les sème à la volée depuis le mois de mai jusqu'au commencement de septembre, et autant que possible par un temps pluvieux. Lorsque le plant est assez fort, on l'éclaircit plus ou moins, suivant la grosseur de la variété. Ceux que l'on destine pour la consommation d'hiver doivent être semés en juillet et août. On les arrache à l'approche des froids, et on leur coupe la fane, afin qu'ils ne repoussent pas ; puis on les met en jauge et on les couvre de paille pendant les gelées : de cette façon on peut les conserver jusqu'en avril. On en cultive un grand nombre de variétés, que l'on divise en *Navets tendres et demi-tendres* et *secs ;* pour les premiers et les derniers semis, ce sont les tendres qu'il faut prendre comme étant les plus hâtifs. Les principales variétés sont :

1. *Navets tendres.*

Des Vertus. | Blanc plat hâtif.
De six semaines. | Rouge plat hâtif.

---

(1) Ces Melons déposés dans un lieu sec, se conservent sans altération jusqu'en janvier, et quelquefois plus longtemps. Les graines de Melons se conservent pendant dix ou douze ans et quelquefois plus.

2. *Navets demi-tendres.*

Jaune de Hollande.	De Finlande.
— d'Écosse.	De Pétrosawodsk.
— de Malte.	Noir plat.
Boule d'or.	Gris de Morigny.

3. *Navets secs.*

De Freneuse.	De Berlin petit.
De Meaux.	Jaune long d'Amérique.

Les graines mûrissent en juin, et se conservent bonnes pendant deux ans.

Oignon (*Allium cepa*). — L'Oignon aime une terre douce et substantielle, fumée de l'année précédente; on le sème à la volée dans la seconde quinzaine de janvier, si le temps est favorable, mieux en février et même en mars dans les terres fortes. Après le semis on herse et on foule le terrain; dans les terres légères, il faut même affermir le sol avant de semer; puis on passe le râteau, et on recouvre les graines d'une légère couche de terreau. Si le temps est sec, on arrose de temps à autre, afin de favoriser la germination; puis, lorsque les graines sont bien levées, on éclaircit dans les places où le plant est trop épais, et l'on repique dans celles où il en manque. Pendant leur végétation les Oignons n'exigent d'autres soins que des binages et des arrosements, qu'il faut même supprimer dès qu'ils commencent à tourner; et assez ordinairement, lorsqu'ils ont atteint leur grosseur, on abat les fanes avec le dos du râteau, afin d'arrêter la circulation de la séve au profit de l'Oignon. On récolte les Oignons vers la fin d'août ou au commencement de septembre; après les avoir arrachés, on les laisse sur le terrain pendant une quinzaine de jours, pour qu'ils achèvent de mûrir; après quoi on les dépose dans un grenier. Si l'on a soin de les étendre et d'enlever tout ce qui pourrait engendrer de la pourriture, on peut en conserver jusqu'à la fin de mai.

Les variétés que l'on cultive comme nous venons de l'indiquer sont :

Le rouge foncé.	Soufré d'Espagne.
— pâle.	Pyriforme.
Paille ou jaune.	

On peut aussi les semer au mois d'août : par ce moyen l'on a même des Oignons deux mois plus tôt ; mais il arrive souvent que beaucoup montent à graine au printemps.

Oignon blanc. — On le sème en pépinière et à la volée dans la première quinzaine d'août, pour le repiquer en octobre, et vers la fin du même mois pour repiquer en mars. En octobre dans les terres légères, et en mars dans les terres fortes, on prépare le terrain qu'on destine à la plantation de l'Oignon blanc. On trace 10 ou 12 rangs par planche de 1ᵐ.33 de largeur, et l'on repique son Oignon à 0ᵐ.10 de distance sur la ligne.

Dans les hivers rigoureux, il est prudent de couvrir le plant avec de la litière ; on commence à récolter les Oignons blancs vers la fin d'avril ou au commencement de mai.

Si, par une circonstance imprévue, il arrivait qu'on manquât de plant ou bien que la quantité fût insuffisante, on peut semer en janvier ou en février sur couche et sous panneaux ; on peut aussi en semer en pleine terre en février et mars, et ils produiront beaucoup plus tôt que les autres Oignons semés à la même époque. On en cultive deux variétés :

Le blanc hâtif.	Le blanc gros.

Oignon d'Egypte ou *Rocambole.* — Il diffère des autres

en ce qu'il rapporte sur sa tige des bulbilles qui servent
à les multiplier. On les plante en mars, à 0^m.12 les uns
des autres, et chacune de ces bulbilles produit un bon
et gros Oignon, que l'on arrache lorsque les feuilles
jaunissent; on les dépose dans un lieu très sec pour servir à la consommation, en ayant soin toutefois de réserver le nombre nécessaire pour la plantation, qui
doit avoir lieu en mars suivant. Chacun de ces Oignons
monte en tige, et rapporte des bulbilles que l'on conserve pour replanter à l'époque précédemment indiquée.

Oignon Patate. — On le plante en février ou plus tôt,
si le temps le permet, à 0^m.30 ou 0^m.40 de distance;
pendant sa végétation on le butte à plusieurs reprises,
afin de favoriser le développement des bulbes qui croissent autour de l'Oignon-mère.

On récolte les graines d'Oignons en août et septembre, et elles se conservent pendant deux ans.

OSEILLE (*Rumex acetosa*). On la multiplie au printemps par éclats des pieds ou de la graine, qu'on sème
en rayons depuis mars jusqu'en juillet. Après le semis
on recouvre les graines d'une légère couche de terreau,
et l'on donne de fréquents bassinages : on en fait ordinairement des bordures; mais, pour n'en pas manquer en été, il faut aussi la cultiver en planches, auxquelles on donne de copieux arrosements pendant la
sécheresse.

On fait la dernière récolte vers la fin d'octobre; après
quoi on donne un binage, puis on étend un bon paillis
de fumier à moitié consommé sur chaque planche; ou
bien à la même époque on relève les touffes d'Oseille
pour les mettre en jauge et les chauffer en hiver.

A cet effet, on prépare une couche de 0^m.35 à
0^m.40 d'épaisseur, dont la chaleur soit de 10 à 12 de-

grés; on place les coffres et on charge la couche de
0^m.15 à 0^m.20 de terreau; après quoi on plante 10 à
12 rangs d'Oseille par coffre. Pendant les gelées on
couvre les panneaux avec des paillassons; on donne
de l'air aussi souvent que possible.

On peut aussi forcer l'Oseille sur place. Pour cela,
l'on pose des coffres sur les planches, puis des panneaux. On creuse les sentiers qui entourent les coffres,
et l'on élève un réchaud de fumier, que l'on remanie
de loin en loin.

On commence à chauffer l'Oseille vers la fin de novembre ou au commencement de décembre, et l'on
peut continuer successivement jusqu'à la fin de février.

On cultive plusieurs variétés, parmi lesquelles nous
citerons :

L'Oseille vierge.	De Belleville.

Les graines d'Oseille mûrissent en juillet, et se conservent pendant trois ans.

Oseille Épinard.— On cultive sous ce nom la Patience
des jardins, *Rumex Patientia.* Cette plante a les feuilles
grandes et allongées; elle est d'une saveur plus douce
que l'Oseille, et se multiplie facilement, soit de graines
semées au printemps en place et en pépinière, pour
être repiquée, ou bien par éclats des pieds. Il faut les
mettre à environ 1 mètre l'un de l'autre.

Oxalis crénelée. *Oxalis crenata.* — Cette plante est
d'une multiplication et d'une culture très faciles; elle
produit un grand nombre de petits tubercules, mais
dont la saveur plaît généralement peu. Les feuilles et
les sommités des pousses peuvent être mangées comme
Épinards. On la multiplie par tubercules ou par boutures, que l'on plante en avril et mai à 1 mètre de di-
sance; et dès qu'elles ont poussé d'environ 0^m.12, on

commence à les butter au centre, afin de forcer chaque
jet à prendre une direction horizontale ; puis à mesure
qu'elles s'allongent, on les charge successivement de
terre jusqu'en septembre, époque où les tubercules
commencent à se former. A l'approche des gelées on
étend sur le terrain une couche de fumier ou de feuilles,
afin de ne faire la récolte que le plus tard possible, car
les tubercules grossissent jusqu'à une époque assez
avancée.

Panais (*Pastinaca sativa*). — Il leur faut une terre
profonde et substantielle. On peut les cultiver comme
les Carottes, mais il faut les éclaicir davantage, parce
que les fanes sont beaucoup plus larges ; on peut les
laisser en terre pendant l'hiver, car ils ne craignent
nullement les gelées. On en cultive deux variétés :

Le long. | Le rond.

La graine mûrit vers la fin d'août, et n'est bonne que
pendant un an.

Patate douce (*Convolvulus Batatas*). On cultive les
Patates sur couche et sous châssis, sur couche sourde et
en pleine terre.

On les multiplie de graines, qu'on sème en mars sur
couche et sous châssis ; mais comme on en récolte rarement, le plus souvent on les multiplie de la manière
suivante. Dans les premiers jours de janvier on fait choix
de quelques tubercules parmi les mieux conservés ; on
les dépose sur une couche chaude et on les couvre de
châssis sur lesquels on étend des paillassons pendant la
nuit ; peu de temps après ils entrent en végétation. Alors
on les couvre de $0^m.05$ ou $0^m.06$ de terre légère, et à
l'époque de la plantation on détache le plant du tuber-
cule-mère pour le planter immédiatement en place, ou
bien lorsqu'on veut avoir du plant d'une reprise plus

facile, on enlève les jeunes pousses à mesure qu'elles ont atteint $0^m.06$ ou $0^m.08$ de longueur, on les repique dans des pots d'environ $0^m.06$, que l'on enterre sur couche; on les couvre d'une cloche, après quoi l'on bassine au besoin, et lorsque les boutures sont enracinées, ce qui a lieu assez promptement, on commence à soulever un peu la cloche, et l'on augmente graduellement pour l'enlever complétement lorsqu'elles peuvent supporter l'air sans se faner.

1. *Patates sur couche et sous châssis.* — Dans la première quinzaine de février on prépare une couche de $0^m.60$ à $0^m.70$ d'épaisseur, moitié fumier et moitié feuilles. La hauteur de la couche doit être calculée de telle sorte qu'après qu'elle aura été chargée d'environ $0^m.25$ de bonne terre mêlée de terreau le tout ne soit pas à plus de $0^m.10$ du verre. Après avoir placé les coffres on pose les panneaux, et lorsque la chaleur de la couche est favorable on plante ses Patates sur deux rangs et à $0^m.60$ de distance sur la ligne. En les plantant il faut avoir soin de bien étendre les racines; car, si elles étaient contournées, cela nuirait essentiellement à la production des tubercules. Pendant la nuit on couvre les panneaux avec des paillassons, puis on remanie les réchauds de temps à autre, afin d'entretenir la chaleur de la couche; on bassine au besoin et l'on donne de l'air toutes les fois que le temps le permet. Comme en grossissant il arrive souvent que les tubercules sortent de terre, il faut avoir soin de les recouvrir de quelques centimètres de terre. On peut récolter les Patates ainsi traitées en mai ou juin au plus tard; on détache les plus grosses, et si l'on recouvre les racines avec soin, elles ne continueront pas moins de végéter jusqu'à l'automne. En septembre on suspend les arrosements, afin de ne point prolonger la végétation, ce qui nuirait essentiellement à la maturité des tubercules.

2. *Patates sur couche sourde.* — Dans le courant d'a-
vril on prépare une couche sourde d'environ 1 mètre
de largeur sur 0^m.50 d'épaisseur, on la recouvre de
0^m.20 à 0^m.25 de bonne terre légère et substantielle, et
vers la fin d'avril ou au commencement de mai on plante
ses Patates sur un rang et à 0^m.65 l'une de l'autre; l'on
couvre chaque pied d'une cloche sur laquelle on met
un peu de litière au moment du soleil, et au bout de
quelques jours on commence à leur donner de
l'air, en soulevant les cloches pendant le jour, et on
les enlève lorsqu'elles ne peuvent plus contenir les
branches.

Pendant leur végétation les soins se bornent à les arroser toutes les fois qu'il en est besoin.

Vers la fin d'août ou au commencement de septembre on trouvera des tubercules bons à être consommés;
mais ce n'est que dans le courant d'octobre que l'on
fait la récolte complète. Il faut les récolter avec beaucoup de précaution, car celles qui sont rompues ou frois-
sées pourrissent promptement.

3. *Patates en pleine terre.* — En mai on fait de 0^m,60
en 0^m.60 des trous de 0^m.50 de large et de 0^m.35 à
0^m.40 de profondeur; on remplit le fond de fumier, on le
couvre d'environ 0^m.20 de terre légère et substantielle,
et l'on plante trois Patates dans chaque trou, en les
disposant de manière qu'elles se trouvent à environ
0^m.08 l'une de l'autre. On arrose, on recouvre d'une
cloche et l'on ombre au besoin.

Dans les terres légères et saines, on peut, sous le climat de Paris, cultiver les Patates tout simplement en
pleine terre, sur buttes de 0^m.80 de haut ou par planches
d'environ 1 mètre de large, dont on recharge le milieu
de manière à former un billon sur la crête duquel on
plante un rang de Patates. Après la plantation on les
garantit des rayons brûlants du soleil jusqu'à une par-

faite reprise après quoi tous les soins consistent à les arroser au besoin.

4. *Conservation des Patates.* — Après avoir arraché les tubercules, ce qu'il ne faut faire que le plus tard possible, on prépare une couche de fumier sec dans le but seul de préserver les Patates de l'humidité du sol ; puis on place un coffre sur la couche et on la charge de $0^m.08$ à $0^m.10$ de vieux terreau. On met les panneaux et l'on donne de l'air pendant plusieurs jours afin de laisser évaporer l'humidité qui pourrait se dégager de la couche. Par une belle journée on arrache les Patates, on les laisse ressuyer quelques heures au soleil, après quoi on les dépose sur la couche, en ayant soin de les placer de manière qu'elles ne se touchent pas, puis on les couvre d'une couche de terreau bien sec. On met un second lit de Patates, et ainsi de suite jusqu'à ce qu'il ne reste plus que $0^m.08$ ou $0^m.10$ pour atteindre le haut du coffre. Si le temps est sec, on ne met les panneaux que pendant la nuit ; mais dans le cas contraire on les place immédiatement. Aussitôt que le froid commence, on entoure le coffre d'un réchaud de vieux fumier ; pendant la nuit et par le mauvais temps, on couvre les panneaux avec des paillassons ; enfin on fait tout ce qui est possible pour empêcher la gelée de pénétrer dans le coffre ; de temps à autre on donne de l'air au moment du soleil, afin de prévenir l'humidité, la chose la plus redoutable pour la conservation des Patates ; de cette manière on peut en conserver jusqu'à une époque assez avancée. On peut encore, ce qui est beaucoup plus simple, déposer les tubercules dans un lieu bien sec où la température, étant le plus égale possible, ne descende pas au-dessous de 12 degrés. Par ce moyen l'on peut facilement conserver des Patates sans altération jusqu'en février et mars ; les variétés cultivées à Paris pour le commerce sont :

10

| La blanche. | La rouge. |
| La jaune. | La violette. |

PERCE-PIERRE. *Bacille maritime. Fenouil marin (Crith-*
mum maritimum). — On la sème aussitôt la maturité
des graines ou en mars sur couche, pour la repiquer
au pied d'un mur au midi ou au levant; on la couvre
de litière pendant l'hiver, parce qu'elle est délicate et
sensible aux gelées.

PERSIL (*Petroselinum sativum*). — On le sème en
rayons depuis le mois de février jusqu'en mai et juin
et pour n'en pas manquer en hiver, il faut le couvrir de feuilles ou de litière dès l'approche des gelées.
On peut aussi poser des coffres sur des planches disposées à cet effet, puis on les couvre de panneaux; enfin
en janvier ou février on peut semer sur terre, mais sous
panneaux ; de cette manière on a du jeune Persil dans
la seconde quinzaine de mars.

On en cultive plusieurs variétés :

| Le commun. | Le nain très frisé. |
| Le frisé. | A grosse racine. |

Les graines mûrissent en septembre, et elles se conservent pendant deux ans.

PIMENT (*Capsicum annuum*). — On le sème sur couche
en février ou mars, en avril sur plate-bande terreautée, pour le repiquer à la fin d'avril ou au commencement de mai en pleine terre, à bonne exposition. On
en cultive un grand nombre de variétés, qui toutes peuvent être employées au même usage :

Piment ou poivre long.	Piment jaune.
— rond.	— violet.
— gros carré doux.	— Tomate.
— Cerise.	— du Chili.

PIMPRENELLE (PETITE) (*Poterium sanguisorba*). — On la sème au printemps ou à l'automne; on en fait ordinairement des bordures, qui sont excessivement rustiques.

Les graines mûrissent en septembre, et elles se conservent pendant trois ans.

PISSENLIT. *Dent de Lion* (*Leontodon Taraxacum*). — Cette plante est peu cultivée, car on en trouve abondamment dans les prés; cependant, quand les Pissenlits sont semés au printemps, on les obtient plus beaux, de meilleure qualité, surtout si l'on a soin de récolter les graines sur les individus dont les feuilles sont les plus larges. Indépendamment de la salade qu'ils produisent vers la fin de l'hiver, on peut en faire blanchir à l'automne. Il suffit, pour cela, de les recouvrir de $0^m.12$ à $0^m.15$ de terreau bien consommé; et dès qu'ils commencent à percer la couche de terreau, on les coupe sur le collet de la racine.

POIREAU (*Allium Porrum*). — On en cultive deux variétés : le court et le long. On commence à semer le Poireau vers la fin de décembre ou le commencement de janvier sur couche et sous panneaux ; et vers la fin de février ou au commencement de mars, on repique le plant en pleine terre. En février ou mars, on sème en pleine terre et à la volée ; vers la fin d'avril, c'est-à-dire lorsque le plant est assez fort, on trace huit ou dix rangs par planches de $1^m.33$ de large, et l'on repique son Poireau à $0^m.15$ de distance sur la ligne. On arrache le plant nécessaire à la plantation en éclaircissant le semis, et l'on commence à consommer celui resté en place, ce qui donne à celui repiqué le temps de se former. On peut aussi en semer en juillet pour repiquer au commencement de septembre ; puis, dans la seconde quinzaine de septembre, on fait un dernier semis, et, comme toujours, on sème à la volée, mais très clair, car

alors on ne repique pas. Ce Poireau est bon à récolter
en juin.

Les graines sont bonnes à récolter en septembre, et
elles ne se conservent que pendant deux ans.

POIRÉE BLONDE (*Beta vulgaris*).—On la sème en rayon
de mai en août; et pour avoir toujours des feuilles bien
tendres il faut les couper souvent et les arroser fréquemment pendant la sécheresse. Pour n'en pas manquer en hiver, dès l'approche des gelées on peut relever ses racines en motte, pour les planter sur couche;
ou bien on pose des coffres et des panneaux sur des
planches disposées à cet effet. On enlève la terre des
sentiers, puis on entoure les coffres d'un réchaud de
vieux fumier; on donne de l'air aussi souvent que possible.

Poirée à carde. — On la sème en pépinière en mai et
juin. Lorsque le plant est assez fort, on le repique immédiatement en place. On trace trois rangs par planche de 1^m.33 de large, et l'on repique à 0^m.50 de distance sur la ligne. Pendant la sécheresse on arrose
abondamment, afin d'avoir des cardes grosses et bien
tendres. Pendant les gelées on les couvre de litière, et
c'est seulement au printemps qu'on commence à les récolter. On cultive les variétés suivantes :

A Cardes blanches.   A Cardes jaunes.
— rouges.

Les graines de Poirée mûrissent en septembre, et se
conservent bonnes pendant cinq ou six ans.

POIS (*Pisum sativum*). — Au commencement de novembre, les premiers Pois se sèment sur terre, mais
sous panneaux, pour repiquer le plant également sous
panneaux.

Dans le courant de décembre, on place les coffres

qu'on destine à la plantation et on enlève environ un
bon fer de bêche dans chacun, de manière à avoir 0^m.45
à 0^m.50 de profondeur sous les panneaux ; l'on dépose
la terre dans les sentiers, ce qui sert à accoter les coffres ; après quoi on dresse le terrain, on passe le râteau,
et l'on trace dans chaque coffre quatre rayons d'environ
0^m.08 de profondeur, en ayant soin de les distancer
également, mais de manière à laisser plus d'espace par
le bas du coffre, qui est naturellement la partie la plus
humide. Une fois l'emplacement préparé et dès que le
plant a 0^m.08 ou 0^m.10 de hauteur, on le soulève, afin
de ne point rompre les racines en l'arrachant, puis on
le repique par 3 ou 4 ensemble et à environ 0^m.20 de
distance sur la ligne.

Lorsque les Pois ont 0^m.20 à 0^m.25 de haut, on couche toutes les tiges vers le haut du coffre ; et, pour les
maintenir dans cette position, on les recouvre d'un peu
de terre. Peu de jours après, l'extrémité des tiges se
relève et continue de pousser ; ils ne tardent pas à fleurir ; alors on pince toutes les tiges au-dessus de la troisième ou de la quatrième fleur, afin de les faire fructifier plus promptement.

Pendant la nuit on couvre les panneaux avec des
paillassons ; on donne de l'air toutes les fois que la température le permet, et l'on fait quelques bassinages, ce
qui doit avoir lieu avec beaucoup de ménagement, afin
de ne point déterminer une végétation trop vigoureuse,
qui nuirait essentiellement à la récolte.

Lorsqu'on a une bonne côtière et que l'on se trouve
à court de panneaux, on peut semer ses Pois sous panneaux vers la fin de janvier et dans le courant de février ; enfin, selon l'état de la température, on les repique dans des rayons un peu profonds ; puis on les
couvre de litière pendant les mauvais temps. Ces Pois
donnent après ceux cultivés sous panneaux, mais beau-

10.

coup plus tôt que ceux semés en place en novembre et décembre.

Pleine terre. — En pleine terre les premiers semis ont lieu dans la seconde quinzaine de novembre, dans une côtière au midi. On trace des rayons un peu profonds et à 0^m.23 les uns des autres. Après le semis, on couvre les Pois de quelques centimètres de terreau; et lorsqu'ils ont 0^{m}15 ou 0^m.20 de haut, on donne un binage et l'on remplit les rayons. Si l'hiver est rigoureux, on couvre les Pois avec de la litière, qu'on enlève toutes les fois que la température le permet; mais il faut s'assurer avant si les Pois ont souffert de la gelée, car alors il faut, pour ne pas les perdre, les laisser dégeler graduellement et ne les découvrir que si le temps se radoucit. A partir de l'époque ci-dessus indiquée, on peut semer successivement jusqu'en juillet pour manger en vert; pour récolter en sec, il faut semer en mars. Quelle que soit l'époque du semis, les soins consistent à donner quelques binages, à pincer l'extrémité des espèces hâtives au-dessus de la troisième ou de la quatrième fleur, afin de hâter la maturité, et à mettre des rames aux grandes espèces. On cultive un grand nombre de variétés de Pois; mais nous citerons seulement les plus répandues, que nous placerons dans leur ordre de précocité; toutefois nous dirons que, pour les semis qui auront lieu en pleine terre avant le mois de février, il faut prendre le Michaux ordinaire, car le pois le plus hâtif est moins rustique et pourrait souffrir de l'hiver; mais ce dernier, semé en février, produit tout aussi tôt que le Michaux semé d'automne.

1. — *Pois à écosser.*

Prince Albert.	Michaux ordinaire.
Michaux de Hollande.	Reine des nains.
— de Rueil.	Nain de Hollande.

Hâtif à châssis.
— de Bretagne.
— gros sucré.
— vert anglais.
Nain vert de Prusse.
— vert impérial.
De Clamart.

De Marly.
D'Auvergne.
Vert normand.
Ridé ou de Knight,
— vert.
— nain.
Géant.

Pois sans parchemin, ou *Mange-tout*.

Nain hâtif de Hollande.
— à la moelle d'Espagne.
A fleur rouge.
A fleur blanche ou crochu à large cosse.

Très nain ou Pois éventail.
Turc ou couronné.
— à fleur rouge.
Géant sans parchemin.

POMMES DE TERRE (*Solanum tuberosum*). — On ne cultive ordinairement dans les jardins que les variétés peu répandues ou recommandables par leurs qualités et l'époque de leur maturité, car les autres variétés appartiennent essentiellement à la grande culture.

Les premières plantations de Pommes de terre peuvent avoir lieu sur couche et sous panneaux vers la fin de janvier ou au commencement de février. A cet effet, on prépare une couche de 0m.40 d'épaisseur, on l'entoure d'un réchaud, puis on la charge de 0m.20 de bonne terre; on trace quatre rangs par coffre, après quoi on plante ses Pommes de terre à 0m.33 de distance sur la ligne (la variété connue sous le nom de Marjolin est la plus avantageuse pour planter à cette époque); pendant la nuit, on couvre les panneaux avec des paillassons, et l'on donne de l'air aussi souvent que possible. Par ce moyen, on peut avoir des Pommes de terre nouvelles dans la première quinzaine de mars. On détache les plus grosses, et l'on recouvre les autres, qui peuvent être récoltées quelque temps après.

Pleine terre. — En pleine terre, on plante les pre-

mières Pommes de terre dans le courant de février. Le
terrain destiné à la plantation doit être labouré et fumé
d'avance. S'il arrivait que l'on soit forcé de fumer en
plantant, il faudrait n'employer que des engrais à moitié consommés. Pour planter les Pommes de terre, on
fait ordinairement des trous semblables à ceux dans
lesquels on sème les Haricots; seulement, ils doivent
être plus profonds et plus éloignés les uns des autres
que pour les Haricots.

Dans les terres humides et froides, au lieu de faire des
trous pour planter les Pommes de terre, on dispose la
semence par rang sur le sol, puis on fait une tranchée
entre chaque rang, et, avec la terre provenant de la
fouille on recouvre les Pommes de terre.

Quel que soit le mode de culture, la semence doit être
choisie avec soin, c'est-à-dire que les tubercules doivent être sains et d'une maturité parfaite. Les plus
gros, peuvent être divisés.

S'il arrivait que les Pommes de terre soient déjà
poussées au moment de la plantation, il faudrait conserver les germes avec soin ; car la suppression des
germes retarde toujours la récolte; quelques variétés
même, comme la *Marjolin*, ne produisent plus quand
elles ont été ébourgeonnées.

Pour avancer l'époque de la récolte, on peut, comme
le font beaucoup de cultivateurs des environs de Paris,
faire germer les Pommes de terre avant de les planter
en les plaçant à la cave dans du terreau.

Pendant l'été, les Pommes de terre doivent être bi-
nées plusieurs fois ; puis buttées lorsqu'elles sont arrivées au terme moyen de leur développement. Cette
opération, considérée comme inutile par les uns, re-
commandée par les autres, est, on peut le dire, aussi
nécessaire dans les terres légères qu'elle peut être
nuisible dans les terres humides.

Depuis quelques années, des essais de plantations d'automne ont été tentés dans le but de récolter les Pommes de terre beaucoup plus tôt.

Malgré tous les soins apportés à cette opération, nous n'avons pas trouvé jusqu'à présent de différence appréciable dans les résultats de cette culture, comparés à ceux obtenus en plantant au printemps, et, à notre avis du moins, il serait préférable, plutôt que de planter en automne, de rechercher les espèces hâtives qui peuvent être récoltées avant l'époque où la maladie des Pommes de terre commence à sévir.

On récolte dans la première quinzaine de juin les Pommes de terre hâtives plantées en février ; et, comme nous l'avons dit relativement à celles cultivées sur couche, on détache seulement les plus grosses, et l'on recouvre les racines avec soin, afin de prolonger la récolte. A partir de l'époque ci-dessus indiquée, on peut planter successivement jusqu'à la fin de juin.

Les variétés ci-après désignées peuvent être considérées comme les plus hâtives que l'on ait encore trouvées.

Naine hâtive d'Amérique.	Comice D'Amiens.
Marjolin.	Early emperor.
Fox's seedling.	— shillings.
Early Cockney.	Cambrige Kidney.
Jackson's ash leaf.	Shaw.
Golden cluster.	Truffe d'août.

POURPIER (*Portulaca oleracea*). — On le sème sur couche en février et mars, et en pleine terre en mai et pendant tout l'été ; il ne faut presque pas recouvrir les graines, mais il faut les bassiner assidûment jusqu'à ce qu'elles soient bien levées. On en cultive deux variétés :

Le vert.	Le doré.

RADIS (*Raphanus sativus rotundus*). — Les premiers semis ont lieu vers le 15 septembre sur ados. S'il sur-

vient des froids pendant la nuit, on couvre le plant
avec des paillassons. En décembre, on sème sur couche
et sous panneaux; en février, on sème encore sur
couche, mais à l'air libre ; puis en mars commencent
les semis de pleine terre, qui peuvent être continués
jusqu'en automne. Pour avoir toujours des radis bien
tendres, il faut en semer souvent, et par conséquent en
petite quantité, ce qui fait que sur couche comme en
pleine terre on ne les sème ordinairement que parmi
d'autres plantes. Les semis d'été doivent, autant que
possible, être faits à l'ombre et arrosés souvent, et pour
cette époque on peut semer indistinctement toutes les
variétés; mais sur couche il faut semer de préférence
le Radis rose hâtif ou le rose demi-long. Les variétés
cultivées sont :

Blanc hâtif de Hollande.	Rose demi-long.
— rond.	Rond rose ou saumoné.
Violet hâtif.	Gris d'été.
Rose hâtif.	Jaune ou roux.

RAVES (*Raphanus sativus oblongus*). — On les cultive
exactement de même que les Radis roses; les variétés
cultivées sont :

Hâtive petite.	Rose ou saumonée.
Rouge longue.	Blanche.

Radis noir. — On les sème à la volée depuis juin jusqu'au 10 juillet; comme on sème presque toujours
trop dru, il faut éclaircir le plant. Ces Radis peuvent se
conserver tout l'hiver en les mettant en jauge et en les
couvrant pendant les gelées ou bien en les déposant
dans la serre à légumes.

On cultive de même :

Le violet de Chine.	Le rose d'hiver.
Blanc de Chine.	— gros blanc d'Augsbourg.

Les graines de Radis sont bonnes à récolter en août, et elles peuvent se conserver pendant quatre ou cinq ans.

RAIFORT SAUVAGE (*Cranson, Cochlearia armoriaca*) — Les racines de cette plante ont une saveur extrêmement piquante, et, après voir été rapées, elles peuvent remplacer la Moutarde. On les multiplie de graines semées au printemps, ou par des tronçons de racines à l'automne; mais ce n'est guère que la troisième année que les racines sont de grosseur à être employées.

Les graines sont bonnes à récolter en août, et elles se conservent pendant deux ans.

RAIPONCE (*Campanula rapunculus*). — On sème la Raiponce à la volée en juin et juillet. Comme la graine est extrêmement fine, il faut la mêler avec du sable ou de la terre fine et très sèche : car, sans cette précaution, le semis serait inégal ou trop dru. On ne recouvre pas la graine; il suffit de passer le râteau et de fouler le terrain bien légèrement; après quoi on étend sur le tout un peu de grande litière qu'on enlève aussitôt après la levée des graines, dont on favorise la germination par de fréquents bassinages, et assez ordinairement on sème parmi la Raiponce un peu d'Épinards ou de Radis, afin de protéger le jeune plant. C'est seulement en février que l'on commence à récolter les Raiponces, et la récolte peut s'en prolonger jusqu'à ce qu'elles montent en graines.

Les graines mûrissent en juillet et août, et elles se conservent bonnes pendant huit ou dix ans.

RHUBARBE (*Rheum*). — On cultive de la Rhubarbe dans les jardins pour le pétiole de ses feuilles, avec lequel on fait d'excellentes confitures, ou pour remplacer les fruits que l'on met quelquefois dans les pâtisseries.

Elle se multiplie de graines semées aussitôt après la maturité, ou mieux encore par la séparation des pieds, que l'on divise au printemps, en ayant soin que chaque éclat soit au moins muni d'un germe reproducteur; enfin, quel que soit le mode de multiplication, on les plante à environ 1 mètre de distance, et tous les soins consistent à couper les vieilles feuilles et à donner chaque année un binage au printemps. On commence ordinairement à couper les pétioles vers la fin de mai ou au commencement de juin.

Comme plantes potagères, les variétés les plus recommandables sont :

La Groseille.	Rugueuse.
Du Népaul.	Ondulée.

On récolte les graines en août, et elles ne sont bonnes que pendant un ou deux ans.

SALSIFIS BLANC (*Tragopogon porrifolium*). — On le sème en mars, avril et mai, en lignes ou à la volée, en terre profonde et substantielle, fumée de l'année précédente. Si le temps est sec, on bassine assidûment le semis, afin de favoriser la levée des graines; si le plant est trop dru, on éclaircit, puis on donne quelques binages.

On commence à récolter les racines en octobre, puis successivement jusqu'au printemps. Pour n'en pas manquer en hiver, on en met en jauge vers la fin de novembre, ou bien on les couvre sur place pendant les gelées.

Les graines mûrissent en juillet, et elles ne sont bonnes que pendant un an.

SARRIETTE DES JARDINS. (*Satureia hortensis*). — On la sème au printemps, après quoi elle se ressème tous les ans d'elle-même, sans qu'il soit nécessaire de lui donner aucun soin.

Sarriette vivace (*S. montana*). — On la multiplie de graines semées au printemps, ou par éclat des pieds à la même époque.

Les graines de Sarriette se conservent bonnes pendant trois ou quatre ans.

SCOLYME D'ESPAGNE. (*Scolymus Hispanicus*). — Les racines du Scolyme s'emploient en cuisine comme les Salsifis et les Scorsonères. Cultivées dans une terre profonde et de bonne qualité, elles sont tendres et charnues; mais dans des conditions moins favorables, l'axe en est ligneux, et il n'y a alors que la partie corticale qui puisse être mangée.

On le sème en ligne et à la volée vers la fin de mai ou au commencement de juin (plus tôt il est sujet à monter en graines). On arrache les racines avant les gelées, et on les met en jauge, ou bien on les couvre sur place, afin d'en avoir pour la consommation de l'hiver, et aussi pour ne pas perdre la récolte; car il arrive que les gelées détruisent la plante.

SCORSONÈRE D'ESPAGNE OU SALSIFIS NOIR (*Scorzonera Hispanica*). — On la sème en février, mars et avril, en ligne ou à la volée : les soins à donner sont exactement les mêmes que ceux qui sont indiqués pour le Salsifis blanc; seulement, comme elle monte en graines la même année, dans le courant de juillet, on coupe les tiges rez terre; et, comme rarement les racines acquièrent dès la première année la grosseur suffisante pour être mangées, il faut recommencer cette opération l'année suivante. On commence à récolter les racines en octobre, puis successivement jusqu'au printemps.

On récolte les graines vers la fin de juillet sur les

11

individus de deux ans, et elles se conservent bonnes pendant deux ans.

TÉTRAGONE ÉTALÉE OU ÉPINARD D'ÉTÉ. (*Tetragonia expansa*). — Cette plante peut très bien remplacer l'Épinard pendant l'été, car elle en a complétement la saveur. On la sème sur couche en février et mars, après avoir fait tremper les graines; et, lorsqu'on ne craint plus les gelées, on repique le plant en pleine terre à environ 0^m.60 de distance en tous sens. Dès que les tiges commencent à couvrir le sol, on coupe les feuilles et l'extrémité des jeunes pousses.

Les semences mûrissent en automne, et elles se conservent bonnes pendant deux ans.

TOMATE OU POMME D'AMOUR. (*Lycopersicum*). — On sème les premières Tomates dès le mois de septembre et en pots, que l'on dépose dans la serre à Ananas, ou sur couche et sous panneaux pour les planter sur couche en janvier. Plantées à cette époque, les fruits commencent à mûrir dès les premiers jours d'avril. En janvier on sème sur couche et sous panneaux; et lorsque le plant est assez fort on le repique en pépinière également sur couche et sous panneaux. Quelques jours après la plantation, on commence à donner un peu d'air, afin de fortifier le plant. En février ou mars on prépare une seconde couche de 0^m.50 d'épaisseur, dont la chaleur soit de 20 à 25 degrés; on la charge de 0^m.25 de terreau, après quoi l'on plante quatre pieds de Tomates sous chaque panneau. Pendant la nuit on couvre les panneaux avec des paillassons, on bassine au besoin, on donne de l'air au moment du soleil; et, lorsque les plantes commencent à se développer, on fait choix de deux branches sur chacune, puis on les abaisse de manière à empêcher qu'elles ne touchent à la surface intérieure des panneaux. Pour les maintenir dans cette position, on les attache à de petits piquets qu'on enfonce dans la couche à une certaine distance du pied; puis on supprime les autres; et, lorsque les plantes sont suffisamment garnies de fleurs, on pince l'extrémité de toutes les branches.

A partir de cette époque, on supprime avec soin tous les nouveaux bourgeons, et, quand les Tomates commencent à rougir, on effeuille complétement sur les fruits, afin d'avancer la maturité. On sème encore des Tomates en février et mars, et, lorsque le plant est bon à planter, on prépare une couche de 0^m.40 d'épaisseur et de 0^m.80 de largeur. On la charge de 0^m.25 de terreau, on trace deux rangs et l'on plante ses Tomates à 0^m.80 de distance sur la ligne. On met une cloche sur chacune, et l'on donne de l'air toutes les fois que le temps le permet; puis on enlève les cloches dès que les gelées ne sont plus à craindre. Lorsque les plantes commencent à se développer, on choisit trois ou quatre branches sur chacune, on les attache à un échalas et l'on supprime les autres; puis, lorsqu'elles ont atteint 0^m.75 à 1 mètre de hauteur, on en pince toutes les extrémités, si toutefois les plantes sont garnies de fleurs, car dans le cas contraire on ne les rabat que lorsqu'elles sont plus élevées; et, comme nous l'avons indiqué précédemment, on a soin d'enlever tous les nouveaux bourgeons; on supprime quelques feuilles, et, quand les Tomates commencent à rougir, on effeuille complétement sur les fruits.

Pour planter en pleine terre on sème en février et mars, également sur couche ou sous panneaux; on repique le plant en pépinière, et, lorsque les gelées ne sont plus à craindre, on relève le plant en motte pour le mettre en pleine terre.

On trace deux rangs par planche, et l'on plante ses Tomates à 0^m.80 de distance sur la ligne. On arrose

abondamment pendant les chaleurs, après quoi la taille
et les autres soins sont en tout semblables à ceux précédemment indiqués.

On en cultive plusieurs variétés :

La grosse rouge.	La petite jaune.
La petite rouge.	En poire.
La grosse jaune.	Cerise.

Les graines de Tomates se conservent bonnes pendant trois ou quatre ans.

Serre à légumes. — On n'a pas toujours un lieu convenable pour serrer ses légumes, et l'on est souvent
obligé d'accepter un hangar incommode ou bien une
cave humide et mal aérée, où les plantes potagères ne
peuvent être conservées sans altération.

Dans une circonstance semblable, il n'y a rien à faire,
et il faut se résigner à ne garder que de petites provisions ; mais quand on peut disposer d'une cave spa-
cieuse, privée de lumière, et dont l'air peut être renouvelé à volonté par des portes ou des soupiraux, on
se trouve dans les conditions les plus favorables pour
conserver les légumes.

La serre à légumes doit être divisée en plusieurs com
partiments, dans lesquels on dépose par lit les végétaux
qu'on veut conserver, en ayant soin de mettre un peu
de sable ou de terre sèche entre chacun. Cette méthode
convient aux plantes à racines ; quant aux Choux,
Choux-Fleurs, Cardons, Chicorée, etc., il faut les arracher avec leurs racines et les planter dans le sable à un
intervalle suffisant pour éviter un contact qui engen-
drerait la pourriture.

On peut, par ce moyen, conserver jusqu'en avril et
mai des légumes de l'année précédente.

CHAPITRE XII.

Maladies des plantes potagères.

La connaissance des maladies qui attaquent les plantes potagères est d'une mince importance, d'autant plus que rarement on y peut porter remède, et la nature seule doit amener la guérison.

Chaque fois qu'un végétal se trouve dans un état pathologique par suite d'influences ambiantes défavorables qui ont développé en lui un état morbide, et que ses tissus ne jouissent plus d'assez d'énergie vitale pour lutter contre le mal, la désorganisation commence, et l'unique moyen de guérison est un redoublement de soins pour rendre au végétal sa vigueur première.

Les parasites qui croissent sur les végétaux malades ne sont pas la cause du mal; ils en sont tout simplement l'effet. A quoi bon alors savoir que le *Puccina Asparagi* croît sur l'Asperge, le *Sclerotium varium* sur le chou; plusieurs espèces d'*Uredo* sur le Céleri, le Haricot, la Pimprenelle et le Poireau; le *Botrytis effusa* sur l'Épinard, le *Fusisporium* sur le Melon, l'*Acroporium monilioides* sur l'Oignon, l'*Erysiphus communis* sur les Pois, le *Botrytis infestans* sur la Pomme de terre, etc.?

Ce sont, nous le répétons encore, des effets, et non des causes.

Dans les saisons froides et humides, à des expositions défavorables, par suite de l'absence de soins et de précautions, les végétaux souffrent et tombent malades; mais avec de l'eau, du fumier et des abris on peut prévenir tout ce mal, qu'on ne réparera pas une fois qu'il existera.

CHAPITRE XIII.

Jardin fruitier.

Les personnes pour lesquelles nous écrivons ce livre ayant rarement un jardin fruitier distinct du potager, nous n'avons pas cru devoir donner des dispositions spéciales pour le verger ; nous nous sommes bornés à réunir toutes les notions qu'il importe de posséder pour tirer un parti avantageux de ses arbres fruitiers.

Ce chapitre contient les principes généraux de plantation, de taille, d'ébourgeonnage et de palissage, sans avoir égard aux différences qui existent entre les arbres de diverses sortes. Nous traiterons dans des articles spéciaux des soins qu'il convient de donner à chaque espèce en particulier.

§ 1. — PLANTATION.

Le succès des plantations dépend de plusieurs conditions qui malheureusement ne sont pas assez observées. La première est de se rendre compte de la nature du sol, ce qui devra guider pour le choix des arbres ; car un arbre greffé sur un tel sujet languira dans un terrain où il aurait, au contraire, prospéré s'il eût été greffé sur un autre. Le choix des arbres est également très important, mais présente bien des difficultés ; car les pépiniéristes se préoccupent si peu de l'avenir des arbres qu'ils élèvent qu'ils négligent trop souvent leur éducation première et préparent ainsi bien des déceptions aux planteurs. Il faut les prendre jeunes et vigoureux, que l'écorce en soit bien lisse, que le sujet soit toujours bien proportionné à la greffe, et surtout qu'ils aient été arrachés avec beaucoup de soin.

L'époque la plus favorable pour la plantation est

aussitôt après la chute des feuilles, dans les terres légères; mais dans les terres fortes et humides, on ne plantera qu'en février et mars. Avant de planter, on visitera les racines, et l'on coupera proprement l'extrémité de toutes celles qui auraient été rompues, sans en retrancher aucune et en ayant soin de conserver tout le chevelu. Si à cette époque le terrain n'était pas prêt à être planté, ou si la plantation nécessitait plusieurs journées de travail, il faudrait les faire mettre en jauge par rangées et de manière à pouvoir les retirer un à un lors de la plantation. Si quelque circonstance empêchait de planter aux époques indiquées à partir de la fin de mars jusqu'à l'époque où l'on pourra les mettre en place, il faudra les relever tous les quinze jours et les remettre immédiatement en jauge, puis les arroser. Plus la saison avancera, plus il faudra prendre de précautions; car ils auront poussé beaucoup de jeunes racines, qu'il faut avoir soin de ne pas rompre. Si l'on observe bien ce que nous conseillons, on pourra ne les planter définitivement qu'en juin. Ces plantations tardives devront être arrosées pendant les fortes chaleurs; il sera même bien de mettre un ou deux arrosoirs d'eau dans le trou avant de planter.

Pour les plantations faites aux époques ordinaires, il faut toujours que les trous soient faits en automne, même dans les terrains où l'on ne doit planter qu'en mars; ils devront être larges et profonds, c'est-à-dire proportionnés au volume des racines, et de manière qu'elles s'y étendent à leur aise. Dans les terres très légères on obtiendra toujours un bon résultat si, après avoir fait des trous d'un mètre au moins de profondeur et d'une largeur proportionnée, on met au fond des gazons placés de telle sorte que les racines soient en dessus. Dans les terres humides et sujettes à retenir l'eau, il faut aussi faire des trous très larges et très

creux et mettre au fond de petits plâtras ; puis on les
remplit jusqu'à la hauteur nécessaire avec de bonne
terre mêlée de fumier consommé ; enfin il vaudrait
mieux retarder la plantation de quelques jours que de
planter par la pluie ou dans une terre trop humide.
Quand le moment de la plantation sera venu, on placera l'arbre au milieu du trou, le plus d'aplomb possible, pendant qu'une autre personne fera couler la
terre bien meuble et fine entre les racines ; puis,
pour ne laisser aucun vide, on soulèvera l'arbre doucement en le maintenant dans sa position verticale. On ne
doit enterrer les arbres que jusqu'au collet, c'est-à-dire
à environ 0^m.10 au-dessus des racines ; et pour ceux
qui sont greffés rez de terre, on ne doit pas les enterrer
par-dessus la greffe, afin que, par suite du tassement
des terres, les racines ne se trouvent pas trop profondément enterrées. Lorsqu'on jugera que l'arbre est à
la hauteur voulue, on couvrira toutes les racines de
terre fine, puis on remplira le reste du trou avec de la
terre mêlée de fumier consommé. Pour fixer l'arbre,
on foulera légèrement la terre avec les pieds en appuyant davantage sur les bords. On remettra ensuite
de la terre pour achever de remplir le trou.

Quelques personnes sèment en place des sujets d'arbres fruitiers destinés à recevoir la greffe, afin d'avoir
des arbres plus vigoureux et qui ne soient pas retardés
par la transplantation. Pour agir ainsi avec succès, il
faut bien connaître le sous-sol ; car, si l'on n'avait pas un
bon fond de terre, on n'obtiendrait qu'un très mauvais
résultat. Ces arbres ayant toujours un pivot qui descend
très profondément lorsqu'ils atteignent la mauvaise
terre, ils jaunissent et n'ont plus qu'une végétation lan-
guissante.

§ 2. — TAILLE.

La taille des arbres fruitiers est une opération très importante.

1º Elle a pour but de distribuer la séve également dans toutes les parties de l'arbre et de lui donner une forme agréable ;

2º Elle dispose les arbres à donner des fruits plus beaux et de meilleure qualité ;

3º. Si un arbre n'était pas taillé, ses branches superflues épuiseraient infailliblement sa force, et il durerait moins longtemps ; ainsi, lorsqu'une taille est bien raisonnée, elle prolonge l'existence des arbres.

De toutes les opérations du jardinage, la taille des arbres est la partie la moins avancée. Sous ce rapport, il serait à désirer que les praticiens se livrassent à l'étude de la physiologie végétale : en effet, comment procéder à une opération d'une aussi haute importance si l'on ne connaît les fonctions de chacune des parties d'un arbre ?

Les instruments employés pour la taille sont la *serpette* et le *sécateur*. Quoique ce dernier abrége beaucoup le travail, il ne peut pas complétement remplacer la serpette ; car son emploi nécessite beaucoup d'habitude, et il arrive souvent qu'avec le point d'appui on occasionne une pression qui meurtrit la branche au-dessous de la coupe ; mais il est très avantageux pour démonter une branche que l'on enlèverait difficilement à la serpette, et pour tailler la Vigne et les Rosiers.

Indépendamment de ces deux instruments, il est quelquefois nécessaire d'employer la scie à main ou l'égohine pour couper les grosses branches.

On commence ordinairement à tailler à la fin de janvier et jusqu'en mars, et quelquefois même encore au commencement d'avril ; mais il est impossible d'in-

11.

diquer d'une manière précise l'époque la plus favorable pour commencer cette opération, car elle varie suivant l'exposition et la différence de température des années.

Il serait beaucoup plus naturel d'exécuter la taille dans l'ordre de la végétation : ainsi on commencerait par les Abricotiers; puis viendraient les Pêchers, les Pruniers, les Poiriers, les Cerisiers et les Pommiers. Mais, par économie de temps, l'usage est de commencer par les Poiriers et les Pommiers, parce qu'ils craignent peu les gelées, et que l'on a presque toujours fini de les tailler à l'époque où l'on commence à tailler les Pêchers.

Règle générale, on doit commencer par les arbres faibles et terminer par les plus vigoureux, afin d'en ralentir un peu la vigueur; cependant il faut toujours tailler avant que la séve soit en mouvement; car plus tard on altérerait beaucoup la santé de ces arbres, et l'on n'obtiendrait que des pousses très faibles.

Il est aussi quelques principes généraux dont il ne faut jamais s'écarter.

1° On doit toujours en taillant faire une coupe bien nette, un peu oblique, opposée à l'œil sur lequel on taille, et à environ $0^m.03$ au-dessus, afin que la séve puisse facilement recouvrir la plaie; c'est aussi pour ce motif que, toutes les fois qu'il est nécessaire de démonter une branche, il faut la couper le plus près possible de son insertion et faire une plaie bien nette qui se recouvre toujours plus facilement;

2° Il ne faut pas tailler les arbres trop courts, car alors ils poussent trop vigoureusement et rapportent peu de fruit;

3° Une taille trop allongée épuise les arbres, parce qu'ils se mettent trop à fruit, et il n'y a réellement aucun avantage; car les fruits en sont moins beaux, les arbres en sont fatigués, et ils restent ordinairement plusieurs années sans rapporter.

Nous allons donner la description des différentes parties d'un arbre qu'il est essentiel de savoir reconnaître avant de commencer à tailler.

1. — *Arbres à fruits à noyaux.*

Le *tronc* ou la *tige* est la partie qui s'élève depuis la racine jusqu'à la naissance des branches.

Les *branches-mères* sont ainsi nommées parce que ce sont celles qui donnent naissance à toutes les autres ; elles naissent directement sur le tronc.

Les *membres* sont les branches qui poussent sur le côté des branches-mères, et dont on favorise le développement pour former la charpente de l'arbre.

Les *branches de bifurcation* sont des membres destinés à remplir les vides qui résultent du prolongement des branches-mères et des membres ; il ne faut jamais les établir que sur le troisième ou quatrième bourgeon au-dessous de la taille précédente.

Les *branches à bois* sont celles qui servent à former la charpente de l'arbre et le prolongement de chaque membre ; elles sont faciles à reconnaître sur tous les arbres à leur grosseur et aux yeux dont elles sont garnies, qui sont toujours minces et pointus.

Les *branches à fruit* sont généralement minces et allongées ; dans les Pêchers, l'écorce est verte du côté du mur et rougeâtre du côté du soleil. Ces branches doivent être renouvelées annuellement, car elles ne donnent du fruit qu'une fois.

Branches de remplacement. Les branches à fruit du Pêcher ne produisent que la seconde année et ne portent fruit qu'une fois, comme nous venons de le dire. Il est donc essentiel de les remplacer chaque année, ce qui est très facile, car chaque branche à fruit a plusieurs yeux à sa base ; il suffit donc, une fois que ces yeux se sont développés, de choisir le bourgeon le plus vigoureux et le plus rapproché possible de l'insertion de la branche à fruit, et de supprimer les autres. Ce sont ces nouvelles branches qu'on appelle branches de remplacement, et qui, après avoir porté fruit, devront être remplacées à leur tour, et ainsi de suite.

Branches gourmandes. Sur les arbres en espalier, les gourmands sont généralement placés sur le dessus des membres. On les reconnaît facilement à leur large empâtement et à leur vigueur, qui est tellement préjudiciable aux autres branches qu'il faut en arrêter le développement par tous les moyens possibles; on ne doit jamais en voir sur un arbre bien traité.

Les *bourgeons* sont de jeunes pousses de l'année ; la seconde année, le bourgeon devient une branche à bois ou à fruit, selon sa position.

Les *faux bourgeons* ou *bourgeons anticipés* sont ceux qui naissent entre les feuilles des pousses de l'année.

2. — *Arbres à fruits à pepins.*

Les branches à bois ayant à peu près les mêmes caractères sur tous les arbres à fruits, nous ne parlerons que des boutons dont elles sont garnies; ceux des Poiriers et Pommiers sont enveloppés d'une membrane écailleuse ; mais ils sont toujours minces et allongés, comme sur les Pêchers.

Les *boutons à fleur* sont beaucoup plus gros que les boutons à bois, d'une forme arrondie, et enveloppés d'une grande quantité d'écailles.

Les **brindilles** sont de petites branches minces et allongées, terminées par un bouton à feuille ou à fleur.

Les yeux dont elles sont garnies sont très rapprochés, et se transforment facilement en boutons à fleur. Elles doivent être conservées ; car elles peuvent donner du fruit pendant plusieurs années.

Les *lambourdes* sont des parties essentiellement productives ; elles naissent sur les brindilles, et souvent aussi sur les branches à bois. Elles sont presque toujours terminées par un bouton à fleur, qui ne s'épanouit souvent que la seconde année. Les yeux dont elles sont garnies sont beaucoup plus rapprochés que sur les autres rameaux, et sont toujours très disposés à fructifier. Elles sont plusieurs années avant d'atteindre tout leur développement, sont beaucoup plus grosses à la base qu'à leur extrémité, et recouvertes d'une écorce ridée circulairement dont les plis deviennent plus profonds en vieillissant.

§ 3. — ÉBOURGEONNAGE.

On commence cette opération dès le mois de mai, et on la continue pendant tout le temps de la végétation ; elle consiste à supprimer les bourgeons mal placés, qu'il faudrait enlever à la taille suivante. L'ébourgeonnage a lieu sur les branches des années précédentes, et pour le faire on peut employer l'outil nommé *ébourgeonneur*.

Quant à celui qui a lieu sur les bourgeons de l'année, comme il consiste à enlever les faux bourgeons, on le fait avec l'ongle. Dans un cas comme dans l'autre, il faut supprimer sur les arbres en espalier les bourgeons placés sur le devant et derrière les branches, et ceux des côtés qui seraient trop rapprochés les uns des autres ; et sur les autres arbres on enlève les bourgeons placés sur le dessus et le dessous des membres, ainsi que ceux qui seraient trop rapprochés.

On doit **commencer** cette opération dès que les bourgeons à supprimer auront de 0^m.20 à 0^m.25 de long, afin que la séve qui sera nécessaire à leur végétation, si l'on attendait plus tard, tourne immédiatement au profit de ceux qui doivent être conservés.

§ 4. — PALISSAGE.

Le palissage consiste à fixer les bourgeons des arbres en espalier sur des treillages ou sur les murs, et pour cela on se sert d'osier et de jonc pour palisser sur le treillage, de loques et de clous sur les murs qui sont assez tendres pour qu'on puisse les y enfoncer facilement [1].

L'époque où il faut commencer le palissage est indiquée par le développement des bourgeons ; c'est ordinairement en juin qu'il est essentiel de s'en occuper, pour ne finir que vers la fin de la saison. On doit commencer en suivant l'ordre du développement des bourgeons ; car le but de cette opération est non-seulement de fixer les bourgeons dans la crainte qu'ils ne soient rompus par le vent, mais encore de ralentir la vigueur des plus avancés en les palissant plus tôt que les autres. Il faut toujours, en palissant, placer les bourgeons en ligne droite, à égale distance et sans jamais les croiser l'un sur l'autre. C'est en faisant le premier palissage qu'il faut supprimer les fruits mal placés et éclaircir ceux qui sont trop serrés et qui se nuiraient réciproquement.

§ 5. — FRUITIER.

La plupart des personnes qui cultivent les arbres à fruits choisissent pour leur fruitier la pièce la plus saine

---

[1] Une échelle étant toujours indispensable pour cette opération, nous conseillons celle de M. Forest. Les arcs-boutants décrivent un arc de cercle qui empêche, lorsque les pieds de l'échelle entrent dans le sol, d'endommager les branches sur lesquelles elle porte.

de leur habitation, et quelquefois même la première venue. Aussi rien n'est-il regardé comme plus difficile que la conservation des fruits. Il est certaines conditions qu'on observe généralement fort peu et qui sont cependant indispensables.

Pour conserver les fruits le plus longtemps possible et avec le plus de chances de succès, il faut disposer pour cet usage un local spécial, à demi enterré, à une exposition où la température est le moins susceptible de varier et où l'air et la lumière peuvent être renouvelés ou interceptés à volonté. On y dispose des tablettes de $0^m.50$ à $0^m.60$ de largeur, munies d'un rebord pour empêcher les fruits de tomber, et on les couvre d'un lit de paille neuve, fine, sèche et sans odeur.

C'est dans ce local qu'on place, par espèces, les fruits que la saison avancée empêche de laisser sur les arbres, et qui doivent mûrir à des époques plus ou moins éloignées. Il faut, quelques jours avant de les placer définitivement dans le fruitier, les trier avec soin, pour en séparer ceux qui ne valent pas la peine d'être conservés, et les laisser se ressuyer. Quand le fruitier sera garni et bien sec, on le fermera à l'air et à la lumière, et tous les soins se borneront à visiter les fruits une ou deux fois par semaine.

Les Raisins se conservent sur les tablettes comme les autres fruits, ou plutôt suspendus au plafond; mais ils exigent une surveillance scrupuleuse, et sont généralement d'une conservation assez difficile.

Les personnes qui attachent un grand prix à la conservation de leurs fruits peuvent faire garnir de bois toutes les parois des murailles de leur fruitier, et elles augmenteront les chances de conservation. On pourrait aussi placer de la chaux vive sur les derniers rayons, en ayant soin de la renouveler toutes les

fois qu'elle serait éteinte. Par ses propriétés sic-
catives, cette chaux conservera l'atmosphère toujours
sèche.

Le moyen que nous indiquons est le seul employé
par les fruitiers-orangers; toutes les recettes de conservation sont ou peu sûres ou tout à fait impraticables,
et nous conseillons de se contenter d'un fruitier, en
observant les conditions de conservation que nous indiquons ici.

§ 6. — CULTURE DES MEILLEURES ESPÈCES DE FRUITS.

ABRICOTIERS (*Armeniaca vulgaris*). — Tous les terrains conviennent aux Abricotiers, pourvu qu'ils ne
soient pas trop humides. On les greffe ordinairement
sur le Prunier Saint-Julien; mais comme, dans les
terres fortes, ils poussent très vigoureusement et fructifient peu, il faut, en ce cas, les prendre greffés sur le
Prunier Cerisette, qui pousse beaucoup moins que le
Saint-Julien.

Les fruits des Abricotiers en plein vent étant beaucoup plus parfumés que ceux des arbres en espalier,
on n'en plante ordinairement que quelques-uns le long
des murs pour en avoir de mûrs un peu plus tôt, ou
dans les localités où ils mûrissent mal en plein vent.
On plante les Abricotiers à haute tige à environ 6 mètres l'un de l'autre. Après avoir donné une bonne direction aux jeunes arbres, il sera encore nécessaire de
les tailler chaque année; car sans cela les branches
se dégarniraient facilement du bas; mais par une
taille raisonnée et faite à propos on forcera facilement
la séve à refluer dans les parties inférieures; on traitera de même ceux à haute tige, et de plus on retranchera toutes les branches qui se dirigeraient intérieurement, afin que l'air puissse circuler facilement. On

peut rajeunir les Abricotiers en rabattant les grosses
branches ; on choisit les jeunes jets les plus vigoureux
et les mieux disposés pour remplacer les anciennes
branches.

On n'avance que difficilement la maturité des Abricotiers ; cependant, dans le cas où l'on voudrait l'essayer, il ne faut leur donner que très peu de chaleur et
ne commencer à les chauffer qu'en février. Les Abri-
cots les plus estimés sont :

Précoce ou Abricotin.	De Hollande.
Angoumois.	Alberge.
Commun.	Pêche.

AMANDIERS (*Amygdalus communis*). — C'est sur l'A-
mandier commun que se greffent les espèces cultivées,
et l'on ne les plante guère qu'élevés en plein vent, où
ils n'exigent aucun soin. Cependant, dans le Nord, il
est nécessaire de les planter en espalier à bonne exposition, et dans cette circonstance ils doivent être taillés.
L'Amandier fleurit souvent dès le mois de février ;
c'est à cause de cela qu'on les place assez ordinairement
dans les jardins d'agrément. Les Amandiers cultivés
sont :

| Amandier ordinaire à gros fruit. | Amandier Princesse ou des Dames, à coque tendre. |
| Amandier de Tours. | |

CERISIERS (*Cerasus*). — Les Cerisiers ne sont pas difficiles sur le choix du terrain : on greffe les Cerisiers à
haute tige sur le Merisier, et pour les autres formes
sur le Sainte-Lucie.

Pour avoir des fruits un peu plus tôt, on peut planter quelques Cerisiers anglais en espalier ou en former
des quenouilles qui produisent beaucoup ; mais on

plante plus souvent des arbres à haute tige, qui produisent toujours davantage. Si on les place en ligne, il faut les mettre à environ 6 mètres l'un de l'autre. Il n'est nécessaire de les tailler que pendant les premières années, pour former la charpente de l'arbre ; et pour les espaliers et les quenouilles, une fois formés, il faut ne leur supprimer que le moins de branches possible. On se bornera à donner une bonne direction à chaque membre, à mesure qu'ils prendront de l'étendue. Quand les Cerisiers cessent de donner du fruit, on peut facilement les rajeunir en rabattant les grosses branches près de leur insertion ; ils en fournissent promptement de nouvelles, dont on leur formera une autre tête.

De la culture forcée du Cerisier. — Pour avancer la maturité des arbres fruitiers, il faut avoir égard à la température moyenne de l'époque où chaque espèce commence à végéter, à entrer en fleur, et enfin à celle qui a ordinairement lieu à l'époque de la maturité des fruits, afin que, dans un espace de temps qui doit toujours être moins long que dans l'état naturel, on fasse subir aux arbres les différentes modifications de chaleur par lesquelles ils passent ordinairement ; car, dans un cas comme dans l'autre, ils ne peuvent fructifier qu'après avoir accompli toutes les phases de la végétation.

On peut avancer la maturité des Cerisiers en espalier en plaçant devant eux des châssis vitrés ; ou, mieux encore, à l'automne on plante en pots des Cerisiers nains, de l'espèce anglaise ou royale, qui sont celles qui réussissent le mieux. Ils doivent être le plus ramifiés possible. On enterre les pots à bonne exposition, et l'année suivante, en janvier, on les met dans une serre vitrée, où il suffira d'entretenir la température à 12 ou 14 degrés. On donnera de l'air au moment du soleil. On pourrait même les réunir aux Pruniers et leur donner les mêmes soins. En les mettant dans la serre à l'époque indiquée, les fruits sont ordinairement mûrs au commencement d'avril. On peut ainsi les chauffer plusieurs années de suite. Les espèces les plus recommandables sont :

Anglaise.	Belle magnifique.
Royale.	Du Nord tardive.
Reine-Hortense.	Grosse Guigne noire.
Belle de Choisy.	Guigne ambrée.
De Portugal.	Gros Bigarreau noir.

COIGNASSIER (*Cydonia communis*). — On cultive généralement les Coignassiers pour recevoir la greffe du Poirier. La plantation doit avoir lieu à l'époque indiquée pour ces derniers. On n'en élève que peu comme arbres fruitiers ; cependant les fruits en sont très beaux ; mais l'odeur qu'ils répandent lorsqu'ils commencent à mûrir déplaît généralement et nécessite qu'on les relègue loin des habitations. Dans ce cas il n'est pas nécessaire de choisir le terrain comme quand ils servent de sujets à greffer les Poiriers ; car alors ils viennent bien partout, même dans les endroits humides.

On n'a pas besoin de tailler les Coignassiers ; il suffit d'enlever le bois mort. La seule espèce cultivée n'est guère que celle de *Portugal*, greffée sur le Coignassier commun, et dont les fruits mûrissent en octobre.

ÉPINE-VINETTE (*Bérberis*). — L'Épine-Vinette croît dans les sols les plus arides, et donne à l'automne des fruits dont on fait d'excellentes confitures.

FIGUIER (*Ficus Carica*). — Tous les terrains conviennent aux Figuiers, pourvu qu'ils ne soient pas trop humides. Il ne faut les planter qu'à la fin de mars ou dans le courant d'avril ; et, comme ils sont d'une reprise assez difficile, il faut les planter en motte ou éle-

vés en pots. On les mettra de préférence près d'un
mur et à l'exposition la plus chaude ; il serait même
préférable, dans certains endroits, de les mettre en
espalier, et de les palisser comme les autres arbres.
Mais, n'importe sous quelle forme on élève ses Figuiers, il faut les couvrir en hiver afin de les préserver
de la gelée. Vers la fin de novembre on réunit toutes
les branches et on les enveloppe de paille maintenue
par des liens. Lorsque les tiges sont jeunes et peu élevées, on les abaisse sur le sol et on les y maintient par
des crochets de bois, puis on les couvre de $0^m.15$ de
terre ou de paille, pour ne les découvrir qu'à la fin de
mars. Quelle que soit la manière dont on les abrite, il
faut avoir grand soin de garantir le pied ; car, dans le
cas où les tiges seraient atteintes par la gelée, on les
couperait au rez du collet, opération que l'on pourrait
faire aussi quand ils sont devenus trop forts. Ils repoussent rapidement de nouvelles tiges, qui donnent fruit
la seconde année.

Les Figuiers produisent ordinairement deux récoltes ; mais sous notre climat il est extrêmement rare que
celle d'automne mûrisse ; nous ne parlerons donc que
de la première, qui mûrit en juillet et août. Pour favoriser le développement des fruits et en avancer la
maturité, on pincera en juin le bouton terminal des
branches portant fruit, ce qui empêchera ces derniers
de tomber avant la maturité. Les Figuiers ne se taillent
pas, car les amputations leur sont très préjudiciables,
à cause de la grande quantité de séve qu'ils perdent
chaque fois. On se contentera donc au printemps de
couper les branches mortes et de rabattre celles qui
sont trop maigres pour donner fruit. Cependant s'ils
poussent trop vigoureusement, on pincera l'extrémité
des branches, moyen employé souvent avec avantage
pour leur faire porter fruit. On en cultive un grand

nombre d'espèces dans le Midi; mais à Paris on n'en cultive guère que deux espèces avec succès, la *blanche ronde* et la *violette*.

Les Figuiers se chauffent très facilement; en janvier on les recouvre d'une petite serre mobile, et on commence à les chauffer à 15°; puis on élève progressivement la chaleur jusqu'à 25° sans inconvénient, et dans les premiers jours de mai on obtient des fruits mûrs.

Nous ne parlerons que fort brièvement d'un procédé tombé chez nous en discrédit et sur le compte duquel on commence à revenir; nous voulons parler de la *caprification*. Des faits récents semblent prouver que cette opération n'est pas aussi inutile qu'on l'a prétendu, bien qu'elle ne soit pas indispensable pour la fécondation des Figuiers. Elle augmente le nombre des fruits, qui viennent plus sûrement en maturité. En l'absence d'insectes fécondateurs qu'on trouve dans le fruit du Figuier sauvage, dont on suspend une branche après le Figuier qu'on veut caprifier, on peut se borner à piquer l'œil de la figue avec une aiguille trempée dans de l'huile d'olive, et attendre le résultat. Cette opération, que nous livrons à nos lecteurs pour ce qu'elle peut valoir, a au moins l'avantage de ne pas compromettre les fruits sur lesquels l'essai a été fait.

FRAMBOISIERS (*Rubus Idæus*).—Les Framboisiers viennent partout; mais ils préfèrent un terrain frais, léger et bien amendé, car ils épuisent considérablement la terre, et il est nécessaire, pour en avoir de beaux fruits, de leur mettre au pied, à l'automne, des terres neuves ou des engrais consommés.

On les plante en automne ou bien en février et mars, selon les variétés, à environ 1 mètre de distance. Après la plantation on les rabattra à environ $0^m.15$ de hauteur.

Chaque année, en juin, on choisira sur chaque touffe les cinq ou six plus beaux bourgeons, et l'on coupera les autres. Cette suppression tournera à l'avantage des tiges qu'on aura laissées, et les fruits qu'elles produiduiront seront beaucoup plus beaux; ils mûrissent en juillet.

En mars on coupera rez de terre les tiges qui ont porté fruit, et l'on taillera les autres plus ou moins long, selon leur vigueur. Il faudra, suivant le terrain et les soins qu'ils auront reçus, les changer de place tous les quatre, cinq ou six ans.

On plantera de préférence :

Le framboisier rouge à gros fruit.
— à gros fruit, couleur de chair.

Le Framboisier blanc.
— des Alpes ou des quatre saisons.

GROSEILLIER ORDINAIRE (*Ribes rubrum*). — Les Groseilliers, quoique peu difficiles sur le choix du terrain, produiront des fruits plus beaux et de meilleure qualité dans les terres douces et fraîches, sans excès d'humidité, que dans les autres sols. On peut leur donner toutes les formes que l'on veut; mais il est préférable, en raison de la taille à laquelle ils doivent être soumis, de les élever en touffes.

Ceux à grappes peuvent être mis en espaliers, et ils mûrissent ordinairement leurs fruits de juin en juillet; mais on peut facilement en avancer la maturité en plaçant des châssis devant eux.

On les plante à environ 1^m.30 l'un de l'autre, à l'automne ou en février, selon la nature du terrrain.

On les taille en février : la première année, on les taille court, afin de favoriser le développement des yeux du bas; mais pour les tailles successives on devra tailler plus long et toujours se rappeler que les Groseilliers ne donnent abondamment de fruits que sur le bois de deux ans.

On laissera successivement se développer chaque année des branches nécessaires pour former une belle touffe, et l'on aura soin d'enlever les bourgeons qui partent du pied, puis de démonter les grosses branches à mesure qu'elles atteignent leur sixième année (ce qu'il sera facile de voir en comptant les pousses de chaque année); car alors elles deviennent trop élevées, se dégarnissent du bas et ne donnent plus que des fruits de qualité médiocre; après quoi on remplacera chaque branche retranchée par un jeune bourgeon.

On peut facilement chauffer les Groseilliers à grappes sur place, s'ils sont plantés en contre-espalier; plantés en pot, on pourra les traiter comme les Cerisiers.

Les variétés les plus connues sont :

Le Groseillier ordinaire à fruit rouge.	Le Groseillier cerise.
— blanc.	— Gondouin.
— couleur de chair.	— Queen Victoria.

GROSEILLIER A FRUIT NOIR, CASSIS, POIVRIER (*R. nigrum*). —On le traite exactement comme le Groseillier ordinaire; seulement on peut le rabattre plus souvent, car le bois d'un an porte fruit.

GROSEILLIER ÉPINEUX OU A MAQUEREAU (*R. uvacrispa*).— On a obtenu par la voie du semis un nombre considérable de variétés du Groseillier à maquereau dont plusieurs sont remarquables par la grosseur de leurs fruits.

Pour avoir toujours de beaux fruits, il faut démonter les branches qui produisent depuis trois ans.

MURIER (*Morus*). — Les Mûriers sont des arbres très rustiques qui s'accommodent de presque tous les ter-

rains, même de ceux de médiocre qualité, excepté de
ceux qui sont constamment humides. Quelle que soit
l'espèce, il ne faut pas planter avant le mois de février
et n'en retrancher aucune branche; après quoi tous les
soins consistent à donner quelques binages.

Comme arbre à fruit, on ne cultive guère que le Mûrier noir, dont les fruits mûrissent de juillet en septembre. Il ne se taille pas, et l'on se borne à retrancher le
bois mort. Lorsque ces arbres sont trop vieux et qu'ils
ne donnent plus que de petits fruits, il faut les rabattre, c'est-à-dire démonter les branches à quelques centimètres du tronc; ils produiront de jeunes jets très
vigoureux qui ne tarderont pas à se mettre à fruit.

Le Mûrier blanc est cultivé comme arbre d'agrément,
mais plus particulièrement encore pour recevoir la
greffe des espèces à larges feuilles cultivées pour la
nourriture des vers à soie.

L'époque la plus favorable pour les greffer est la fin
d'avril, et l'espèce la plus avantageuse parmi celles qui
sont cultivées pour l'usage indiqué plus haut est le Mo-
retti, dont les feuilles sont très larges et de beaucoup
préférables à celles du Multicaule. Sa rusticité est au
moins égale à celle du Mûrier blanc ordinaire. Il se re-
produit très bien de graines semées au printemps.

On élève les Mûriers en baliveaux ou en touffes, dont
on peut faire des haies qui, bien conduites, produiront
beaucoup de feuilles.

Il est préférable de couper les branches dont on veut
prendre les feuilles pour la nourriture des vers; mais
il faut avoir soin de laisser toutes les petites branches,
et de n'en pas détacher les feuilles, afin de ne pas intercepter complétement la circulation de la sève. A la
fin de juin ou au commencement de juillet, enfin aussitôt qu'on aura fini de nourrir les vers, on taillera
immédiatement les Mûriers, afin que les pousses qui se

développeront à la séve d'août prennent assez de force pour résister aux gelées.

NÉFLIER (*Mespilus Germanica*). —Les Néfliers réussissent très bien partout, même dans les terrains très frais. On les plantera en automne, à moins que la nature du terrain ne le permette pas ; comme les fruits viennent à l'extrémité des branches, ils ne doivent pas être taillés, et ensuite il serait impossible de leur donner une forme régulière.

On plantera de préférence le *Néflier d gros fruit*.

Il faut cueillir les fruits en octobre et novembre, et les étendre sur de la paille ou sur des tablettes, où ils mûrissent.

NOISETIERS (*Corylus*). — Les Noisetiers sont très rustiques, et doivent être plantés en automne ; ils viennent dans tous les terrains et à toutes les expositions. On les élève en touffes ou à tige, et ils fructifient aussi bien dans un cas que dans l'autre.

Plusieurs espèces ne sont cultivées que pour l'ornement des jardins d'agrément.

Les variétés qui méritent particulièrement d'être cultivées pour leurs fruits sont :

Le Noisetier franc.	Le Noisetier avelinier rouge.
—à fruit rouge.	— à fruits en grappes.
— grosse avel. de Provence.	

Les fruits mûrissent en août et septembre, et tombent aussitôt après leur maturité.

NOYER (*Juglans regia*). —Les Noyers méritent sous plusieurs rapports d'être cultivés ; cependant on leur accorde rarement une place dans les jardins à cause de l'espace qu'ils couvrent (il faut entre chacun au moins 20 ou 30 mètres) et de l'étendue de leurs ra-

12

cincs, qui épuisent la terre et nuisent beaucoup aux
cultures environnantes. Ils aiment une terre douce,
substantielle et profonde. Ils supportent assez bien la
transplantation lorsqu'ils sont jeunes et qu'on y ap-
porte beaucoup de soin ; mais il faut surtout éviter de
les rabattre en les plantant, ce qui nuirait beaucoup à
leur élévation.

Il y a avantage à les semer en place. Dans ce cas, il
faut choisir les noix les plus belles et les plus mûres de
l'espèce que l'on veut semer, et à l'automne on les met
en terre ou bien on les fait stratifier dans du sable pour
ne les semer qu'au printemps. Ils fructifieront au bout
de six à huit ans de semis.

Si l'on voulait changer l'espèce que l'on a semée ou
que l'on craignît qu'elle ne se reproduisît pas identi-
quement, lorsque les sujets auront atteint environ
1 mètre de hauteur et environ $0^m.03$ de diamètre, il
faudra, au printemps, les greffer, soit en fente, soit en
anneau ; ils prendront alors un peu moins de développement.

Les Noyers n'ont pas besoin d'être taillés ; seulement, quand ils sont vieux, il arrive souvent que l'extrémité des branches meurt ; il faut alors les rabattre à
environ $0^m.60$ du tronc, et ils se font une nouvelle tête.

Les espèces qui méritent particulièrement d'être cul-
vées sont :

Le Noyer commun.	Le Noyer tardif.
— à coque tendre.	

Et pour la grosseur de ses fruits celui à bijoux.

Puis une nouvelle espèce très intéressante connue
sous le nom de *Juglans præparturiens*. Elle s'élève peu
et donne des fruits de bonne qualité dès la seconde année de semis.

Les Noyers mûrissent leurs fruits vers la fin de septembre ou le commencement d'octobre ; mais on peut les manger en cerneaux dès la fin de juillet.

On cultive aussi comme arbres d'ornement plusieurs espèces de Noyers d'Amérique.

PÊCHERS (*Amygdalus Persica*) [1]. Dans les terrains profonds on plantera de préférence des Pêchers greffés sur Amandier; mais dans ceux qui n'ont qu'une couche peu profonde de bonne terre, et dont le fond serait de tuf ou de glaise, il faut les planter greffés sur Prunier, car ils ont des racines traçantes qui se contentent d'une terre moins profonde.

On peut établir des espaliers de Pêchers à toutes les expositions; seulement, au nord et à l'ouest, on plantera des espèces hâtives, et on leur donnera un peu moins d'écartement qu'aux autres expositions. La distance ordinaire est de 8 à 10 mètres, suivant la forme qu'on leur donne et la nature du terrain. On peut planter dans l'intervalle un Poirier, qui donne des fruits en attendant que le développement des Pêchers en amène la suppression.

Il est presque toujours préférable de planter des Pêchers greffés de dix-huit mois (*fig.* 27); ils ont, avec un concours de circonstances favorables, plus de chances de succès que ceux qu'on plante tout formés, c'est-à-dire ayant déjà subi plusieurs tailles. Il faut avoir soin, en plantant, de placer les plus fortes racines par devant, et il faut que le collet de l'arbre soit à environ $0^m.15$ du mur sur lequel la tige est inclinée.

(Pour l'époque de la plantation et les autres précautions, voir l'article *Plantation*.)

Pour entretenir la vigueur des arbres, il est néces-

(1) Nous ne parlerons que des Pêchers en espalier, car les Pêchers en plein vent ne réussissent réellement bien que dans nos départements méridionaux.

saire de fumer la plate-bande où sont les Pêchers ; mais il n'est pas possible de déterminer le temps qui doit s'écouler entre chaque fumure, car cela dépend de la nature du terrain. On emploiera de préférence des terres neuves, des gazons ou des fumiers à moitié consommés. Dans les années où il sera nécessaire de fumer les Pêchers, il faudra les tailler plus long, et chaque année, après la taille, il faudra donner un binage au pied des arbres.

En juillet et août, à l'aide de la pompe à main, on arrosera les feuilles des Pêchers. Cette opération est très utile ; mais elle ne doit se faire que lorsque le soleil ne frappe plus sur l'espalier.

La température élevée de cette époque oblige souvent d'arroser le pied des Pêchers ; on doit alors donner un binage et former autour de chaque arbre un bassin qu'on remplira de fumier court, qui conserve plus longtemps l'humidité.

Il faut, aussitôt après la plantation, fixer d'une manière positive la forme sous laquelle on veut élever ses Pêchers ; et, sans nous arrêter à discuter les avantages et les inconvénients des autres modes de culture, nous nous bornerons à indiquer celui qui est en usage à Montreuil, comme le plus simple et un des plus avantageux. Pour arriver à un bon résultat, nous conseillons de tracer un quart de cercle sur le mur (*fig.* 31), où nous indiquerons chaque année la place que les branches principales devront occuper suivant leur développement.

Première année. — On coupera la tige en biseau, la plaie tournée du côté du mur, et 0^m.15 ou 0^m.20 au-dessus de la greffe, ce qui déterminera le développement de plusieurs bourgeons (*fig.* 28).

Fig. 27.

Ébourgeonnage. — Quand les bourgeons auront de

0^m.25 à 0^m.30 de long, on choisira les deux plus vigoureux, un de chaque côté, pour former les deux mères-
branches *b*, puis on supprimera les autres.

Palissage. — Dans la crainte qu'elles ne soient cas-
sées, on les attachera, mais de manière à ne pas les gê-
ner dans leur développement. Si l'un des deux bourgeons était plus vigoureux que l'autre, il faudrait
l'incliner davantage, afin de rétablir l'équilibre de la
séve, principe dont il ne faudra jamais s'écarter; car de
là dépend tout l'avenir de l'arbre.

Deuxième année. — En février, c'est-à-dire lorsque
la séve commence à gonfler les boutons, et non pas
lorsqu'ils sont en fleur, comme quelques personnes le
conseillent, après avoir dépalissé l'arbre, on devra nettoyer le mur, ainsi que les membres sur lesquels on
trouverait des gallinsectes, ce qu'il faudra faire chaque
année; après quoi on coupera le chicot *a* (*fig.* 28), et
on couvrira la plaie avec de la cire à greffer.

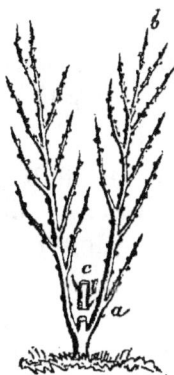

Fig. 28.

Les mères-branches *b* seront rabattues au point *c*
et au-dessus d'un œil de devant, ou à défaut, sur un
de dessus, ce qui devra être observé à chaque taille,

12.

et à 0^m.40 ou 0^m.50 de longueur, selon la vigueur de l'arbre.

L'œil du devant, placé le plus près de la coupe, est destiné à prolonger la mère-branche, et l'œil de dessous, placé en dehors, formera le premier membre *c*.

Lorsqu'on attachera les deux mères-branches B, on leur donnera environ 10° d'ouverture.

Ébourgeonnage. — Dans le courant de mai, on enlèvera avec l'ongle ou bien avec la pointe d'une serpette tous les bourgeons qui se trouvent trop rapprochés les uns des autres, ceux qui font double et triple emploi par suite du développement des yeux doubles et triples, si nombreux sur les Pêchers ; ceux placés sur le devant ou derrière les branches ; tous ceux enfin qu'il faudrait supprimer à la taille.

Forcé de faire un choix, on supprimera de préférence le bourgeon du milieu des yeux triples, qui, toujours plus vigoureux que les autres, pourrait être plus tard une cause d'embarras. Quant aux autres bourgeons, l'on ne conservera, dans un cas comme dans l'autre, que le mieux placé des deux.

La raison qui fait supprimer le bourgeon le plus vigoureux des yeux ordinaires fait que l'on doit conserver ce même bourgeon en ébourgeonnant l'œil terminal de chaque branche ; car, destiné à prolonger la branche, ce bourgeon doit toujours dominer les autres.

Plus tard, on supprimera également les faux bourgeons et l'on pincera au-dessus de la septième ou huitième feuilles ceux que l'on croira devoir conserver.

A partir de l'époque ci-dessus indiquée, on continue l'ébourgeonnage successivement jusqu'en juillet, puis on pince avec l'ongle l'extrémité de tous les bourgeons dont il est nécessaire de modérer le développement.

Palissage. — A mesure que les bourgeons se développeront, on les palissera ; mais cette opération nécessite beaucoup de soin, car les bourgeons sont tellement tendres qu'ils cassent net si l'on ne prend beaucoup de précautions pour les amener à la place qu'ils doivent occuper. On leur donnera toujours la position la plus directe possible, afin que la circulation de la séve ne soit ralentie par aucun obstacle, et il faut toujours éviter de croiser les bourgeons l'un sur l'autre.

Troisième année. — A l'époque de la taille, et avant de dépalisser l'arbre, on examinera la végétation de chaque membre, et l'on jugera s'il ne serait pas nécessaire, en taillant, de rétablir l'équilibre de la séve dans le cas où un membre serait beaucoup plus vigoureux que l'autre.

On coupera les mères-branches *b* (*fig.* 29), à peu

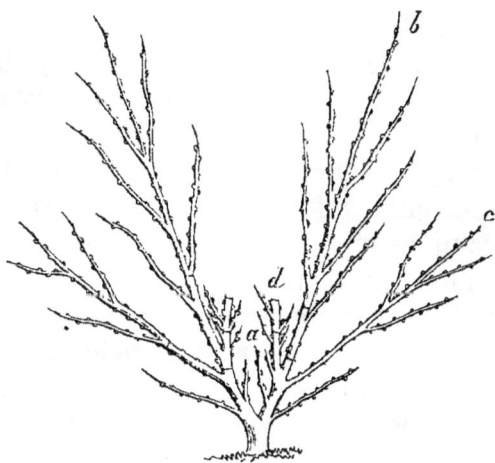

Fig. 29.

près à 0^m.35 ou 0^m.40 de long suivant leur vigueur, en

ayant attention que l'œil sur lequel on taillera soit placé de manière à les prolonger le plus directement possible, ce qu'il faudra observer à chaque taille et pour chaque membre.

On taillera les membres *c* selon leur force, mais toujours un peu plus court que les mères-branches. On taillera aux points 2 les branches *d*, et on taillera à deux ou trois yeux de leur insertion les branches nommées précédemment *faux bourgeons;* ce sont les yeux sur lesquels on a taillé qui produiront des branches fruitières pour l'année suivante,

On taillera les branches du bas un peu plus long que celles du haut, puis on supprimera celles qui seraient mal placées.

Si les bourgeons *x* sont très vigoureux, il faudra les tailler court, afin de déterminer le développement des branches à fruit; mais dans le cas contraire on les taillera à cinq ou six yeux,

En les rattachant on donnera aux mères-branches environ 25° à 30° d'ouverture, si cependant elles sont de même force; dans le cas contraire, il faudrait donner une position plus verticale à la moins vigoureuse, ce qu'il faudra encore observer chaque année.

Ebourgeonnage. — On enlèvera les bourgeons et les faux bourgeons qui seraient mal placés, en prenant les mêmes précautions que l'année précédente.

On pincera les bourgeons *d*, et l'on ménagera un rameau au talon, dont on formera par la suite des membres de bifurcation; puis, sur les branches fruitières, il faudra favoriser le développement du bourgeon le plus rapproché de la branche principale; car ce sont eux qui doivent, à la taille suivante, remplacer les branches fruitières, et pour le reste de l'ébourgeonnage il faudra observer ce qui a déjà été dit.

Palissage. — Lorsque les bourgeons auront environ

0^m.25 à 0^m.30 de long, on les palissera en commençant toujours par les plus vigoureux.

Quatrième année. — Après avoir, comme chaque année, dépalissé l'arbre, on taillera plus ou moins long, suivant leur vigueur, l'extrémité des branches *b* (*fig.* 30) au point 3, par exemple.

On taillera également les membres *c* et les branches

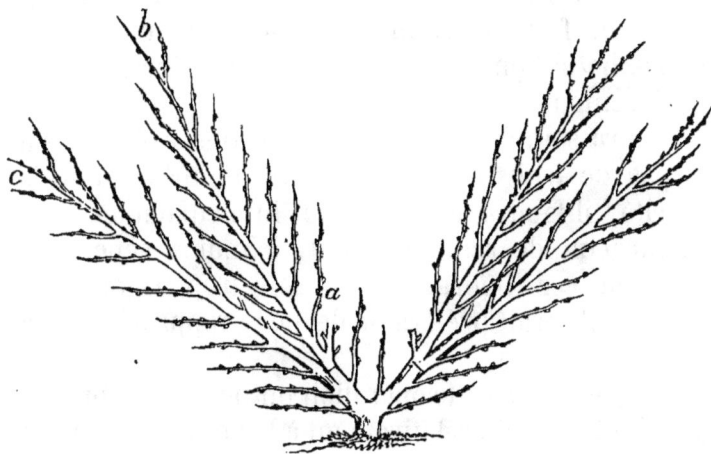

Fig. 30.

d, suivant leur force, et toujours sur l'œil le plus favorable à leur prolongement; on rabattra les branches fruitières sur celles de remplacement, qui devront toujours être le plus rapprochées possible des branches principales, de manière que ces dernières semblent toujours être rajeunies par des pousses nouvelles; puis on taillera les branches de remplacement pour porter fruit à cinq ou six yeux, selon leur force et la vigueur de l'arbre, mais toujours dans le but d'obtenir un bourgeon de remplacement le plus près possible de leur insertion. Quant aux faux bourgeons, il faut, comme toujours, les tailler à deux ou trois yeux

On rattachera les mères-branches, auxquelles on donnera environ 35 à 40° d'ouverture, en ayant toujours soin d'observer ce qui a été dit à ce sujet l'année précédente.

Ebourgeonnage. — Il faudra surveiller les branches à bois qui tendraient à s'établir où il ne doit jamais y avoir que des branches à fruit, et il faut s'attacher surtout à favoriser le développement des bourgeons *e*, *f*, qui doivent former des branches de bifurcation, ainsi que les bourgeons destinés à former les branches de remplacement.

On aura soin de pincer les bourgeons à fruits; s'il n'y a pas de fruits ou qu'ils soient tombés avant la maturité, il faudra les rabattre immédiatement sur le bourgeon de remplacement, à moins cependant qu'un de ces bourgeons ne soit trop vigoureux; car alors il serait préférable de ne le rapprocher qu'à la taille.

Pour le reste de cette opération on peut se reporter à tout ce qui a été dit relativement à l'ébourgeonnement de la seconde année.

Il faut surtout pincer à propos les bourgeons qui, par leur vigueur, menaceraient de devenir ce que l'on nomme des *gourmands*.

Palissage. — Le palissage sera fait d'après les mêmes principes, et successivement, comme les années précédentes.

Comme l'arbre devra porter des fruits, il faudra, aux approches de la maturité, les découvrir, mais progressivement, précaution qu'on devra toujours avoir.

Cinquième année. — Le but de la taille de cette année est d'étendre et de fortifier toutes les parties de l'arbre (*fig.* 31).

On ,raccourcira les rameaux terminaux d'après les

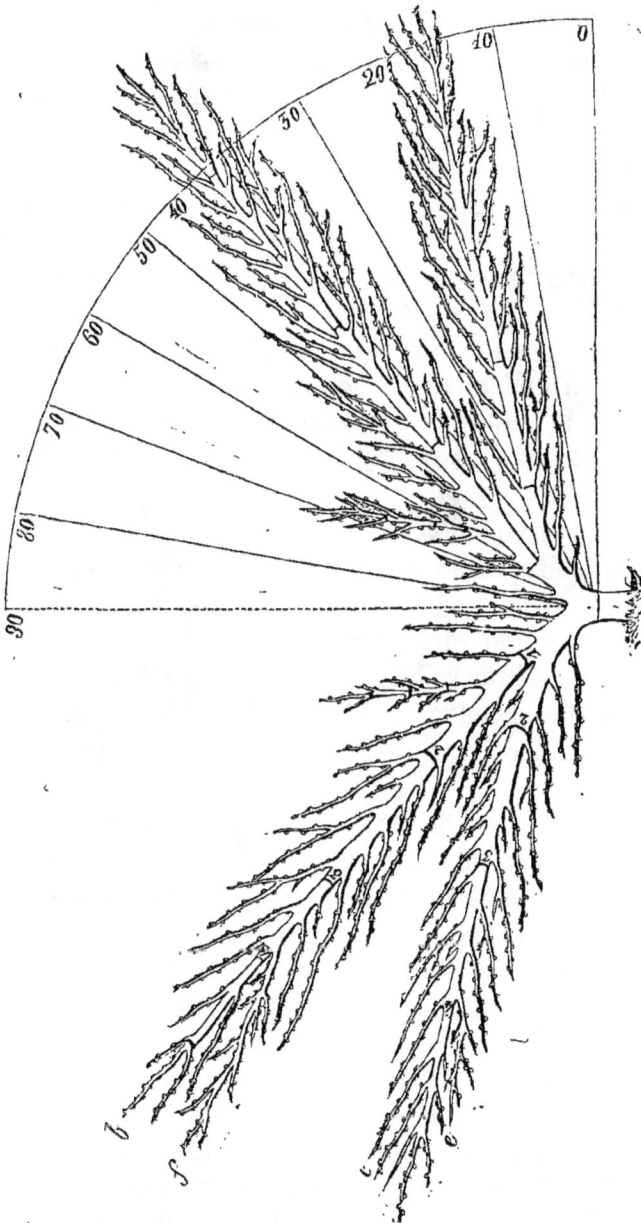

Fig. 31.

mêmes principes que pour les tailles précédentes, et
en taillant les branches fruitières on y laissera du fruit
suivant leur vigueur et la santé de l'arbre; on taillera les
faux bourgeons à deux ou trois yeux, comme les années précédentes, et on donnera aux mères-branches
environ 45° à 50° d'ouverture.

On favorisera le prolongement des branches de bifurcation *e, f*, ainsi que celui des bourgeons *g*, dont
on pourra faire par la suite de nouvelles branches de
bifurcation.

Enfin, par l'ébourgeonnement des jeunes pousses et
par celui des faux bourgeons mal placés, par le pincement et le palissage, on maintiendra ou l'on ramènera
toutes les parties de l'arbre à un parfait équilibre de
végétation.

A mesure que l'arbre avancera en âge, la taille et les
autres opérations deviendront plus compliquées, mais
les principes sont toujours les mêmes; on établira
successivement des branches de bifurcation pour
remplir les intervalles, et il faudra toujours avoir soin
de conserver aux mères-branches ainsi qu'à toutes
les autres, les proportions relatives à leurs diverses
fonctions.

De la culture forcée du Pêcher. — On peut facilement avancer la maturité des Pêchers en espalier,
surtout des espèces hâtives; et pour être plus certain
du succès de l'opération, on avancera de préférence
ceux qui sont placés à l'est ou à l'ouest.

En janvier on placera devant ses Pêchers une petite
serre mobile, couverte par des châssis de 2 mètres de
long, supportés par des chevrons dont le haut sera
scellé dans le mur, et qui porteront du bas sur un sou-
bassement de planche qui aura $0^m.85$ de haut, ce qui
donnera intérieurement $0^m.90$, un espace suffisant pour
donner les soins nécessaires, qui, au reste, sont abso-

lument les mêmes que ceux qui ont été indiqués plus haut (*fig.* 32).

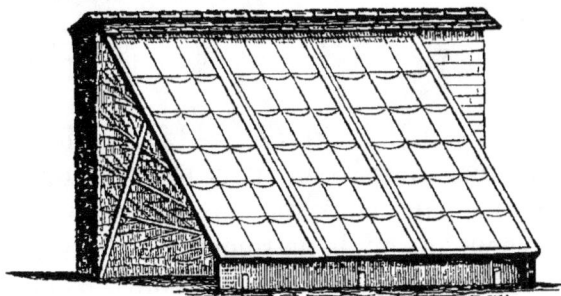

Fig. 52.

Après avoir taillé ses arbres, on commencera à leur donner une température de 12°, puis progressivement on augmentera jusqu'à 18°, mais pas plus; et comme au moment du soleil la chaleur sera beaucoup plus élevée, on donnera de l'air; pendant la nuit on couvrira la serre avec des paillassons, on seringuera les feuilles au besoin; et comme les fruits sont ordinairement plus nombreux qu'en plein air, il est souvent nécessaire d'en supprimer quelques-uns, afin de ne point épuiser les arbres. Après la maturité, qui a lieu en avril, on enlève les châssis.

Ordinairement on laisse une année ou deux de repos aux Pêchers qui ont été forcés; mais nous dirons que l'on peut sans inconvénient recommencer cette opération l'année suivante. Les meilleures espèces de Pêchers sont :

Avant-Pêche blanche.
Petite mignonne.
Grosse mignonne.
Malte.
Madeleine.
Chevreuse.

Chevreuse tardive.
Admirable belle de Vitry.
Brugnon musqué.
Madeleine rouge tardive.
Alberge jaune.
Galande.

13

Vineuse pourpre hâtive.
Madeleine de Courson.
Violette hâtive.
Veloutée tardive.
Téton de Vénus.

Bourdine.
Bon ouvrier.
Pourprée tardive.
Belle de Doué.
La Reine des Vergers.

POIRIERS (*Pyrus*). *Plantation.*— Les Poiriers greffés sur Coignassier réussissent dans presque tous les terrains, même dans ceux qui ont peu de profondeur, pourvu cependant qu'ils ne soient pas glaiseux ou humides; car alors, malgré tous les soins, ils périraient au bout de quelques années. Toutes les fois que l'on aura à planter dans un terrain profond, il sera préférable de planter des Poiriers greffés sur franc, parce qu'ils sont beaucoup plus robustes.

C'est à tort que l'on dit que ces arbres sont trop lents à se mettre à fruit, parce qu'ils poussent trop vigoureusement; car, si, par une taille bien raisonnée et proportionnée à la force des arbres, on établit une égale répartition de séve dans tous les membres, on parviendra souvent à les faire fructifier dès les premières années; et une fois que ces arbres sont à fruit, ils en donnent abondamment et vivent très vieux. Si l'on plante des Poiriers greffés sur Coignassier, on prendra des arbres de 18 ou 20 mois de greffe; mais s'ils sont greffés sur franc, comme ils poussent beaucoup plus vigoureusement, on peut quelquefois en planter greffés de l'année. Nous conseillons, pour planter dans les plates-bandes, de prendre des Poiriers élevés en quenouille; car, dans cette position, c'est réellement la forme la plus avantageuse, en ce qu'elle occupe peu de place et produit beaucoup de fruits. Il faut mettre entre chacun un Pommier ou un Poirier nain, que l'on taillera en gobelet. Il faudrait alors les planter à environ 4 ou 5 mètres l'un de l'autre.

1. — *Poiriers en quenouille.*

Taille. — La première année, on taillera le rameau terminal à sept ou huit yeux, selon la vigueur de l'arbre, afin d'obtenir trois ou quatre nouveaux membres. On aura soin de tailler sur l'œil placé le plus favorablement, pour prolonger la tige le plus verticalement possible (*fig.* 33.).

Fig. 33.

On taillera aussi le rameau terminal de chaque rameau sur un œil placé de manière à prolonger le bras horizontalement. Les bras inférieurs étant les plus âgés, ils seront plus allongés que ceux placés au-dessus, et il faudra à chaque taille avoir soin de leur conserver les mêmes proportions. On enlèvera sur chaque membre les rameaux qui se trouveraient placés dessus et dessous, puis l'on taillera à environ 0^m.03 de long ceux qui ne sont pas nécessaires à la forme de l'arbre. Ce sont les yeux inférieurs de ces rameaux qui donneront naissance aux brindilles. S'il se trouvait quelques lambourdes terminées par un bouton à fleur, il ne faudra pas les tailler, car on se priverait de quelques fruits.

Si, à la place où il est indispensable d'établir un membre pour compléter la régularité de l'arbre, il ne se trouvait pas de bourgeon pour le former, on pourra facilement en obtenir un, soit en posant un écusson, soit en cernant l'œil le plus rapproché de la place où l'on a besoin d'un membre, ce qui doit avoir lieu de la manière suivante. A l'époque de la taille on fait une incision transversale immédiatement au-dessus, puis une seconde à 0^m.03 ou 0^m.02 au-dessus de la première, enfin plus ou moins, selon la force qu'on veut donner au bourgeon. Ensuite, partant de la seconde incision, on fait à 0^m.02 ou 0^m.03 de chaque côté de l'œil une incision longitudinale, puis on enlève la portion d'écorce qui se trouve entre les deux incisions transversales. Ainsi cerné, l'œil se développe avec autant de vigueur que si l'on avait supprimé toute la partie qui est au-dessus.

Cette opération peut être pratiquée avec succès non-seulement sur la tige, mais encore sur tous les membres d'un arbre sur lequel il y a des vides à remplir.

Ebourgeonnage. — Pour favoriser le développement du bourgeon terminal, on pincera très court les deux ou trois bourgeons qui en sont plus rapprochés, à moins que le premier ait fourni une pousse trop faible; il faudrait alors le remplacer par le plus vigoureux et le plus rapproché de l'extrémité. On choisira parmi les autres les mieux placés pour en former des membres à la taille suivante, en observant toujours qu'ils ne doivent jamais être placés juste au-dessus de ceux formés

l'année précédente; car les membres d'une quenouille
doivent être disposés de manière que, partant de l'insertion du premier membre, les autres tournent en
spirale autour de la tige. On pincera également les deux
ou trois bourgeons les plus rapprochés du rameau terminal de chaque bras, et on enlèvera sur chaque membre tous les bourgeons qui naîtront dessus et dessous.
On pincera les autres bourgeons qui poussent trop vigoureusement, même sur ceux plantés de l'année précédente, puis on taillera les brindilles à 0^m.16 ou 0^m.18
de long. La taille des rameaux terminaux sera proportionnée à la vigueur de l'arbre, et l'on taillera toujours
sur l'œil le mieux placé pour les prolonger suivant leur
position. Les autres rameaux seront taillés à environ
0^m.04, même ceux qui ont été pincés a l'ébourgeonnage; les brindilles qui ont donné du fruit le seront à
0^m.12 ou 0^m.15, et si celles qui ont été rompues à l'é-
bourgeonnage avaient poussé, il faudrait les tailler
au-desus de la pousse.

On protégera successivement l'établissement des
branches fruitières, et l'on surveillera celles qui pousseraient trop vigoureusement, de manière qu'il ne puisse
se former de gourmands sur aucune partie de l'arbre;
enfin l'on traitera les quenouilles la seconde année
comme on les a traitées la première, et ainsi de suite;
seulement, à chaque taille, les opération deviendront
plus compliquées.

Comme souvent il arrive que les membres d'une quenouille tendent à s'élever verticalement, ce qui est non-
seulement contraire aux principes, mais encore préjudiciable au développement ultérieur de l'arbre (car
alors ces membres poussent avec une telle vigueur
qu'ils absorbent une forte partie de la séve nécessaire
à la végétation des autres membres), il faut dans cette
circonstance chercher le meilleur moyen de remédier à

un pareil état de choses. Souvent on a recours à de petits arcs-boutants; mais comme ce moyen présente
beaucoup de difficultés et de graves inconvénients, nous
allons faire connaître un procédé communiqué à la
Société centrale d'horticulture par M. Chevalier Gé-
rolme. « J'ai placé quatre piquets au pied de chaque
pyramide avec une encoche de 0^m.028 à la tête de chacun; j'y ai attaché un cercle avec du fil de fer à 0^m.081
d'élévation du sol, afin de pouvoir biner et nettoyer.
Avec ce simple appareil, que j'appelle *treillage horizontal*, et qui m'offre les ressources d'un mur à la Montreuil, je devins maître de mon arbre. Muni d'une
grande quantité de loques en cuir percées aux deux
bouts et d'une botte d'osier, je prends la branche à incliner, petite ou grosse, courte ou longue, n'importe;
à l'endroit convenable je la cerne de ma loque, que je
ferme avec l'un des bouts d'un brin d'osier, dont je
viens arrêter l'autre sur le cercle à la place que réclame
l'inflexion de la branche ou le vide de l'arbre. Avec ce
procédé, j'ai pu rectifier mille irrégularités indépen-
dantes de la taille, comme proportionner les espaces,
détruire la confusion qui existe toujours dans les pyra-
mides, faciliter la circulation de l'air, le mouvement de
la lumière, en un mot satisfaire à toutes les conditions
de développement et d'équilibre qui jusque alors n'a-
vaient point été remplies. »

2. — *Poirier en espalier*.

Pour former un espalier de Poirier on prendra des
arbres nains jeunes et vigoureux, et on les plantera de
préférence à l'est ou à l'ouest. On peut les élever sous
plusieurs formes, mais nous considérons celles en éventail (*fig.* 34) et en palmette à tige simple (*fig.* 35) comme
les plus faciles à diriger et les plus avantageuses. Les

Poiriers que l'on veut former en éventail serontplantés

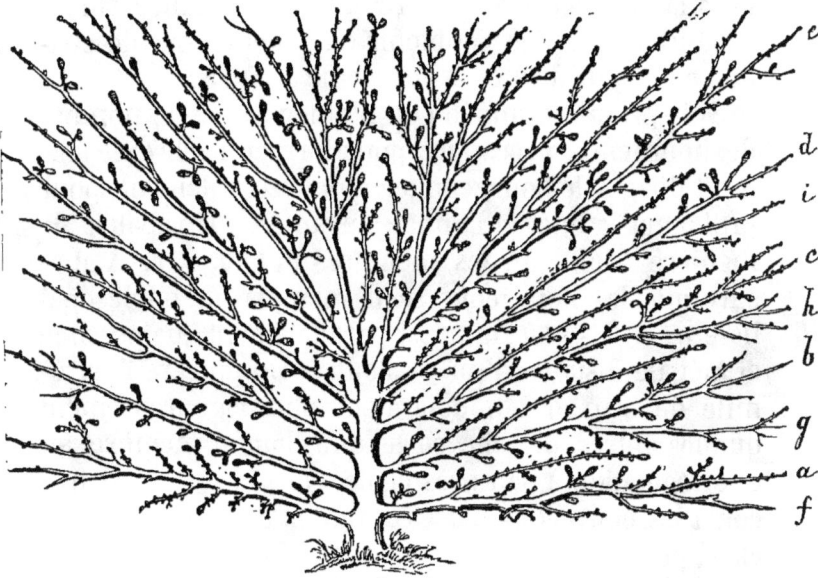

fig. 34.

soit à 5^m.33, 6^m.66 ou 8 mètres l'un de l'autre, selon la

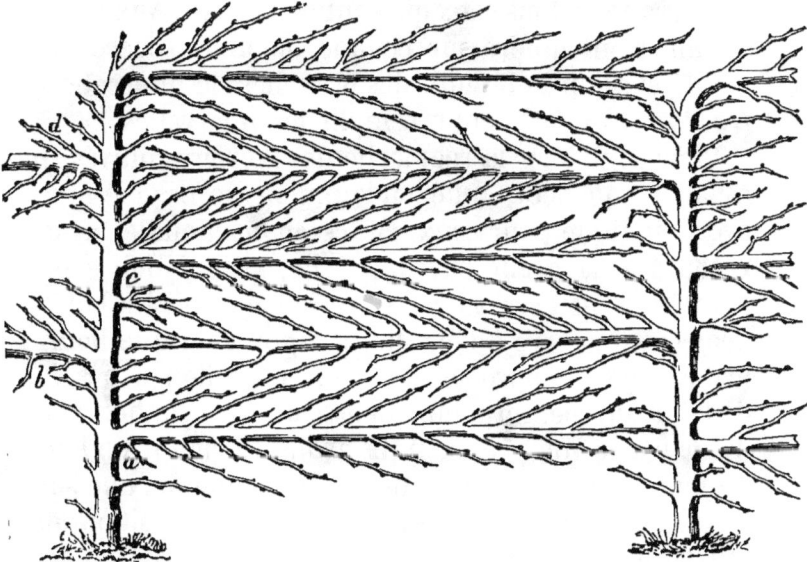

Fig. 35.

nature du terrain et la hauteur des murs, et l'on donnera la préférence aux arbres greffés de l'année. On les
rabattra de manière à obtenir cinq bourgeons de chaque côté pour former la charpente de l'arbre.

Si la première année l'on n'obtenait pas le nombre
de bourgeons nécessaire pour former l'arbre, il faudrait diriger le bourgeon terminal verticalement, pour
prolonger la tige, et l'année suivante on la rabattra de
manière à obtenir les membres *a, b, c, d, e.* A mesure que les bourgeons se développeront on les palissera, en les plaçant aussi parallèlement que possible
et à égale distance l'un de l'autre. On pincera l'extrémité de ceux qui pousseraient plus vigoureusement
que les autres, de telle sorte que chaque membre ait
une végétation à peu près égale. On pincera aussi très
court les bourgeons placés devant et derrière les branches, pour les démonter par suite à la taille.

Par l'ébourgeonnage on favorisera le prolongement
du bourgeon terminal de chaque membre, on on pincera très court tous ceux qui sont mal placés. Aux tailles
suivantes on établira sur chaque membre successivement, et selon le besoin, des branches de bifurcation,
f, g, h, i, (*fig.* 34), pour remplir les intervalles.

Pour compléter la régularité des Poiriers cultivés en
espalier, on peut, indépendamment de ce que nous
avons indiqué pour ceux élevés en quenouille, avoir
recours à la greffe par approche, ce qui doit avoir
lieu de la manière suivante. A l'époque où les bourgeons sont encore à l'état herbacé, on choisit le bourgeon le plus rapproché de la place où l'on a besoin
d'établir un membre, on l'abaisse avec précaution afin
de ne pas le rompre, et après avoir fait une plaie longitudinale sur chaque partie, on les applique l'une sur
l'autre, puis on les maintient dans cette position au
moyen d'une ligature que l'on desserre aussitôt après

la reprise de la greffe ; et lorsque le bourgeon est arrivé à l'état ligneux, on fait une entaille à mi-bois, juste au-dessous de la greffe, mais on ne la sèvre complétement qu'à l'époque de la taille. On peut sans inconvénient placer sur le même arbre autant de greffes qu'il est nécessaire ; ce que nous avons été à même d'observer sur un espalier de Poiriers confié aux soins de M. Fourquet, habile horticulteur, qui, à l'aide de la greffe par approche, est parvenu en très peu de temps à donner une forme régulière à des Poiriers dont les membres étaient dans un désordre complet.

Si l'on plantait des arbres ayant déjà le nombre de branches nécessaire pour les former, il faudrait tailler toutes les branches bien placées à environ $0^m.04$ et sur un œil disposé de manière à prolonger le membre dans la direction voulue d'après la forme de l'arbre. On démontera les autres, en ayant toujours soin de conserver les lambourdes et les brindilles.

On plantera à 5 ou 6 mètres l'un de l'autre ceux que l'on destine à être élevés en *palmettes ;* on rabattra la tige de manière à obtenir à droite et à gauche quelques bourgeons dont on formera les premiers membres *a, b* (*fig.* 35), en les établissant à environ $0^m.30$ à $0^m.35$ les uns au-desus des autres. Ceux de droite doivent alterner, autant que possible, avec ceux de gauche ; en les palissant il faut les incliner plus ou moins, suivant que l'on voudra favoriser le développement de l'un ou restreindre celui de l'autre. Les années suivantes on les abaissera davantage, mais en observant qu'ils ne doivent jamais être placés horizontalement. On guidera verticalement le bourgeon qui sert à prolonger la tige, et l'on pincera les bourgeons mal placés ; puis, les années suivantes, on taillera le rameau vertical de manière à obtenir chaque année deux branches latérales, *c, d,* jusqu'à ce que l'arbre soit arrivé à garnir

13.

le mur dans toute sa hauteur. On taillera les bras à environ 0^m.15 à 0^m.18 de long, suivant leur force et leur
position, mais toujours sur un œil placé de manière à
prolonger le bras le plus directement possible. S'il arrivait qu'un bourgeon de prolongement fût beaucoup
plus vigoureux que l'autre, il faudrait, au palissage,
l'incliner plus que les autres, de manière à rétablir l'é-
quilibre autant que possible.

Les Poiriers à tiges seront plantés à 5 ou 6 mètres l'un
de l'autre; et pendant les premières années ils devront
être taillés de manière que les branches qui doivent
former la charpente de l'arbre soient également espa-
cées. On surveillera leur développement pour favoriser
celles qui seraient les moins vigoureuses, jusqu'à l'é-
poque où les arbres pourront être abandonnés à eux-
mêmes, c'est-à-dire environ deux ans après.

Lorsque les Poiriers sont très vieux ou épuisés au
point de ne plus produire de fruits, on peut encore en
tirer un bon parti en les rabattant et en les greffant en
couronne. (Voir l'article Greffe.) On pose plus ou moins
de greffes, suivant la force de l'arbre; puis, lorsqu'elles
sont bien reprises, on choisit les plus vigoureuses pour
en former la nouvelle charpente de l'arbre.

*Liste des meilleures variétés de poires à cultiver
en espalier* [1].

Beurré d'Aremberg, *hiver*.	Doyenné d'hiver, *hiver*.
Bergamote de Pâques, *hiver*.	Jalousie de Fontenay, *automne*.
— Sylvange, *automne*.	Passe-Colmar, *hiver*.
Bon-Chrétien d'hiver, *hiver*.	Petit Muscat, *été*.
Colmar, *hiver*.	Royale d'hiver, *hiver*.
Crassane, *automne*.	Saint-Germain, *hiver*.
Doyenné gris, *automne*.	Virgouleuse, *hiver*.

(1) Toutes ces variétés conviennent également pour quenouilles.

Espèces propres à être élevées en quenouille

Angleterre d'hiver, *hiver*.

Adèle de Saint-Denis, *automne*.

Bergamote d'Angleterre, *été*.

— de Hollande, d'Alençon, *hiv*.

— d'Espéren, *hiver*.

— Sylvange, *automne*.

Baronne de Mello, *automne*.

Belle épine Dumas, Belle de Limoges, Duc de Bordeaux, *aut*.

— de Bruxelles, beurré de Bruxelles, *été*.

— Angevine, Angora, Bolivar, *hiver*.

Beurré d'Aremberg, d'Hardenpont, *hiver*.

— Magnifique, royale, incomrable, *automne*.

— d'Amanlis, *été*.

— Clairgeau, *automne*.

— gris, rouge, doré, *été*.

— de Rans, Noirchain, Bon-Chrétien rance, *hiver*.

— Giffard, *été*.

— Aurore, Capiaumont, *autom*.

— bronze, *hiver*.

— moiré, *automne*.

— Sterckmans, *hiver*.

Bon-Chrétien d'été, Gracioli.

— d'hiver, *hiver*.

Bonne après Noël, *hiver*.

— d'Ézée, Belle d'Ézée, *été*.

— Louise d'Avranches, Louise-Bonne de Jersey, *été*.

Colmar, *hiver*.

— Nélis, Nélis d'hiver, *hiver*.

— Van Mons beurré de Malines, *hiver*.

Colmar d'Aremberg, *automne*.

Délice de Jodoigne, *automne*.

Délice d'Hardenpont, *hiver*.

Doyenné d'été, Duchesse de Berry d'été, Saint-Michel d'été, *été*.

— d'hiver, de printemps, Bergamote de Pâques, *hiver*,

— gris, d'automne, Saint-Michel gris, *automne*.

Duchesse d'Angoulême, *autom*.

Élisa d'Heyst, *hiver*.

Frédéric de Wurtemberg, *été*.

Fondante de Malines, *automne*.

Ferdinand de Maester, *automne*.

Gloire de Cambronne, *automne*.

Incomparable Hacon's, *automne*.

Marie-Louise (Delcour), *autom*.

Martin sec, *hiver*.

Messire Jean, *automne*.

Ne plus Meuris, beurré d'Anjou, *hiver*.

Passe tardive, *hiver*.

— Colmar, épineux, doré, *hiver*.

Rousselet, roi d'été, *été*.

Saint-Germain, inconnu Lafare, *hiver*.

Sabine, *hiver*.

Shakspeare, Seckle, *automne*.

Souverain d'été, *été*.

Sieulle, *automne*.

Susette de Bavay, *hiver*.

Triomphe de Louvain, *automne*.

— de Jodoigne, *automne*.

Turquin des Pyrénées, *hiver*.

Urbaniste, beurré Picquery, *au*.

Van Mons, Léon Leclerc, *aut*.

Waterloo, *automne*.

Espèces exclusivement propres au plein vent.

Bergamote Sylvange, *automne.*

Bézy Chaumontel, *hiver.*

Bon-Chrétien d'été, *été.*

Catillac, *hiver.*

De Curé, Belle de Berry, *hiver.*

Épargne, Beauprésent, *été.*

Gros Blanquet, *été.*

Madeleine, Citron des Carmes, *été.*

POMMIERS (*Pyrus malus*). — Tous les terrains, ceux mêmes qui sont un peu frais, conviennent au Pommier; toutes les expositions, excepté le sud, lui sont favorables. On greffe les arbres à haute tige sur Égrin et les nains sur Doucin et sur Paradis.

Ce que nous avons dit de la culture et de la taille des Poiriers peut, en toute circonstance, s'appliquer également aux Pommiers. On peut facilement leur faire prendre toutes les formes. Ceux qu'on élève à haute tige sont les plus durables et ceux qui produisent le plus. Nous conseillons de les tailler pendant les premières années.

Si on les plante en lignes, on les met à 8 ou 10 mètres l'un de l'autre, et quelquefois plus, selon la nature du terrain. Dans les jardins on ne plante ordinairement que des arbres nains, qui n'occupent que peu de place, et qui, bien dirigés, produisent beaucoup au bout de très peu de temps.

Dans les terrains légers et chauds on plantera de préférence les Pommiers greffés sur Doucin, parce qu'alors leurs racines s'enfoncent plus profondément que lorsqu'ils sont greffés sur Paradis. Dans ce dernier cas ils s'élèvent peu, mais fructifient beaucoup, et les fruits en sont généralement très beaux. Il faut les planter à environ 1^m.65 l'un de l'autre.

Comme presque toutes leurs racines sont à la surface du sol, il ne faut leur donner que des binages.

Nous avons conseillé, à l'article *Poirier*, de placer un

Pommier nain entre chaque quenouille ; la forme la
plus avantageuse à leur donner est celle d'un gobelet
(*fig.* 36). La première année on choisira cinq ou six

Fig. 36.

bourgeons placés, autant que possible, à égale distance,
pour établir la charpente de l'arbre, et on les palissera
sur un cerceau. L'année suivante on taillera les mères-
branches suivant leur force, et toujours sur un œil placé
de manière à les prolonger dans la même direction.

A l'ébourgeonnage on pincera très court les bourgeons qui se dirigeraient intérieurement de manière à
évider l'intérieur de l'arbre ; puis on pincera aussi
ceux qui pousseraient en dehors.

On placera un second cerceau qui devient nécessaire
pour palisser le prolongement des branches ; et par
suite il faudra établir des branches pour remplir les
vides qui résulteront de l'écartement des branches-
mères.

Généralement il faudra tailler plus long et beaucoup
plus tard les arbres qui pousseront trop vigoureusement.

Nous conseillons de former des haies de Pommiers toutes les fois que l'on aura à faire des clôtures dans les endroits où l'on aura pas à craindre la dévastation des fruits; on les prendra greffés sur Doucin, et on les plantera à environ un mètre l'un de l'autre. Pendant les premières années on maintiendra l'inclinaison des membres en les attachant sur des échalas placés de loin en loin. On greffera par approche toutes les branches principales qui se croiseront, et on enlacera les autres.

A l'époque de l'ébourgeonnage on pincera la haie sur les deux faces; puis par la taille et les ébourgeonnages on tâchera d'éviter qu'elle ne se dégarnisse par le bas.

Les meilleures variétés de Pommes sont :

Api.	Reinette jaune hâtive.
— rose.	— de Hollande.
Calville blanc.	— franche.
— rouge.	— du Canada.
Fenouillet gris.	— d'Angleterre.
— jaune.	— dorée.
Pigeonnet.	— grise.
Postophe d'hiver.	— de Bretagne.
Gros Rambour.	— d'Espagne.
— — d'hiver.	— de Granville.

PRUNIER (*Prunus*). — Les pruniers, ayant des racines traçantes, n'exigent pas un terrain très profond; ils viennent assez bien presque partout, pourvu cependant que le terrain ne soit ni trop sec ni trop humide. On les greffe sur le Prunier Saint-Julien ou sur le Damas noir; et, quoiqu'ils réussissent bien sous toutes les formes, on n'en plante guère en espalier que dans les contrées où les fruits mûrissent mal; il faut alors les mettre à bonne exposition.

Il est beaucoup plus avantageux de planter des arbres à haute tige. Si l'on en forme des lignes, il faut les placer à 6 mètres l'un de l'autre. Plusieurs espèces peuvent aussi être plantées pour former des haies intérieures ou dans les endroits où l'on n'a pas à craindre la dévastation des fruits. Il n'est pas absolument nécessaire de tailler les Pruniers, si ce n'est pendant les premières années, pour former la charpente de l'arbre.

De la culture forcée du Prunier — On peut facilement avancer la maturité de plusieurs espèces, telles que le Monsieur hâtif, la Mirabelle et la Reine-Claude. Pour cela, à l'automne, on plantera dans des pots de 0ᵐ.30 de jeunes Pruniers élevés sous la forme de petites quenouilles, on les choisira aussi ramifiés que possible, et après l'empotage on enfoncera les pots à une bonne exposition. L'année suivante, en janvier, on les placera dans une serre vitrée dont on n'élèvera pas la température à plus de 12 ou 14 degrés. On donnera de l'air au moment du soleil, et la nuit on couvrira la serre avec des paillassons. Les autres soins consistent à arroser ces arbres à propos et à les seringuer de temps à autre, après qu'ils sont défleuris; les fruits seront mûrs dans les premiers jours de mai. On peut chauffer les mêmes Pruniers deux ou trois années de suite.

Les variétés de Prunes auxquelles on doit donner la préférence sont :

Jaune hâtive.	Surpasse-Monsieur.
Monsieur.	Jefferson.
Royale de Tours.	Drap d'or d'Esperen.
Reine-Claude.	Washington.
— Coë golden drop.	Gros Damas.
— violette.	Perdrigon rouge.
— Monstrueuse de Bavay.	De Sainte-Catherine.
Mirabelle grosse et petite.	De Saint-Martin.
Impériale blanche.	Pond's Seedling.

VIGNES (*Vitis vinifera*).— La Vigne vient dans presque

tous les terrains, et il est peu de localités où l'on ne puisse en obtenir de beaux et bons produits, si elle est plantée à une exposition favorable et bien gouvernée ; cependant le sol le plus propice est une terre franche, douce et profonde, amendée de temps à autre par des engrais bien consommés.

Avant de planter un espalier de Vigne, il faut arrêter la forme sous laquelle on la conduira, en tenant compte de l'emplacement : ainsi, pour garnir les trumeaux d'une orangerie ou d'un bâtiment quelconque, on peut élever la Vigne en palmette ; mais en toute autre circonstance, nous conseillons de la suivre à la Thomery (*fig.* 37), ce mode de plantation offrant tous les avantages désirables.

1. *Plantation*. — La distance à observer entre chaque pied de Vigne dépend de la nature du sol : car dans un terrain de peu de profondeur ou de médiocre qualité, il faut planter les Vignes plus près les unes des autres que dans une bonne terre, afin de donner moins d'extension à chaque membre ; enfin, dans les terrains où l'on peut espérer une végétation satisfaisante, on plantera de la manière suivante : tous les $0^m.65$ on fera une tranchée d'environ $0^m.33$ de large et $0^m.35$ de profondeur ; on la commencera à $1^m.33$ ou $1^m.65$ du mur, suivant la longueur des marcottes, puis on la continuera jusqu'à $0^m.65$ du mur. En automne, on prendra des marcottes enracinées ou des crossettes (mais alors il faudrait une année de plus pour atteindre le mur) ; on ne laissera qu'un seul jet à chaque marcotte, mais garni de tous ses yeux, même sur la partie qui doit être couchée en terre. On placera la marcotte dans la tranchée, de telle façon que l'extrémité qui doit sortir de terre à $0^m.65$ du mur soit garnie de bons yeux ; et pour la faire sortir de terre on la courbera avec beaucoup de précaution pour ne pas la rompre.

Les racines devront être placées dans une terre bien

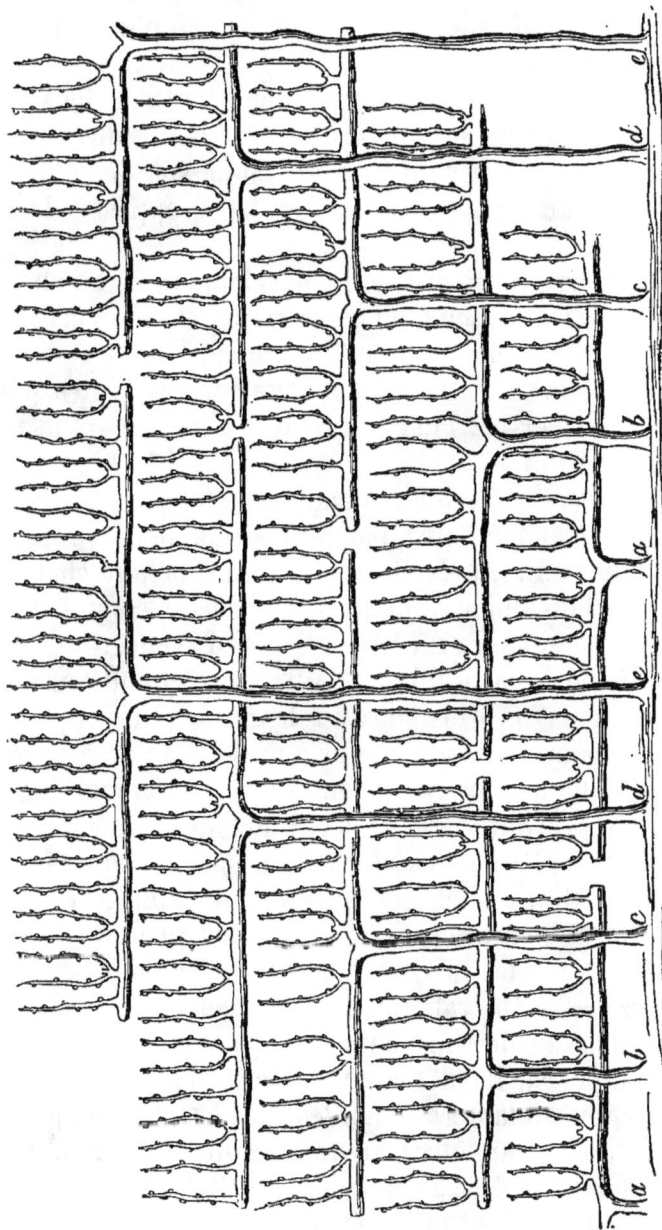

Fig. 37.

meuble, puis recouvertes de bonne terre, ainsi que la

partie couchée dans la tranchée. On mettra par-dessus un lit de bon fumier et on finira de remplir la tranchée avec la terre du sol.

En février ou mars, on les taillera toutes à deux ou trois yeux au-dessus de terre, en ayant soin de ne tailler que quelques millimètres au-dessus de l'œil, et que le biseau de la coupe soit toujours opposé à l'œil terminal.

Parmi les bourgeons qui se développeront, on choisira le plus vigoureux, et pour favoriser sa végétation on supprimera les autres et on mettra un échalas à chaque pied. On y attachera chaque bourgeon, en ayant soin d'enlever les faux bourgeons à mesure qu'ils se développeront.

2. *Taille.* — 1re *année.* A l'automne suivant on continuera les tranchées jusqu'au mur et à la même profondeur que l'année précédente, puis on couchera chaque cep, que l'on amènera près du mur à la place qu'il doit occuper et qui aura dû être marquée d'avance.

A l'époque favorable on taillera également tous les ceps à deux ou trois yeux au-dessus du sol. On palissera les bourgeons sur le mur à mesure qu'ils se développeront, en ayant soin d'enlever les faux bourgeons dès qu'ils auront 0^m.12 ou 0^m15 de long. Comme il est probable, si l'année est favorable, que chaque bourgeon produira quelques grappes, il faudra, si elles étaient trop nombreuses, en supprimer quelques-unes, afin de ne pas trop fatiguer ses jeunes Vignes.

2e *année.* — On rabattra le bourgeon supérieur sur celui placé au-dessous, à moins cependant qu'il ne soit trop faible, car il faut toujours tailler sur le plus vigoureux ; puis on taillera toutes les tiges *a* sur un œil placé à quelques centimètres au-dessous du 1er cordon, que l'on établira à 0^m.25 du sol. Si les tiges *b*, à la hauteur du 2e cordon, qui doit être à 0^m.75 du sol, sont garnies d'yeux qui, par leur grosseur, promettent des bourgeons vigoureux, on les taillera comme les tiges *a*.

On taillera les tiges *c*, *d*, *e* d'après leur vigueur, et les années suivantes on établira les cordons des tiges *c* à $0^m.25$ du sol, ceux des tiges *d* à $0^m.75$, et enfin ceux des tiges *e* à $2^m.25$.

En général, pour rabattre sur de bons yeux, il faut tailler la pousse de l'année à la moitié de sa longueur, à moins cependant que le 1ᵉʳ ou le 2ᵉ œil au-dessus se trouve à la hauteur d'un cordon, sur la partie de la tige que l'on prolongera chaque année et jusqu'à ce qu'elle soit arrivée à la hauteur où elle doit former cordon. On laissera sur chaque tige trois ou quatre bourgeons qu'on choisira parmi ceux qui ont le plus de grappes ; on les palissera à mesure qu'ils se développeront ; et, comme les autres années, on supprimera les faux bourgeons, puis l'on pincera très court tous les autres bourgeons, et à la taille suivante on les démontera au rez de la tige.

3ᵉ *année*. — L'année suivante, on taillera le bourgeon vertical des tiges qui, dès l'année précédente, avaient été rabattues à la hauteur du cordon, à partir de son insertion sur le second œil, y compris celui du talon, ce qui donnera naissance à deux bourgeons, dont on formera les deux bras horizontaux ; mais il ne faudra les amener que graduellement à la place qu'ils doivent occuper, et il vaudrait souvent mieux attendre à l'automne que de s'exposer à les casser. Pendant leur végétation on les attachera à mesure qu'ils se développeront, et on enlèvera les faux bourgeons, ainsi que tous les bourgeons placés devant et derrière et ceux qui se développent sur les tiges.

4ᵉ *année*. — On taillera les deux branches qui forment le cordon à environ $0^m.35$ de long, suivant leur vigueur, mais toujours sur l'œil placé le plus favorablement pour prolonger le cordon dans la même direc-

tion. Puis, pour former les branches fruitières, on taillera les bourgeons placés sur la partie supérieure du
cordon, en observant qu'ils doivent avoir entre eux une
distance de $0^m.16$ à $0^m.20$.

Comme précédemment, on enlèvera tous les faux
bourgeons, ainsi que les bourgeons mal placés, et l'on
pincera ceux qui sont le plus près de l'extrémité, afin
de favoriser la végétation des bourgeons de prolongement, ce qu'il faudra observer jusqu'à ce que le cordon
ait atteint toute sa longueur. D'après l'écartement indiqué pour la plantation, chaque partie du cordon devra
avoir $1^m.60$ de long de chaque côté.

5ᵉ *année.* — On taillera les branches fruitières en
courson sur deux yeux, puis l'on prolongera chaque
partie du cordon d'environ $0^m.35$; et comme, arrivés à
ce point, les soins à donner à la Vigne pendant la végétation sont exactement les mêmes que ceux précédemment indiqués, nous croyons inutile de traiter ce sujet
plus longuement.

6ᵉ *année.*—Pour cette taille et celles qui auront lieu
successivement, on démontera toutes les branches
fruitières sur le bourgeon le plus près du cordon, afin
de les rajeunir chaque année; et ensuite on taillera
les coursons sur un ou deux, ce que l'expérience indi-
quera; car si, après avoir taillé sur un œil, on obtenait
des bourgeons trop vigoureux, il faudrait l'année suivante tailler sur deux yeux. Lorsque chaque cordon
est arrivé à remplir le cadre qui lui est assigné, il ne
s'agit plus que de maintenir l'équilibre de la séve,
afin d'avoir une végétation égale dans toute la longueur
du cordon. Pour arriver à ce résultat, il faut surveiller
la végétation des bourgeons placés vers l'extrémité
(car ils sont toujours disposés à attirer vers eux une
grande quantité de séve), et, par des pincements et le
palisage, forcer la séve à refluer vers le centre.

Ces notions, quoique bien succintes, suffisent pour faire connaître la série des opérations nécessaires à la conduite d'une treille, et l'étude attentive des dernières tailles servira à l'intelligence des autres.

3. *Vigne en palmette*. — Après avoir amené les Vignes à la place qu'elles doivent occuper, on les taille toutes à trois ou quatre yeux au-dessus de terre, et aussitôt après le développement des bourgeons on choisit le plus vigoureux, on le dirige verticalement, et, pour en favoriser la végétation, on pince ou l'on suprime les autres. L'année suivante on rabat toutes les tiges à peu près à la moitié de leur longueur, enfin selon leur vigueur; après quoi sur chacun on fait choix d'un bourgeon pour prolonger la tige, puis on palisse les bourgeons placés à droite et à gauche, en ayant soin de les incliner plus ou moins, suivant qu'on voudra favoriser le développement de l'un ou restreindre celui de l'autre; et, comme toujours, on supprime les bourgeons placés devant et derrière, ainsi que les faux bourgeons.

Les années suivantes, on taille les bourgeons à droite et à gauche en courson sur deux yeux, puis on rabat le bourgeon vertical de manière à obtenir chaque année quelques nouveaux, bourgeons, et cela jusqu'à ce que l'on soit arrivé à garnir le mur dans toute sa hauteur.

4. *Vigne en contre-espalier*. — Pour former un contre-espalier, nous conseillons d'observer tout ce qui a été indiqué pour la treille à la Thomery, de manière à représenter les deux premiers cordons *a b* (*fig. 37*).

Après la plantation, on enfoncera un pieu de loin en loin et l'on tendra dessus un fil de fer pour guider chaque cordon, puis un autre entre les deux pour attacher les bourgeons du premier cordon, et enfin un quatrième à 0m.28 au-dessus du second cordon, pour en

attacher aussi les bourgeons. Pour l'établissement des
cordons et les soins à leur donner pendant leur végétation, on observera tout ce qui a été indiqué précédemment.

On peut chaque année en chauffer une partie, ainsi
que nous l'avons indiqué dans le chapitre II, relatif à
la disposition d'un jardin ; mais on ne commencera
qu'au bout de trois ou quatre ans de plantation, et alors
on pourra chaque année chauffer le quart de la longueur, de sorte que, lorsqu'on sera arrivé à reprendre
la première partie, elle ait eu trois ans de repos.

5. *De la culture forcée de la Vigne.* — Vers la fin de
décembre, dans le courant de janvier et même jusqu'en
février, enfin suivant la maturité du bois, on taille la
Vigne ; puis, suivant la position, on place devant elle
soit des panneaux si elle est plantée le long d'un mur,
soit une petite bâche mobile[1].

Si la Vigne est plantée en contre-espalier, on entoure le tout d'un réchaud de fumier qu'on remanie
au besoin, puis l'on pose les panneaux ; mais on arrive
à des résultats beaucoup plus prompts en faisant passer dans la bâche le tuyau d'un poêle, ou mieux d'un
thermosiphon. Ce mode de chauffage est très favorable à la végétation et nécessite beaucoup moins de surveillance pour arriver à un bon résultat. On règle la
température comme il suit : à partir de l'époque où
l'on commence à chauffer jusqu'à ce que la Vigne entre
en végétation, on maintient une chaleur de 15 à 18
degrés dans la bâche ; après quoi on augmente de 4 à 5
degrés, température que l'on entretient jusqu'à ce que
la grappe soit bien formée, et pendant la floraison on

---

(1) Cette bâche se compose d'un coffre de 0m,80 de largeur sur 1m,33 de
hauteur par derrière, et de 0m,33 par devant. On maintient l'écartement au
moyen de barres assemblées à queue d'aronde par le haut et par le bas, et
placées de manière à servir de support aux panneaux.

chauffe de 25 à 30 degrés ; mais une fois que les grains sont bien formés, on diminue graduellement la chaleur, de manière à n'avoir plus que 18 à 20 degrés jusqu'à parfaite maturité.

La température est d'autant plus facile à régler que cette bâche ne contient qu'une très petite quantité d'air.

Pendant la nuit on couvre les panneaux avec des paillassons qu'on enlève tous les jours ; et si, au moment du soleil, le thermomètre monte plus haut que nous ne l'avons indiqué, on donne un peu d'air en soulevant les panneaux par le haut. Pour entretenir l'humidité nécessaire à la Vigne, on donne des bassinages qui doivent être plus ou moins fréquents, suivant la température et les progrès de la végétation. L'eau qu'on emploie pour ces arrosements doit être déposée sous la bâche quelque temps avant de l'employer, afin qu'elle soit, autant que possible, à la température de l'atmosphère dans laquelle on la répand.

La Vigne étant ainsi traitée, on aura des Raisins mûrs au bout de quatre mois ou quatre mois et demi, à partir de l'époque où l'on aura commencé à chauffer.

Pour utiliser la place qui reste en avant de la Vigne, on peut mettre quelques rangs de Fraisiers en pots, qui s'accommodent très bien de cette température.

Les espèces qui donnent les meilleurs Raisins sont :

Madeleine noire.
— blanche.
Chasselas de Fontainebleau.
— de Bar-sur-Aube.
— musqué.
— violet.
— rose.
— Napoléon.
Muscat blanc.
— violet.

Muscat d'Alexandrie.
Corinthe blanc.
— violet.
Panse commune.
— musquée.
Frankenthal.
Cornichon blanc.
— violet.
Raisin cassis.
Verjus.

CHAPITRE XIV.

Maladies des Arbres.

Les maladies qui attaquent les arbres et les font périr sont dues à deux causes distinctes : les unes, telles que le chancre et la gomme, sont le résultat de causes internes, tandis que les autres sont produites par des causes extérieures, et surtout par la présence des plantes parasites comme les Lichens, les Mousses et les Champignons.

Les premières, souvent mortelles, peuvent être guéries par l'amputation des parties maladives, quand l'arbre n'en est que partiellement attaqué ou que les causes qui les ont produites ne sont que passagères et n'ont pu détruire en lui tout germe de vie ; mais quand il en est envahi tout entier et que sa végétation est modifiée au point que le dépérissement est journalier, l'arbre languit et meurt bientôt sans que les secours du jardinier puissent le sauver.

Il n'en est pas de même des maladies dues à l'établissement sur l'épiderme de l'arbre de végétaux parasites ; des lotions avec de l'eau de chaux et un nettoyage attentif avec une brosse ou un émoussoir suffisent ordinairement pour détruire les Lichens et les Mousses et rendre la santé à l'arbre qui en était chargé.

Quant aux Champignons, il faut pour les détruire avoir recours à un moyen plus énergique, surtout pour celui de la Vigne, nommé *Oidium Tuckeri;* car l'eau de chaux a été reconnue insuffisante, et l'hydrosulfate de chaux[1], étendu dans la proportion d'un litre pour

(1) Pour faire de l'hydrosulfate de chaux, on prend 250 grammes de soufre en poudre et environ un demi-litre de chaux fraîchement éteinte ; on fait une pâte du tout, à laquelle on ajoute 5 litres d'eau.

Placée sur le feu, dans une marmite de fonte ou de terre vernie, on fait

50 litres d'eau, est, jusqu'à présent du moins, le moyen le plus simple et le plus efficace que l'on ait encore trouvé.

Plus anciennement connue, la fleur de soufre appliquée après un bassinage détruit également bien le Champignon de la Vigne ; mais, que l'on emploie la fleur de soufre ou l'hydrosulfate de chaux, l'important pour réussir est d'opérer à temps, c'est-à-dire aussitôt que l'on aperçoit les premières traces blanches qui caractérisent la maladie, car elle se propage avec une grande rapidité.

Si, malgré le soin apporté à l'opération, le Champignon n'était pas détruit après un premier traitement, il faudrait recommencer quelques jours après.

La fleur de soufre et l'hydrosulfate de chaux peuvent être également employés avec succès pour détruire le *blanc* ou *meunier* qui fait tant de tort aux Pêchers.

C'est à ces notions insuffisantes que se borne notre science, et les seuls moyens que nous ayons pour prévenir les maladies sont des soins attentifs, des abris dans les mauvais temps, et le choix d'une bonne exposition.

Il est à regretter que cette partie importante de l'horticulture soit si négligée et que personne ne s'en occupe sérieusement.

CHAPITRE XV.

Jardin d'agrément.

Nous ne pouvons, pour cette partie, qui est soumise à des modifications dépendant de la situation et de la forme du terrain, ainsi que du goût du propriétaire,

bouillir cette préparation pendant dix minutes environ, après quoi on la met en bouteille.

14

entrer dans les mêmes détails que pour le potager, qui admet des règles plus fixes.

Quoique les murs soient pour tous les jardins le meilleur mode de clôture, il n'est pas indispensable pour un jardin d'agrément, qui peut être fermé par des haies vives.

Bien que l'Épine blanche (Aubépine) soit considérée comme l'arbre qui convient le mieux pour établir une haie, on peut, suivant la nature du terrain, employer au même usage l'Acacia blanc (Robinier), Arbre de Judée, Acer campestre et Tartaricum, Buplevrum fruticosum, Charme, Cornus sanguinea, Clavalier (Xantoxylum), Caragana arborea, Celtis (Micoucoulier) occidentalis, et australis; Cyprès, Cerisier, Épine-Vinette, Eleagnus angustifolia, Frène commun, Gleditsia Sinensis et triacanthos; Houx, Hêtre, If, Lilas, Lycium Barbareum; Maclura aurantiaca, Mûrier blanc, Noisetiers, Ormes, Prunus spinosa (Prunellier), incana, Maleb (Sainte-Lucie) et insilitia (Prunier sauvage); Poirier commun, Pommier, Rhamnus catharticus (Bourgène), Paliurus, hybridus sempervirens, et Alaternus (Alaterne); Sureau commun, Troène commun, Thuyas, Viburnum lantana (Viorne).

Lorsqu'on établit une haie, il faut, pendant les premières années, la protéger au dehors par une haie morte ou un fossé assez large et assez profond pour la défendre contre la dent des bestiaux. Comme clôture, les haies sont d'un aspect moins désagréable que les murs, et elles permettent de profiter de chaque échappée de vue, avantage immense dans la composition d'un jardin d'agrément.

L'étude de la position du terrain doit avoir pour but de ménager tout ce qui peut contribuer à rendre la perspective agréable, et de masquer les endroits que l'on voulait cacher.

Rien de plus disgracieux dans un jardin d'agrément que la disproportion entre ses différentes parties : les allées, les pelouses, les massifs, les bassins, tout enfin doit être proportionné à l'étendue du terrain.

Les arbres plantés dans les massifs ne doivent pas être disséminés au hasard, mais dans l'ordre de leur élévation; il faut les distancer assez pour que la végétation n'en soit pas gênée. On doit les grouper en harmonisant les feuillages et les fleurs de manière à produire sur la vue une impression agréable.

Nous ne saurions trop recommander l'introduction dans les jardins d'agrément, au lieu d'arbres inutiles, des arbres fruitiers à hautes tiges, tels que Cerisiers, Abricotiers, Pruniers, Pommiers, Poiriers, Amandiers, Coignassiers, etc., en les plaçant de préférence à la pointe des massifs, pour qu'ils ne soient pas étouffés par la végétation des arbres voisins et qu'ils jouissent les premiers de l'air et du soleil.

Bien des personnes ont été arrêtées dans l'idée de plantation d'arbres fruitiers par la crainte de voir une partie de leur récolte dévorée par les oiseaux, et de n'avoir que des fruits de médiocre grosseur.

Cette considération ne doit pas être un motif d'exclusion : car, quelque mince que soit le produit de chaque arbre à fruit, il ne sera pas, comme pour les arbres d'ornement, complétement stérile; de plus, les arbres fruitiers ne le cèdent pas aux arbres d'ornement, tant par la beauté de leur feuillage que par le coloris brillant et l'abondance de leurs fleurs, et ils ont, de plus que les autres, des fruits qui flattent aussi agréablement la vue que la grappe du Sorbier, le fruit des Mespilus, des Sureaux, etc.

Les arbres verts et tous les arbres à feuilles persistantes, qui font jouir au milieu de l'hiver d'une verdure sévère peut-être, mais qui rappelle les beaux jours, doivent trouver aussi place dans un jardin d'agrément.

Le Cèdre du Liban, le Mélèze, le Pin du lord, le Cyprès distique, les grands arbres de nos forêts, comme le Hêtre, le Tilleul, peuvent être plantés isolément et servir à rompre la monotonie des lignes droites.

En établissant un jardin d'agrément, il faut que l'allée qui en fait le tour ne soit pas trop près de la clôture, afin de cacher autant que possible l'étendue de la propriété.

Les allées principales doivent avoir plus de largeur que les autres, et l'on doit en les traçant éviter la régularité; des courbures plus ou moins longues, des sinuosités qui dissimulent le parcours, sont indispensables pour ôter à un jardin de cette espèce la monotone symétrie de nos jardins publics.

On peut, suivant l'étendue du jardin, élever çà et là quelques constructions rustiques, ménager des salles de verdure où l'on arrive sans s'y attendre dans le cours de la promenade, et l'on ne doit pas négliger de placer des bancs de distance en distance, et surtout sur les points où l'on a ménagé des échappées de vue.

Quelle que soit l'étendu du terrain, il faut toujours une partie de gazon devant la maison.

La pelouse devra avoir des contours gracieux et s'harmoniser avec les parties environnantes. On la creusera un peu au milieu, afin de produire un effet plus naturel, et l'on disposera sur les bords de petits massifs placés de manière à concourir à l'effet général sans masquer la perspective.

Pour établir une pelouse, on emploie le plus souvent en France du *Ray-grass anglais*, auquel on ajoute une petite quantité de *Trèfle blanc de Hollande;* mais en Angleterre on a depuis longtemps renoncé au *ray-grass* pour semer des *Fétuque ovine, traçante,* de la *Flouve odorante*, du *Paturin des prés* et de la *Crételle*.

Mélangées dans des proportions raisonnées, ces plantes produisent un aussi bel effet que le *Ray-grass* et elles ont l'avantage de durer beaucoup plus longtemps. Bien que ces mélanges conviennent à peu près à tous les terrains, on doit, dans les terres fraîches, remplacer la *Fétuque ovine* et *traçante* par de la *Fétuque des prés*, qui s'élève un peu plus, il est vrai, mais qui convient plus particulièrement aux terrains humides que les autres espèces.

Dans les terres sèches, on peut aussi, au lieu de *Ray-grass anglais*, semer du *Ray-grass d'Italie* ou du *Brome des prés*, qui réussit dans les plus mauvaises conditions.

Sous les grands arbres, on sème de préférence du *Paturin des bois*, seul ou avec un peu de *Fétuque traçante* et de *Flouve odorante*, graminées qui viennent également bien à l'ombre.

Dans les grands jardins, où les pelouses ont souvent beaucoup d'étendue, on peut, après avoir consulté la nature du terrain, remplacer le gazon par une véritable prairie naturelle dont le foin peut être donné aux bestiaux; mais il faut alors faire choix de plantes qui puissent convenir à la nature du sol auquel elles sont destinées[1].

L'époque la plus favorable pour semer une pelouse est le mois de septembre, dans les terrains légers, ou bien le mois de mars, dans les terres fortes ou humides; mais quelle que soit l'époque, il faut, avant de semer, bien préparer le terrain, ce qui consiste à briser les mottes de terre et à extraire toutes les racines

(1) On trouvera chez tous les marchands grainiers des mélanges appropriés aux diverses sortes de terrains.

et les pierres ; puis, suivant la nature du sol, on fera le labour plus ou moins profond.

Si l'on détruit un vieux gazon pour en semer un autre, il faut le retourner à la bêche, de manière qu'il se trouve au moins enterré à la profondeur de $0^m.35$; après le labour, il faut herser la terre à la fourche, puis enlever avec le râteau les pierres et les mottes qui se trouvent à sa superficie, afin que le sol soit parfaitement uni. Si la mauvaise qualité de la terre forçait d'ajouter des engrais, il ne faudrait les employer que bien consommés.

Le semis ne devra être fait que par un beau temps, à cause des opérations qui doivent le suivre. On sème à la volée, et, aussitôt après le semis, on herse légèrement à la fourche, et ensuite on passe le rouleau, ou, à défaut, on foule avec les pieds, si cependant l'étendue n'est pas trop considérable ; puis on recouvre les graines d'une très légère couche de terre ou de terreau très fin.

Pour conserver un gazon longtemps en bon état, il faut le couper souvent. On fera la première coupe au commencement de mai, et la dernière à la fin d'octobre ou au commencement de novembre. Il nous est impossible d'indiquer le nombre de celles qui devront être faites entre ces deux époques, car cela dépendra de l'état d'humidité dans lequel on les entretiendra. Pendant la sécheresse de l'été, les arrosements doivent être très fréquents, et doivent se faire, le matin ou le soir, avec les arrosoirs à pomme.

Il faut, après chaque coupe, donner un coup de râteau, afin d'enlever tout ce qui pourrait occasionner de la pourriture, puis, après le nettoyage, on passera le rouleau. Chaque année, après la dernière coupe, il faut enlever la mousse avec le râteau, et étendre partout une légère couche de terreau.

Comme, pour garnir de gazon les talus ou les bancs,

le semis ne peut se faire qu'avec beaucoup de difficulté, il vaut mieux se servir de plaques de gazon levées
dans les prairies ou sur le bord des chemins ; on les
ajuste les unes à côté des autres ; on fixe avec de petites
fiches de bois celles qui se trouvent dans une position
verticale, après quoi on les appuie légèrement avec
une petite batte. L'époque la plus favorable pour faire
cette opération est ordinairement le mois de mars.

Pour les pelouses de peu d'étendue, on peut, au lieu
de semer des graminées, planter des Rosiers à fleur remontante, dont on fixe les branches sur le sol après
les avoir étendues dans tous les sens. Lorsque le terrain est complétement couvert, il est impossible de
voir quelque chose de plus ravissant qu'une pelouse
de Rosiers, surtout quand les espèces ont été bien variées en plantant.

Les plantes ou arbustes qui fleurissent le plus longtemps possible doivent être massés sur les bords du
gazon ; et l'on y pourra jeter, comme au hasard, un
Saule, un Cèdre du Liban, un Magnolier, un Yucca, ou
bien même quelques pieds de Pivoine en arbres. Près
de la maison se trouvent des plantes plus basses.

Toutes les expositions doivent être utilisées : au nord
se trouveront forcément les plantes de terre de bruyère,
telles que les Magnolias, les Rhododendrons, les Kal-
mias, les Andromédas, etc.; sur le bord des bassins,
des Arundo Donax, des Balisiers, etc. Quant aux autres
arbres, ils n'exigent pas une exposition spéciale ; le
goût du jardinier décide de leur choix et de la place
qui devra leur être assignée.

Les bords de la pelouse seront garnis de plantes
dont la floraison dure longtemps, et l'on y établira des
massifs uniformes de Rosiers remontants francs de
pied ou greffés bas, de Pétunias, de Verveines, d'Hortensias, etc.

Près de la maison on pourra grouper des Héliotropes, des Pélargoniums, etc.; et l'on plantera sur le second plan des Rosiers de diverses sortes, des Erythrinas, des Dahlias.

Comme les longues descriptions servent uniquement à grossir un ouvrage, nous avons cru devoir suivre dans notre livre un plan différent de celui qui est adopté dans les autres traités de culture : nous avons préféré grouper les végétaux d'après la place qu'ils doivent occuper dans un jardin, en indiquant pour chacun d'eux, avec brièveté, l'époque du semis, celle de la floraison, la couleur de la fleur et la hauteur de la plante. Cependant nous avons consacré un article spécial aux plantes dont la culture demande des soins particuliers.

Section Ire. — Arbustes pour bordures.

Buis à bordures. — Pour établir une bordure, on prend des touffes de Buis, que l'on divise en autant d'éclats que possible.

On plante ces éclats en automne ou au printemps en ligne mince et régulière, en ayant soin de ne laisser sortir de terre que l'extrémité des branches.

L'année suivante, en septembre ou en février, c'està-dire avant ou après la pousse, on taille le Buis en bordure, avec de grands ciseaux, opération qu'il faut faire chaque année ; autrement il prendrait un trop grand développement.

Lierre grimpant. — Pour planter sous les grands arbres, où il est toujours si difficile d'avoir de la verdure, il n'est rien qui convienne mieux que le Lierre grimpant ou l'une de ses variétés.

Toutes peuvent être cultivées en bordures ; mais celle connue sous le nom de Lierre d'Irlande convient mieux que les autres, en raison de la beauté de son feuillage. Pour établir une bordure, on plante en automne ou au printemps de jeunes Lierres élevés en pots, ou, à défaut, des marcottes enracinées que l'on dispose de manière à garnir le terrain. Pour faciliter le développement des racines sur toute la longueur des branches, on les fixe sur le sol au moyen de petites fiches de bois semblables à celles que l'on emploie pour marcotter les OEillets.

Une fois repris, tous les soins consistent à couper ou fixer au sol toutes les jeunes pousses afin d'avoir toujours des bordures régulières.

Rosiers. — Les Rosiers pompons et ceux connus sous le nom de Rosiers de Miss Lawrance, à fleur blanche, rose ou cramoisie, peuvent être cultivés en bordures.

Véritables miniatures, les Rosiers de Miss Lawrance ne s'élèvent pas à plus de 12 à 15 centimètres. Plus vigoureux, les Rosiers pompons doivent être préférés; car ils résistent mieux aux inconvénients de toutes sortes que les plantes à bordures ont à supporter.

Le *Thym*, la *Sauge*, la *Marjolaine*, l'*Hysope* et la *Lavande* peuvent également être cultivés en bordures dans les grands jardins où l'odeur aromatique de leurs feuilles les fait admettre par les uns et rejeter par les autres.

On multiplie ces plantes de graines, ou mieux par l'éclat des pieds, en automne ou au printemps.

2. — *Plantes vivaces formant des touffes.*

ALYSE, CORBEILLE d'or, THLASPI jaune (*Alyssum saxatile*). — Fleurs jaunes en avril et mai; multiplication d'éclats au printemps ou de graines semées aussitôt après la maturité.

AUBRIÉTIE deltoïde (*Aubrietia deltoïdea*), ALYSE deltoïde (*Alysum deltoïdeum*). — Au printemps et pendant l'été fleurs nombreuses de couleur bleu clair. Les *Aubriélies* forment de larges touffes peu élevées que l'on replante tous les deux ou trois ans.

Aspérule odorante (*Asperula odorata*). — Hauteur, 0ᵐ.20 à 0ᵐ.30; fleurs blanches, odorantes en mai; multiplication par séparation.

Bermudienne à petites fleurs (*Sisyrynchium Bermudiana*). — Hauteur, 0ᵐ.18 à 0ᵐ.20; fleurs blanches en juin et juillet; multiplication de graines ou par l'éclat des pieds.

Brunelle à grandes fleurs (*Brunella grandiflora*). — Fleurs bleues, pourpre, roses ou blanches, en juillet; multiplication de graines semées en mars ou d'éclats en automne.

Campanule gazonnante (*Campanula cespitosa*). — Tout l'été fleurs bleues ou blanches, petites, mais nombreuses. Les *Campanula vineæflora*, *Carpathica* et *Bocconi* peuvent également être cultivées en bordures. Toutes se multiplient par la séparation des touffes.

Ceraiste cotonneux, Argentine (*Cerasticum tomentosum*). — En mai et juin, fleurs blanches; multiplication de graines ou de traces.

Cynoglosse printanière (*Cynoglossum Omphalodes*), Omphalodes printanière (*O. verna*). — Charmante petite plante que l'on peut placer à l'ombre. Fleurs bleues en mars et avril. Multiplication de traces.

Doronic du Caucase (*Doronicum Caucasicum*). — Fleurs jaunes de mars en mai; multiplication de rejetons en automne.

Gentiane acaule (*Gentiana acaulis*). — Fleurs d'un

très beau bleu en avril et mai ; multiplication par l'éclat des pieds.

GRAMINÉES, *le Ray-grass anglais*. — Est une des graminées le plus fréquemment employées pour semer en bordures. Moins connues, l'*Agrostis capillaris*, l'*Agrostis pulchella* et le *Stipa pennata* peuvent également être cultivées en bordures ; seulement ces plantes, si remarquables par leurs épis, semblables à de gracieux panaches, n'ont pas la rusticité du *Ray-grass*, et c'est encore à ce dernier que l'on doit donner la préférence quant on veut avoir des bordures solides et à bon marché. On sème les *Agrostis* et le *Stipa* en septembre comme le *Ray-grass*, ou bien au printemps.

AGROSTIS *glauca*. — Graminée très rustique, à feuilles longues et étroites d'un vert pâle. On la multiplie de graines, ou mieux par la séparation des touffes, que l'on plante en automne.

HÉMÉROCALLE du Japon, H. à feuille en cœur (*Hemerocallis Japonica*) (*Funkia subcordata*). — En août, fleurs blanches très odorantes.

Variétés à fleurs bleues ; multiplication par séparation.

HÉPATIQUE printanière (*Anemone hepatica*). — De février en mars, fleurs blanches, roses ou bleues, simples ou doubles, selon la variété ; multiplication d'éclats en automne.

IRIS d'Allemagne (*Iris Germanica*). — Voir l'article relatif à la culture de cette plante.

LYCHNIDE laciniée (*Lychnis flos cuculi*). — De juin en septembre, fleurs rouges ou blanches, semblables à de petits OEillets.

Variété à fleurs doubles; multiplication par la séparation des touffes en février.

OEillet mignardise (*Dianthus moschatus, D. pluma-*
rius. — Fleurs rouges, blanches ou roses, simples ou
doubles, en mai et juin; multiplication en août par
marcottes sans incision.

Paquerette Petite Marguerite (*Bellis perennis*). — Vivace; fleurs doubles, blanches, roses, rouges ou panachées; replanter tous les ans après la floraison.

Phlox subulé (*Phlox subulata*). — Fleurs roses marquées d'une étoile d'un pourpre violet, d'avril en mai;
multiplication par la division des touffes.

Phlox à feuilles étroites (*P. setacea*). — Fleurs roses
ou pourpre tachées de rouge, en juin ou juillet.
Variétés à fleurs blanches; même multiplication.

Primevère auricule, Oreille d'ours (*Primula auricula*).
— Fleurit en avril et mai; variétés très nombreuses ob-
tenues par les semis qui ont lieu en février et mars; il
faut peu recouvrir les graines.

Primevère des jardins (*P. veris*). — En mars; fleurs
simples ou doubles de toutes nuances; multiplication
d'éclat en automne ou de graines semées aussitôt après
la maturité.

Sabline des montagnes (*Arenaria montana*). — Hauteur, 0m.20; en juin, fleurs blanches; multiplication de
traces.

Sabline grandiflore (*A. grandiflora*). — Hauteur,
0m.05 ou 0m06; fleurs blanches; même multiplication.

Saponaire de Calabre (*Saponaria Calabrica*, tout
l'été fleurs roses plus petites que celles des *Silènes*

avec lesquels elles ont beaucoup de rapport. Multiplication de graines semées en septembre, en pépinière,
ou en mars et avril, également en pépinière.

SAXIFRAGE ombreuse (*Saxifraga umbrosa*). — Fleurs
blanches en avril et mai ; on les multiplie toutes par
séparation en automne ou en février.

SAXIFRAGE mousseuse, GAZON turc (*S. hypnoides*). —
Fleurs blanches en mai.

SAXIFRAGE géranoïde (*S. geranoides*). — Fleurs blanches en mai.

STATICE gazon d'Olympe (*Statice Armeria*), ARMERIA
commun, (*Armeria vulgaris*). En mai, juin et juillet ;
fleurs rouges, blanches ou lilas.
En coupant les fleurs aussitôt qu'elles sont passées,
on obtient une seconde floraison, souvent tout aussi
abondante que la première.

La *Statice bellidifolia* peut également être cultivée
en bordures. On la multiplie d'éclats, comme la *Statice
Armeria,* que l'on plante en automne ou au printemps.

THLASPI vivace (*Iberis semperflorens*). — Fleurs blanches en avril et mai ; multiplication en été par boutures
ou marcottes.

TOURETTE printanière (*Turritis verna*), ARABETTE printanière (*Arabis verna*). — Fleurs blanches en mars et
avril ; multiplication de traces en automne.

VIOLETTE odorante (*Viola odorata*). — Fleurs bleu
foncé, blanches ou roses, de février en avril ; multi
plication de graines ou mieux d'éclats de pieds en automne.

15

3. — *Plantes bulbeuses pour bordures.*

AMARYLLIS jaune (*Amaryllis lutea*). — Fleurs jaunes en septembre.

CROCUS Safran printanier (*Crocus vernus*). — En février et mars, fleurs jaunes, bleues, blanches, ou blanches rayées de violet, selon les variétés, qui sont très nombreuses; planter en automne pour les relever tous les trois ans.

GLAÏEUL commun (*Gladiolus communis*). — Fleurs blanches ou rouges de mai en juin; planter en automne.

NARCISSE de poëte (*Narcissus poeticus*). — En mai, fleurs blanches, couronne pourpre, odeur suave. Variétés à fleurs doubles; planter en octobre.

NARCISSE des prés (*N. Pseudo Narcissus*). — Fleurs jaunes doubles en avril; même multiplication.

OXALIDE de Deppe (*Oxalis Deppii*). — Fleurs rouges tout l'été; planter au printemps pour les relever chaque année à l'automne.

4. — *Plantes annuelles que l'on multiplie de graines.*

CAMPANULE miroir de Vénus (*Campanula speculum*), SPÉCULAIRE miroir de Vénus (*Specularia speculum*). — En mai, juin et juillet, fleurs violettes ou blanches; semer en place en septembre ou au printemps.

COLLINSIE de deux couleurs (*Collinsia bicolor*). — Fleurs lilas tout l'été; semer en place en septembre ou au printemps.

COLLOMIE coccinée (*Collomia coccinea*). — Hauteur,

0^m.25; fleurs d'un rouge écarlate tout l'été; semer en place en septembre ou au printemps.

CRÉPIS rose (*Crepis rubra*). — BORKHAUSIE rouge (*Borhkausia rubra*).— Hauteur, 0^m.25. Tout l'été fleurs roses ou blanches; semer en place ou en pépinière, pour repiquer en automne ou au printemps.

CYNOGLOSSE à feuilles de lin (*Cynoglossum linifolium*). — Bisannuelle; hauteur, 0^m.50; fleurs blanches de juin en août; semer en place en septembre ou au printemps.

KAULFUSSIE amelloïdes, CHARIEIS à feuilles variées (*Charieis heterophylla*).— Hauteur, 0^m.20; fleurs bleues tout l'été; semer en place au printemps.

JULIENNE de Mahon, GIROFLÉE de Mahon (*Cheiranthus maritimus, Malcomia maritima*). — Fleurs d'abord rouges, ensuite violettes, en juin et juillet; variété à fleurs blanches; semer en place en automne ou au printemps.

LEPTOSIPHON androsace (*Leptosiphon androsaceus*), GILIE androsace (*Gilia androsacea*).— Hauteur, 0^m.25; fleurs bleues ou blanches tout l'été; semer en place en septembre ou au printemps.

LEPTOSIPHON à fleurs denses (*L. densiflorus*), GILIE à fleurs denses (*Gilia densiflora*). — Hauteur, 0^m.30 à 0^m.35; tout l'été, fleurs d'un rose clair passant au bleu clair; même multiplication.

LINAIRE à fleurs d'ORCHIS (*Linaria bipartita*). — Hauteur, 0^m.45; fleurs d'un violet bleuâtre en été; semer en septembre ou au printemps.

LOBELIE Érine (*Lobelia Erinus*). Charmante petite

plante à fleurs bleues, blanches ou roses, formant de larges touffes couvertes de fleurs qui se succèdent pendant tout l'été.

On sème les *Lobélias* en mars et avril sur couche, ou mieux en septembre; puis on repique le plant en pot que l'on hiverne sous châssis.

NÉMÉSIE à fleurs nombreuses (*Nemesia floribunda*). Hauteur, $0^m.40$; tout l'été, fleurs lilas, jaunes et blanches; semer en place en septembre ou au printemps.

NÉMOPHYLE remarquable (*Nemophylla insignis*).—Hauteur, $0^m.33$; tout l'été, fleurs d'un beau bleu; semer en place en septembre ou au printemps.

NÉMOPHYLE maculée (*N. maculata*).—Fleurs blanches, largement maculées de bleu; même culture.

PIED-D'ALOUETTE nain (*Delphinium Ajacis*). — Hauteur, $0^m.35$ à $0^m.40$. En mai, juin et juillet, fleurs doubles de couleurs très variées; on doit toujours supprimer ceux à fleurs simples; semer en place en automne ou en février et mars.

REINE-MARGUERITE hâtive (*Aster Sinensis, Callistephus hortensis*). — Hauteur, $0^m.33$; en fleurs de juillet en septembre; semer depuis mars jusqu'en juin en pépinière, pour repiquer ensuite en place.

SCHIZANTHE étalé (*Schizanthus porrigense*). — Hauteur, $0^m.30$; fleurs lilas et jaunes ponctuées de brun tout l'été; semer au printemps en place ou en pépinière pour être ensuite repiqué.

SILÈNE à fleurs roses (*Silene bipartita*). — Hauteur, $0^m.22$ à $0^m.28$; fleurs roses en juin et juillet; semer en septembre en pépinière ou au printemps immédiatement en place.

SECTION II. — PLANTES A GARNIR LES MASSIFS ET LES PLATES-BANDES.

Plantes annuelles et bisannuelles.

ADONIDE d'été (*Adonis œstivalis*).—Tiges de 0m.30 ; fleurs rouge foncé en juin et juillet; semer en place en automne ou au printemps.

AGÉRATE bleu (*Ageratum cœruleum*), CÉLESTINE à fleurs bleues (*Cœlestina cœrulea*).—Hauteur, 0m.40 ; fleurs bleues tout l'été, semer sur couche en mars ou en pleine terre en avril. On en cultive plusieurs espèces, que l'on sème à la même époque.

AMARANTE queue de renard (*Amaranthus caudatus*). —Tiges de 0m.65 à 1 mètre. Tout l'été fleurs en longues grappes de couleur rouge ou jaune. Semer en mars sur couche ou en place en avril.

AMARANTE tricolore (*A. tricolor*).—Moins élevée que la précédente. Tout l'été fleurs vertes, peu remarquable. Feuilles ornementales de couleur jaune, verte et rouge. Même culture.

AMARANTE gigantesque (*A. speciosus*). — Tiges de 2 mètres. Tout l'été fleurs pourpre cramoisi. Même culture.

AMÉTHISTE bleue (*Amethysthea cœrulea*).—Tiges de 0m.33 ; en juin et juillet, fleurs bleues odorantes ; semer au printemps.

ANAGALLIS à grandes fleurs (*Anagallis grandiflora*).— Tout l'été et l'automne, fleurs bleues, roses ou rouges. On sème les *Anagallis* au printemps, sur couche, ou en septembre ; puis on repique le plant en pot que l'on hiverne sous châssis.

Cultivées comme plante de serre, les *Anagallis* peuvent être conservées pendant plusieurs années.

ARGÉMONE à grandes fleurs (*Argemone grandiflora*). —Hauteur, 0^m.60 à 1 mètre ; fleurs blanches tout l'été ; semer en place au printemps.

BALSAMINE des jardins (*Balsamina hortensis*), IMPATIENTE Balsamine (*Impatiens Balsamina*). — Tiges succulentes d'environ 0^m.50 ; de juillet en octobre, fleurs blanches, jaunâtres, rouges, roses, violettes, gris de lin, unicolores ou ponctuées. On en cultive une race, à fleurs larges et très doubles, que l'on nomme *Camelia*, et une autre race *naine*, à fleurs également doubles et variées : celles nommées Balsamines à *rameaux* sont beaucoup plus élevées que les autres. On les sème toutes sur couche en mars ou en pleine terre en avril.

Les Balsamines n'exigent pas de soin particulier ; seulement comme elles végètent avec une grande vigueur dans les bons terrains, il faut, pour avoir de belles fleurs, pincer l'extrémité des tiges, quant on voit qu'elles dépassent les proportions ordinaires.

BALSAMINE glanduleuse (*I. glanduligera*). — Tiges de 1 à 2 mètres ; fleurs bleu violacé en juillet ; semer en couche au printemps, ou mieux en pleine terre aussitôt après la maturité des graines.

BARTONIE dorée (*Bartonia aurea*). — Tiges rameuses d'environ 0^m.60 ; fleurs d'un beau jaune tout l'été ; semer en place au printemps.

BELLE DE JOUR, LISERON tricolore (*Convolvulus tricolor*). — Hauteur, 0^m.33 ; fleurs bleues, blanches ou panachées, de juin en septembre ; semer en place en avril.

BELLE DE NUIT, FAUX Jalap (*Mirabilis Jalappa, Nyctago hortensis*). — Tiges rameuses de 0^m.50 ; fleurs rouges, blanches, jaunes ou panachées, de juillet en septembre. Multiplication de graines semées en avril ou de racines que l'on conserve comme celles des Dahlias.

BRACHYCOME à feuilles d'ibéris (*Brachycoma iberidifolia*). — Hauteur, 0ᵐ.25 ; tout l'été fleurs bleues ou blanches ; semer en mars et avril, ou mieux en septembre ; puis on repique le plant en pot que l'on hiverne sous châssis.

BRIZE à grandes fleurs (*Briza maxima*). — Graminée ornementale que l'on sème en mars et avril, en place et en pépinière.

BROUALLE élevée (*Browalia elata*). — Hauteur, 0ᵐ.65 ; fleurs bleues de juillet en sept. ; semer au printemps.

BROUALLE à tige tombante (*B. demissa*). — Tiges rameuses de 0ᵐ.33 ; fleurs d'un violet bleuâtre de juillet en septembre ; même culture.

CACALIE à feuilles hastées (*Cacalia sagittata*), ÉMILIE à feuilles hastées (*Emilia sagittata*). — Hauteur, 0ᵐ.40 ; fleurs d'un rouge orange de juillet en septembre ; semer en mars sur couche ou en place en avril.

Calcéolaires. — Les Calcéolaires sont généralement d'une conservation difficile ; mais comme le plant venu de graines fleurit dans la même année, on peut les traiter comme plantes annuelles.

On sème les graines de Calcéolaires en août et septembre, en terre de bruyère et en terrine, qu'on place sous châssis froids, à une exposition ombragée. On entretient la terre fraîche sans être humide, et lorsque le plant a trois ou quatre feuilles, on le repique en pépinière dans des pots remplis de terre de bruyère. On les tient pendant l'hiver en serre tempérée, près du verre, ou sous un châssis, et on a soin de les garantir du froid et de l'humidité.

En février ou en mars on empote chaque plante séparément avec de la terre composée de moitié terre de bruyère, moitié terre franche, et d'un sixième de terreau de fumier de vache bien consommé. Après le rempotage, on donne de l'air, on arrose au besoin, et dans les grandes chaleurs on les garantit des rayons brulants du soleil.

CALANDRINE en ombelle (*Calandrinia umbellata*). — Hauteur, 0^m.20 à 0^m.25 ; fleurs d'un beau rose violet tout l'été ; semer au printemps. — Les *Calandrini lindleyana* et *speciosa* se cultivent de la même manière.

CAMPANULE à grosses fleurs, VIOLETTE marine (*Campanula medium*). — Bisanuelle ; tige de 0^m.65 ; de juin en août, fleurs d'un bleu plus ou moins clair ; variété à fleurs blanches ; semer en juin.

CAMPANULE pyramidale (*C. pyramidalis*). — Bisannuelle ; hauteur, 1^m.30 à 1^m.60 ; fleurs bleues ou blanches de juillet en septembre ; semer aussitôt la maturité, ne pas ouvrir les graines.

CAPUCINE grande (*Tropæolum majus*). — Cultivée jusqu'à présent comme plante grimpante, la Capucine grande à fleurs jaunes et à fleurs brunes convient tout particulièrement pour garnir les massifs dans les grands jardins. Dans ce but, on sème les Capucines au printemps par touffes ; puis on laisse ramper les tiges sur le sol.

CENTRATHUS macrosiphon. Valériane annuelle à fleurs d'un beau rouge, que l'on sème en septembre, en place ou en pépinière. On peut aussi la semer au printemps. Elle fleurit en mai et successivement jusqu'en juillet.

CÉLOISE à crête, ou AMARANTE à crête de coq (*Celosia cristata*). — De juin en septembre ; fleurs rouges, violettes ou jaunes, suivant la variété ; semer sur couche au printemps ; repiquer en pépinière sur couche pour ne les mettre en pleine terre qu'en juin et juillet.

CENTAURÉE odorante, BARBEAU jaune (*Centaurea amberboi*). — Tiges de 0^m.40 à 0^m.50 ; fleurs grosses, d'un beau jaune, de juillet en octobre ; semer au printemps.

CENTAURÉE d'Amérique (*C. Américana*). — Tiges rameuses de 1 mètre ; fleurs bleu lilacé en août et septembre ; même culture que la précédente.

CENTAURÉE musquée, BARBEAU musqué (*C. moschata*). — Tiges de 0^m.40 ; fleurs blanches purpurines en août et septembre ; même culture.

CENTAURÉE bluet, BARBEAU (*C. cyanus*). — Hauteur, 0^m.65 à 1 mètre ; variété de toutes couleurs, excepté le jaune ; fleurit en juin et août ; semer en place en automne ou au printemps.

La *Centaurea depressa* est une espèce plus belle que l'on cultive de la même manière.

CHÉNOSTÈME à fleurs nombreuses (*Chenostema polyanthum*). Tout l'été fleurs roses peu apparentes.

On sème les *Chénostèmes* sur couche en mars et avril et on repique le plant en ligne sur le bord des massifs.

CHOUX à feuilles ornementales (*Brassica oleracea var.*). — Le Chou frisé vert, le frisé rouge, le panaché de rouge, le panaché de lilas, le lacinié et le palmier peuvent être considérés comme de véritables plantes d'ornement par la beauté de leurs feuilles.

On les sème au printemps comme tous les autres Choux, et comme ils sont bisannuels, on peut n'en semer que tous les deux ans.

CHRYSANTHÈME des jardins (*Chrysanthemum corona-*

15.

rium). — Tiges de 0^m.65; fleurs blanches ou jaunes de juillet en septembre; semer au printemps.

CHRYSANTHÈME à carène (*C. Carinatum*). — Tiges d'environ 0^m.40; fleurs jaunes à disque brun; semer au printemps.

CLARKIE à pétales découpés (*Clarkia pulchella*). — Hauteur, 0^m.40. Tout l'été fleurs roses ou blanches; semer en place en septembre ou au printemps.

CLÉOME piquante (*Cleome pungens*). — Hauteur, 1 mètre; fleurs violacées; semer sur couche au printemps et repiquer le plant en pleine terre.

COQUELICOT (*Papaver rhœas*).— Moins élevé que le pavot, le Coquelicot donne en juin et en juillet des fleurs très doubles de couleur ponceau, unicolores ou bordées de rouge, de blanc ou de rose. On le sème en place en automne ou au printemps.

COQUELOURDE rose du ciel (*Lychnis cœli rosa*, *Viscaria cœli rosa*).— Hauteur, 0^m.33; fleurs d'un beau rose en juillet; semer en place au printemps.

COQUELOURDE des jardins, LYCHNIS des jardins (*L. coronaria*).—Bisannuelle; tige de 0^m.50; fleurs rouges, pourpre ou blanches, de juin en septembre; semer en juin.

CORÉOPSIS élégant, C. des teinturiers (*Coreopsis tinctoria*); Calliopside des teinturiers (*Calliopsis tinctoria*). — Hauteur, 0^m.65; fleurs jaunes à disque brun, de juin en octobre; semer en automne ou au printemps sans presque couvrir les graines; produit souvent des variétés.

CORÉOPSIS de Drummond, CALLIOPSIDE de Drummond (*C. Drummondii*).—Moins élévé; fleurs plus grandes; semer au printemps.

Cosmos bipinné (*Cosmos bipinnatus*).— Tige de 0ᵐ.50 à 1 mètre; fleurs rouge violacé en automne; semer sur couche au printemps.

Cuphéa silénoïde (*Cuphea silenoides*). — Tout l'été et l'automne fleurs tubuleuses, pourpre, nuancées de brun.

Cuphéa à large éperon (*C. platycentra*).—Fleurs vermillon; également pendant tout l'été et l'automne.

Les *Cuphéa* peuvent être cultivés en massifs comme les *Verveines* et les *Pétunia*. On les sème sur couche en mars et avril.

Cynoglosse argentée (*Cynoglossum cheirifolium*). — Bisannuelle; tige de 0ᵐ.50; fleurs rouges en juin et juillet; semer en place à l'automne.

Datura fastuosa (*Stramonium fastuosum*).— Tige de 1ᵐ.30 ; tout l'été et l'automne fleurs blanches ou violettes; semer sur couche en avril.

Digitale pourprée (*Digitalis purpurea*). — Bisannuelle; tige de 1 mètre; fleurs pourpre ou blanches en juillet et août; semer en juin.

Dracocéphale de Moldavie (*Dracocephalum Moldavicum*). — Tige de 0ᵐ.65; fleurs purpurines ou blanches en juillet; semer en place au printemps.

Enothère odorante (*OEnothera suaveolens*). — Tige de 1 mètre; fleurs d'un beau jaune, à tube très long en juillet et août.

Enothère à longues fleurs (*OE. longiflora*). — Hauteur, 1 mètre; fleurs jaunes à tube très long en juillet et août.

Enothère à feuilles de Pissenlit (*OE. taraxifolia*). — Hauteur, 0ᵐ.40; fleur d'un blanc carné tout l'été.

ENOTHÈRE de Lindley (*OE. Lindleyi*). — Hauteur, 0^m.40 à 0^m.50 ; fleurs d'un rose tendre, avec une large tache pourpre sur chaque pétale, de juillet en octobre.

ENOTHÈRE agréable (*OE. amœna*). — Hauteur, 0^m.40 à 0^m.50 ; fleurs d'un beau rose en juillet et août.

ENOTHÈRE pourpre (*OE. purpurea*).—Hauteur, 0^m.50 ; fleurs pourpre en juillet. —Toutes se multiplient de graines semées en place au printemps.

ÉRYSIMUM de Pétrowski (*Erysimum Petrowskianum*). — Haut de 0^m.40 à 0^m.50. Tout l'été fleurs jaune safrané, légèrement odorantes ; semer en automne ou au printemps.

EUCHARIDIUM élégant (*Eucharidium elegans*). — Tout l'été fleurs rouge foncé, découpées comme celles des *Clarkia* ; semer au printemps ou en septembre ; puis on repique le plant en pot que l'on hiverne sous châssis.

FICOÏDE glaciale (*Mesembryanthemum crystallinum*).— Cette plante est chargée d'une si grande quantité de petites vésicules transparentes et pleines d'eau qu'elle semble, au soleil surtout, comme couverte de givre. On sème sur couche en avril, et on repique le plant également sur couche avant de le mettre en pleine terre.

La Ficoïde tricolore (*M. tricolor*) et la Ficoïde à fleurs jaunes (*M. pomeridianum*) sont deux charmantes plantes qu'on cultive de la même manière.

ESCHOLTZIE de Californie (*Escholtzia Californica*). — Bisannuelle ; hauteur, 0^m.40 à 0^m.50 ; fleurs jaune safrané ou blanches tout l'été ; semer au printemps.

EUTOCA visqueux (*Eutoca viscida*).—Tige rameuse de 0^m.80 ; fleurs bleues tout l'été ; semer au printemps.

GAURA bisannuel (*Gaura biennis*).—Bisannuel ; tige de 1^m.60, en juillet et successivement jusqu'en novembre fleurs roses passant au blanc; multiplication par bouture ou mieux de graines que l'on sème en juin ou en mars sur couche.

Le *Gaura* de *Lendheimer* est une espèce nouvelle que l'on cultive de la même manière.

GILIE à fleurs en tête (*Gilia capitata*).—Hauteur, 0m.65; tout l'été fleurs bleues ou blanches. Semer en place au printemps.

Le *Gilia tricolor* et ses variétés à fleurs blanches et roses se cultivent de la même manière.

GIROFLÉE jaune (*Cheiranthus Cheiri*).—Bisannuelle; fleurs jaunes odorantes au printemps; semer de mars en juin; variétés à fleurs doubles, qu'on multiplie de boutures.

GIROFLÉE des jardins ou GROSSE ESPÈCE (*C. incanus*). —Bisannuelle; fleurs ronges, blanches, roses ou violettes, de mai en octobre; semer en mai et juin; repiquer en pépinière, et en septembre les relever pour les mettre en pots que l'on rentre dans la serre pendant les gelées.

GIROFLÉE grecque, KIRIS (*C. græcus*).—Plusieurs variétés se cultivent comme la *Giroflée Quarantaine*.

GIROFLÉE quarantaine (*C. annuus*).—Les principales sont : la rouge, la blanche, la rose et la violette ; semer sur couche en février et mars, en pleine terre en mai et juin, et en août pour mettre en pot que l'on hiverne sous châssis.

GOMPHRÈNE ou AMARANTOÏDE (*Gomphrena globosa*).— Tige de 0m.35; fleurs rouges ou blanches tout l'été; semer sur couche au printemps; culture des Amarantes à crête.

GYPSOPHILE élégant (*Gypsophila elegans*).—Hauteur, 0m.40; fleurs blanches tout l'été; semer au printemps,

HERACELEUM à larges feuilles (*Heraceleum amplifolium*). — Bisannuelle ; hauteur, 2 mètres ; fleurs blanches en juillet et août ; semer aussitôt la maturité.

HUMEA élégant (*Humea elegans, Calomeria amarantoïdes*). — Bisannuel ; hauteur, 1 mètre ; de juin en septembre fleurs d'un rouge cuivré en panicule d'un très bel effet. Semer en juin et juillet en pot que l'on hiverne sous châssis.

HUGÉLIE bleue (*Hugelia cærulca, Didiscus cæruleus, Trachymène cærulea*). — Hauteur, 0ᵐ.65 ; fleurs bleues en août et septembre,

Semer sur couche au printemps, ou en pleine terre en septembre, puis on repique le plant en pot que l'on hiverne sous châssis.

IMMORTELLE annuelle (*Xeranthemum annuum*). — Tiges de 0ᵐ.65 ; de juillet en octobre fleurs violettes ou blanches, semblables à de petites *marguerites* simples.

Semer en place en automne ou au printemps.

IMMORTELLE à bractées (*Helichrysum bracteatum*). — Hauteur, 1 mètre ; tout l'été et une partie de l'automne fleurs jaunes ou blanches ; semer sur couche au printemps ou en septembre, puis on repique le plant sous châssis pour passer l'hiver.

IMMORTELLE à grandes fleurs (*Helichrysum macranthum*). — Fleurs rouges ou roses. — Même culture.

IPOMOPSIS élégant (*Ipomopsis elegans, Cantua coronopifolia* ; Gilie ponctué, *Gilia coronopifolia*). — Hauteur, 1 mètre à 1 mètre 0ᵐ.30 ; tout l'été fleurs rouge écarlate ou jaunes.

On sème les *Ipomopsis* en juin et en automne ; on repique le plant en pot que l'on hiverne sous châssis.

ISOTOME à fleurs axillaires (*Isotoma axillaris*). —

Bisannuelle ; tiges rameuses ; fleurs blanches tout l'été ; multiplication de graines ou d'éclats.

KETMIE vésiculeuse (*Hibiscus trionum*).— Fleurs d'un jaune sulfureux de juin en septembre ; semer en place au printemps.

KETMIE d'Afrique (*H. africanus*). — Fleurs plus grandes ; même culture.

LAMARKIA doré (*Lamarkia aurea*).— Graminée ornementale, que l'on sème en mars et avril en place ou en pépinière.

LAVATÈRE à grandes fleurs (*Lavatera trimestris*).— Hauteur, 0^m.65 ; fleurs roses ou blanches de juillet en septembre ; semer en place au printemps.

LIN à grandes fleurs (*Linum grandiflorum*). — Tout l'été fleurs rouges ou rose vif de la plus grande beauté.
On sème le *Linum grandiflorum* sur couche au printemps, et pour faciliter la reprise du plant, on le repique en pot avant de le mettre en pleine terre.
Cultivé dans une bonne terre de potager, le *Linum grandiflorum* végète beaucoup plus vigoureusement que dans la terre de bruyère, qu'on croyait devoir lui convenir tout particulièrement.

LOTIER rouge (*Tetragonolobus purpureus*). — Tige de 0^m.33 ; fleurs rouge foncé en juin ou juillet ; semer sur couche en février et mars, ou en pleine terre en avril.

LOTIER Saint-Jacques (*Lotus jacobæus*).— Tige de 0^m.60 à 1 mètre ; fleurs d'un brun foncé tout l'été ; même culture que le précédent.

LUNAIRE annuelle (*Lunaria annua*). —Tige de 1 mètre ; fleurs en grappes rouges purpurines, blanches ou panachées, en avril et mai ; semer en juin et juillet,

Lupin annuel (*Lupinus annuus*).—Fleurs bleues, blanches, roses ou jaunes, suivant la variété; semer en place en avril.

Madia elegant (*Madia elegans*), Madaire élégante (*Madaria elegans*).—Hauteur, 1 mètre; fleurs jaunes tout l'été; semer au printemps.

Malope à grandes fleurs (*Malope grandiflora*). — Hauteur, 0^m.50 à 0^m.60; tout l'été fleurs rouges ou blanches.

On sème les *Malopes* en septembre, en pot que l'on hiverne sous châssis; on en place en mars et avril.

Mauve de Crée (*Malva creeana, Sphæralea creeana*). —Bisannuelle; hauteur, 0^m.40 à 0^m.50; fleurs roses ou rouge cinabre; semer en automne ou au printemps.

Mauve campanulée (*Malva campanulata*).—Tout l'été fleurs lilas tendre à odeur de Vanille. On la sème à la fin d'août en pleine terre, ou au printemps sur couche.

Mélilot bleu (*Melilotus cœrulea*). —Tige de 0^m.65; fleurs bleues odorantes en août; semer en place en avril.

Martynia fragrans (*Craniolaria fragrans*). — Tout l'automne fleurs pourpre violacé à odeur de Vanille.

On sème le *Martynia fragrans* en avril, sur couche, puis on repique le plant également sur couche avant de le mettre en pleine terre.

Le *Martynia lutea* est une espèce à fleurs jaunes que l'on cultive de la même manière.

Mimulus variegatus.—On sème les *Mimulus* en août comme les *Calcéolaires*, et on repique le plant en pot que l'on hiverne sous châssis.

Comme un grand nombre de plantes de serre, les *Mimulus* peuvent être placés en pleine terre vers la fin de mai. Ils fleurissent en juin et successivement jusqu'en septembre. — Le *Mimulus cardinalis* et ses variétés peuvent être cultivés de la même manière.[1]

MIMULUS musqué (*Mimulus moschatus*).—Petite plante à fleurs jaunes exhalant une odeur de musc.

On la sème en automne, comme tous les Mimulus, ou bien au printemps, sur couche. Les graines qui tombent naturellement de la plante lèvent au printemps suivant quand elles n'ont pas été dérangées.

MUFLIER des jardins (*Antirrhinum majus*). — Bisannuel; hauteur, 0^m.65; fleurs rouges ou blanches de mai en août; multiplication de graines semées en automne ou au printemps; on en obtient souvent de charmantes variétés.

NIGELLE de Damas (*Nigella damascena*). — Tige de 0^m.50; fleurs bleues ou blanches de juin en septembre; semer en place en avril.

NIGELLE d'Espagne (*N. hispanica*).—Fleurs plus grandes; même culture.

NÉMÉSIE à fleurs nombreuses (*Nemesia floribunda*).— En juin et juillet fleurs blanches semblables à celles des *Linaires*. — Semer en place en avril et mai.

ŒILLET de la Chine (*Dianthus Sinensis*).—Bisannuel; hauteur, 0^m.33; fleurs violettes, rouges ou pourpre, panachées ou ponctuées de blanc de juillet en septembre; semer en septembre ou au printemps.

OXALIS à fleurs roses (*Oxalis rosea*). — On sème l'*Oxalis rosea* en avril sur couche, ou en mai et juin immédiatement, en place, en ligne, ou par petites touffes, sur le bord des massifs. — Au moyen des semis indiqués ci-dessus, on peut avoir des *Oxalis* en fleurs pendant tout l'été et l'automne.

Pavot (*Papaver somniferum*). — Hauteur, 0ᵐ.65 à 1 mètre ; variétés très nombreuses ; fleurs tout l'été ; semer en place en automne ou au printemps.

Pentapétès pourpre (*Pentapetes phœnicea*).—Tige de 0ᵐ.65 à 1 mètre ; fleurs écarlates en août ; semer sur couche au printemps.

Persicaire indigotier (*Polygonum tinctorium*).—Hauteur, 1ᵐ.30 ; fleurs rouges tout l'automne ; semer au printemps.

Pourpier à grandes fleurs (*Portulaca grandiflora*). —Tout l'été et l'automne fleurs pourpre violacé, rouge coccinè, blanches rayées de carmin ou jaunes tachées de rouge. — Semer sur couche en mars et avril pour mettre ensuite en pleine terre.

Cultivé en mélange et par groupe, le *Pourpier à grandes fleurs* forme un véritable gazon émaillé des couleurs les plus vives au moment du soleil.

Pétunie odorant (*P. nictagyniflora*). — Fleurs grandes, blanches, odorantes tout l'été et l'automne ; multiplication de graines semées au printemps, ou mieux de boutures en mars.

Le *Petunia phœnicea* et ses variétés si nombreuses aujourd'hui se cultivent de la même manière.

Phacélie bipenné (*Phacelia congesta*). — Hauteur, 0ᵐ.30 à 0ᵐ.33 ; tout l'été, fleurs bleues, petites, disposées comme celles de l'Héliotrope ; semer en place à l'automne ou au printemps.

Phacélie à feuilles de Tanaisie (*P. tanacetifolia*). — Hauteur, 0ᵐ.30 à 0ᵐ.40 ; en mai, fleurs unilatérales bleu clair, en épis terminaux. Même culture.

PHLOX de Drummond (*Phlox Drummondii*). — Tout l'été et l'automne fleurs blanches, roses ou pourpre de nuances extrêmement variées.

On sème le *Phlox de Drummond* au printemps sur couche, ou mieux en automne aussitôt après la maturité des graines ; lorsque le plant est assez fort, on le repique dans de petits pots qu'on hiverne sous châssis.

En mai, quand on n'a plus de gelées à craindre, on procède à la plantation. Cultivés en ligne ou par groupe, il n'est véritablement pas de plante plus gracieuse que ces charmants petits Phlox.

PIED D'ALOUETTE grand (*Delphinium Ajacis*). — Hauteur, 0ᵐ.70. En mai, juin et juillet, fleurs de couleurs variées comme celles de l'espèce Naine ; semer en place en automne ou en février et mars.

PIED D'ALOUETTE des blés (*Delphinium consolida*). — Hauteur, 1 mètre à 1ᵐ.30. Tout l'été fleurs également très variées, simples ou doubles, selon les variétés ; semer en septembre en place ou en pépinière, ou en février et mars immédiatement en place.

PODOLEPIS à fleurs carnées (*Podolepis gracilis*). — Hauteur, 0ᵐ.50 à 0ᵐ 60 ; fleurs de différentes nuances du rose au blanc pur tout l'été ; semer au printemps.

REINE-MARGUERITE (*Aster Sinensis, callistephus hortensis.* — On possède un nombre considérable de variétés de toutes nuances, dont les plus remarquables se rapportent toutes à la race pyramidale connue sous le nom de Reine-Marguerite *malingre*, véritable perfection par la forme, la grosseur de la fleur et la bonne tenue des plantes.

Les unes ont les fleurs *planes* comme la race an-

cienne, mais plus grandes et très doubles; les autres
ont les pétales légèrement recourbés vers le centre, ce
qui donne aux fleurs une forme globuleuse qui leur a
fait donner le nom de Reines-Marguerites *pivoines*.

On sème les Reines-Marguerites du 15 mars au
20 avril sur couche ou en pleine terre, puis on repique
chaque plant séparément. Bien qu'elles viennent à peu
près dans tous les terrains, il faut, pour avoir de belles
Reines-Marguerites, les cultiver dans une terre largement pourvue d'engrais consommé.

Pendant les premiers mois de leur végétation, les
Reines-Marguerites n'ont pas besoin d'une grande
quantité d'eau; mais une quinzaine de jours avant la
floraison il faut les arroser plus fréquemment et plus
abondamment.

Réséda odorant (*Reseda odorata*). — Semer en place
au printemps et tout l'été.

Rhodante de Mangles (*Rhodanthus Manglesii*). —
Hauteur, 0^m.35; fleurs roses tout l'été; semer sur couche au printemps; planter à une exposition ombragée.

Rose trémière de la Chine (*Alcea rosea Sinensis*). —
Bisannuelle; tige de 1 mètre à 1^m.30; de juillet en octobre, fleurs pourpre panachées de blanc; variété à fleur
rouge; semer sur couche au printemps.

Sainfoin d'Espagne (*Hedysarum coronarium*). — Bisannuel; tiges de 0^m.65 à 1 mètre; fleurs d'un beau
rouge en juillet; semer en août.

Salpiglossis à feuilles sinuées (*Salpiglossis sinuata*).
— Plusieurs variétés se rapportent à cette espèce,
et toutes aujourd'hui sont cultivées sous le même
nom.

On les sème en avril sur couche, ou en mai immédiatement en place. Elles fleurissent en juillet, et successivement jusqu'en septembre.

Cultivés en massifs, les *Salpiglossis* produisent plus d'effet que séparément; en ajoutant au semis un peu de graine de l'espèce à fleurs jaunes nommée *aurea*, on aura toutes les couleurs que comporte ce beau genre.

SCABIEUSE fleur de veuve (*Scabiosa atropurpurea*). — Bisannuelle, tige de 0^m.65; fleurs d'un violet foncé velouté en juillet et septembre; semer en automne.

SCHIZANTHE émoussé (*Schizanthus retusus*). — Hauteur, 0^m.50 à 0^m.60. Tout l'été fleurs roses, pourpre, lilas ou blanches, largement marquées de jaune au centre. On sème les *Schizanthus* dans la première quinzaine de septembre, et on repique le plant en pot que l'on hiverne sous châssis. On peut aussi, ce qui est beaucoup plus simple, les semer en avril immédiatement en place; mais jamais le plant semé à cette époque ne produit de plantes aussi belles que celui semé en automne.

SCHIZANTHUS Grahamii.—Le *Schizanthus Grahamii* est une espèce également très belle, que l'on cultive de la même manière.

SENEÇON élégant (*Senecio elegans*).— Tige rameuse de 0^m.30 à 0^m.40; de juin en août, fleurs pourpre, violettes ou blanches, simples ou doubles; semer sur couche en mars ou en pleine terre en avril.

SILÈNE à fleurs pendantes (*Silene pendula*). — Charmante petite plante à fleurs roses, avec laquelle on fait, depuis quelques années, dans le jardin des Tuileries et au Luxembourg, des corbeilles qui font, au printemps, l'admiration de tous les visiteurs.

Pour avoir de beaux *Silènes*, il faut les semer en

septembre en pépinière, ou au printemps immédiatement en place.

Silène à bouquets (*Silene compacta*). — Hauteur, $0^m.50$. Tout l'été fleurs roses; semer en juin et juillet.

Silène attrape-mouche (*Silene Armesia*).—Hauteur, $0^m.40$. Tout l'été fleurs roses ou blanches. Même culture que le *Silène compacte*.

Souci de Trianon, Souci anémone (*Calendula officinalis Var.*). — De juillet en octobre fleurs jaunes très doubles. Semer en place en avril et mai.

Souci pluvial (*C. pluvialis, Dimorphotheca pluvialis*). — En juin et août fleurs blanches en dedans, violettes au dehors; même culture.

Sphénogyne élégante (*Sphenogyne speciosa*). — Hauteur, $0^m.30$. De juillet en septembre fleurs jaune pâle à pétales brun violacé à la base; semer en février ou mars sur couche, ou en avril en pleine terre en place ou en pépinière.

Tagète étalé, Œillet d'Inde (*Tagetes patula*).—Tiges rameuses de $0^m.40$; fleurs orangées, rayées de jaune, en juillet et octobre; semer d'avril en juin.

Tagète élevé, Rose d'Inde (*T. erecta*). — Hauteur, $0^m.65$; fleurs jaunes; même culture.

Thlaspi, Ibérique ombellifère (*Iberis umbellata*). Tiges de $0^m.33$; fleurs blanches ou violettes en mai, juin ou juillet; semer en automne ou au printemps.

Torrenia Asiatica. — D'avril en septembre fleurs nombreuses d'un bleu tendre, marquées d'une large macule bleu indigo foncé. Cette charmante plante exige la serre chaude pendant l'hiver ; mais pendant l'été on peut la traiter comme plante annuelle.

On la multiplie facilement de graines et de boutures.

TRACHÉLIE bleue (*Trachelium cœruleum*). — Hauteur, 0^m.30 à 0^m.40 ; fleurs bleu violacé tout l'été ; multiplication de graines ou de boutures.

VALÉRIANE corne d'abondance (*Valeriana cornucopiæ*). — Hauteur, 0^m.25 ; fleurs rouges de mai en août ; semer en place au printemps.

VERVEINE de Miquelon (*Verbena aubletia*). — Bisannuelle ; hauteur, 0^m.33 ; fleurs d'un violet pourpre de juillet en novembre ; semer au printemps.

VIOLETTE tricolore, PENSÉE à grandes fleurs. — (*Viola tricolor hortensis*). — Variété très nombreuses, fleurissant d'avril en septembre ; semer en août, repiquer en pépinière à l'automne pour ne les planter en place qu'au printemps.

VISCARIA à cœur pourpre (*Viscaria oculata*). — Hauteur, 0^m.40. En juin et juillet fleurs blanches ou roses à centre pourpre foncé ; semer en septembre en pot que l'on hiverne sous châssis, ou en avril immédiatement en place.

ZINNIA multiflore (*Zinnia multiflora*). — Hauteur, 0^m.50 ; fleurs rouges à disque jaune de juillet en octobre ; semer sur couche en mars ou en pleine terre en avril et mai.

ZINNIA élégant (*Z. elegans*). — Plus élevé que l'espèce précédente. Le *Zinnia elegans* a produit un grand nombre de variétés, que l'on cultive en mélange ou par couleur séparée ; on le sème en mars sur couche comme le *Zinnia multiflora*, ou bien en avril et mai, en pleine terre, puis on repique le plant en ligne ou par groupe.

Section III. — Plantes vivaces et bulbeuses de pleine terre.

Achillée dorée (*Achillea aurea*). — Hauteur, 0^m.50; fleurs d'un jaune doré de juillet en septembre; pour tout ce genre, multiplication de graines semées aussitôt la maturité ou par l'éclat des pieds.

Achillée à mille feuilles (*A. millifolium*). — Hauteur, 0^m.65; tout l'été, fleurs pourpre; variétés à fleurs roses.

Achillée rose (*A. rosea*). — Hauteur, 0^m.65 à 1 mètre; fleurs d'un rose pourpre tout l'été.

Achillée sternutatoire, Bouton d'argent (*A. ptarmica*). — Hauteur, 0^m.65 à 1 mètre; fleurs blanches de juillet en septembre.

Achillée visqueuse (*A. viscosa*). — Hauteur, 0^m.65; fleurs jaunes odorantes en août et septembre.

Achillée de Hongrie (*A. lingulata*). — Hauteur, 0^m.35 à 0^m.40; fleurs blanches en mai et juin.

Aconit tue-loup (*Aconitum lycoctonum*). — Hauteur, 1 mètre à 1^m.30; fleurs jaune pâle en juin et août.

Aconit anthora (*A. anthora*). — Hauteur, 0^m.35; fleurs jaunâtres en juin et juillet.

Aconit Napel (*A. Napellus*). — Hauteur, 1 mètre; fleurs d'un bleu foncé en mai et juin; variété à fleurs blanches.

Aconit panaché (*A. variegatum*). — Hauteur, 0^m.65; fleurs panachées de bleu et de blanc en juillet et août.

Aconit à grandes fleurs (*A. grandiflora*). — Hauteur, 1 mètre à 1^m.30; fleur d'un bleu rougeâtre de juillet en septembre.

Toutes les espèces d'Aconit sont vénéneuses; elles se multiplient de graines semées aussitôt la maturité ou par l'éclat des pieds.

Actéa des Alpes (*Actea spicata*). — Hauteur, 1^m.30; fleurs blanches en juillet et août; multiplication de graines semées aussitôt après la maturité ou par la séparation des pieds.

Actéa à grappes (*A. racemosa*). — Hauteur, 1 mètre; fleurs blanches en juillet et août; même multiplication.

Adonide printanière (*Adonis vernalis*). — Hauteur, 0^m.25 à 0^{m}30; fleurs jaunes en mars et avril; multiplication de graines semées aussitôt après la maturité ou par éclats; couverture l'hiver.

Æthionema du Liban (*Æthionema coridifolium*). — Tiges de 0^m.25; fleurs rose lilacé en mai et juin.

Ail doré (*Allium moly*). — Fleurs d'un beau jaune en juin; variété à fleurs blanches; multiplation par caïeux.

Ail à tête sphérique (*A. sphærocephalum*). — En juillet fleurs d'un pourpre foncé.

Ail rose (*A. rosea*). — En juin fleurs roses, avec une ligne pourpre.

Ail odorant (*A. odorum*). — En été fleurs blanches à odeur suave.

Ail de Tartarie (*A. Tartaricum*). — Fleurs blanches à nervure violette.

16

AIL azuré (*A. azureum*). — De mai en août fleurs d'un bleu azur.

ALSTROÉMÈRE à fleurs tachées, LIS des Incas (*Alstrœmeria pelegrina*). — Tiges de 0ᵐ.35 ayant besoin de tuteurs; de juin en octobre fleurs blanches marquées de taches purpurines et de plusieurs points d'un pourpre foncé.

ALSTROÉMÈRE du Chili. On a fait depuis plusieurs années des semis d'Alstroémère du Chili qui ont donné un grand nombre de variétés. Toutes peuvent être cultivées en pleine terre légère; il suffit, pendant l'hiver, de les couvrir de feuilles qu'on enlève vers la fin de mars ou dans les premiers jours d'avril.

On multiplie les Alstroémères de graines semées aussitôt leur maturité sous châssis froids, ou bien en février et mars sur couche chaude et sous châssis.

Comme ces plantes végètent de très bonne heure en automne, il faut les planter en septembre ou octobre; autrement elles ne fleuriraient pas l'année suivante.

AMARYLLIS. Un grand nombre d'Amaryllis, considérées comme plantes de serres, peuvent, sous le climat de Paris, être cultivées en pleine terre à l'air libre. M. Aimé, de Versailles, qui cultive spécialement ce beau genre, a depuis 1845 plusieurs planches d'Amaryllis en pleine terre, qui végètent et fleurissent admirablement bien.

Pour cultiver les Amaryllis en pleine terre, on prépare une tranchée de 0ᵐ.25 de profondeur, dont la longueur et la largeur soient proportionnées au nombre d'oignons qu'on veut planter. On met au fond une bonne couche de feuilles, et après les avoir bien foulées on achève de remplir la tranchée avec de la terre du sol si elle n'est pas trop compacte, de la terre de bruyère, ou, à défaut, du sable végétal et du terreau de feuilles bien consommées et mélangé par parties égales.

Cultivées en pleine terre, les Amaryllis doivent être plantées plus profondément qu'en pot, et il ne faut les arroser que lorsqu'elles sont en végétation. Après la floraison on supprime les arrosements, et à l'approche des gelées on les couvre d'une couche de feuilles dont on augmente la quantité en raison de l'intensité du froid.

Toutes les variétés de l'Amaryllis *pulverulenta* et de la *Cynnamomea* peuvent être cultivées comme nous venons de l'indiquer.

AMARYLLIS à fleurs roses (*A. belladona*). — De juillet en octobre, fleurs roses mêlées de blanc; multiplication par caïeux, qu'on enlève en septembre ou octobre, enfin aussitôt après la floraison, et qu'il faut replanter de suite; couverture d'hiver.

AMARYLLIS à longues feuilles (*A. longifolia*). — En juin et juillet fleurs blanches; variété à fleurs roses; planter en automne; couverture l'hiver.

AMARYLLIS, LIS Saint-Jacques (*A. formosissima*). — Plantes bulbeuses donnant en juillet et août des fleurs d'un rouge pourpre foncé; planter en pleine terre au printemps ou en pot à l'automne; multiplication de caïeux.

ANCOLIE commune (*Aquilegia vulgaris*). — Hauteur, 1 mètre; en mai et juin fleurs rouges, bleues, violâtres, blanches, roses, simples ou doubles, selon la variété; multiplication de graines semées aussitôt après la maturité ou par l'éclat des pieds.

ANCOLIE du Canada (*A. Canadensis*). — Hauteur, 0^m.40; fleurs d'un rouge safrané.

ANCOLIE de Sibérie (*A. sibirica*). — Hauteur, 0^m.40; fleurs d'un beau bleu.

ANÉMONE des fleuristes (*Anemone coronaria*). — Hauteur, 0^m.20 à 0^m.25; en mai et juin fleurs simples, semi-doubles ou doubles, de toutes couleurs et variées. Elles aiment une terre légère et substantielle. On les multiplie de graines et par tubercules. Les graines se sèment en septembre, soit en terrines, soit en pleine terre, dans une planche bien préparée; on les couvre légèrement de terreau fin à l'approche des gelées. Il faut garantir le jeune plant avec des paillassons que l'on étend sur des gaulettes disposées de sorte qu'ils soient élevés de quelques centimètres au-dessus de terre. On découvre toutes les fois que le temps le permet; puis, arrivé au printemps, on sarcle et arrose au besoin, et lorsque les feuilles sont desséchées on arrache les tubercules pour les traiter par suite comme les plantes faites, ce qui consiste à planter en mars et avril à environ 0^m.05 de profondeur et à 0^m.10 ou 0^m.15 les uns des autres, suivant la force de chacun. Quand on possède un assez grand nombre d'Anémones de force à fleurir, il est bien de n'en planter que la moitié, de manière que chaque tubercule ne fleurisse que tous les deux ans, car alors les fleurs en sont plus belles.

ANÉMONE œil de paon (*pavonia*). — Hauteur, 0^m.20 à 0^m.25; en avril et mai fleurs rouges, bleuâtres au centre; multiplication par la séparation des racines, qui est la même pour les suivantes.

ANÉMONE à fleurs jaunes (*A. ranunculoides*). — Hauteur, 0^m.12 à 0^m.15; en mars fleurs jaunes.

ANÉMONE à fleurs bleues (*A. apennina*). — Fleurs bleues en mars.

Anémone en ombelle (**A. narcissiflora**). — Hauteur, $0^m.33$; fleurs blanches en mai.

Anémone du Japon (**A. Japonica**).—Hauteur, $0^m.50$; d'août en octobre fleurs semi-doubles d'un rose pourpre.

Cette charmante plante végète vigoureusement en pleine terre; elle s'accommode de tous les terrains, et on la multiplie par l'éclat des touffes, qu'on divise au printemps.

Anémone pulsatile (**A. pulsatilla**).—Hauteur, $0^m.25$ à $0^m.30$; fleurs d'un violet foncé en avril et mai.

Anémone à feuilles de vigne (**A. vitifolia**).—Hauteur, $0^m.65$ à 1 mètre; fleurs blanches en été; multiplication de graines ou par séparation des pieds.

Anthémis des teinturiers (**Anthemis tinctoria**). — Hauteur, $0^m.65$; fleurs jaunes en juin et novembre; multiplication de graines ou par éclats.

Apocyn gobe-mouche (**Apocynum androsæmifolium**). — Tiges rameuses de $0^m.50$; fleurs roses en juillet et septembre; multiplication de graines ou de traces en mars.

Apocyn maritime (**A. maritima**).—Hauteur, 1 mètre; fleurs blanches ou rougeâtres en juillet et août.

Arum attrape-mouche (**Arum crinitum**).—Hauteur, $0^m.40$ à 0^m50; en mars fleurs de $0^m.33$ de longueur, violacées en dedans et maculées de vert en dehors. Son odeur infecte attire les mouches. Multiplication de graines ou de bulbes; couverture l'hiver.

Arum serpentaire (**A. dracunculus**).—Hauteur, $0^m.65$ à 1 mètre; en juin et juillet fleurs d'un pourpre foncé en dedans, vertes à l'extérieur; même multiplication.

16.

Asclépiade à la ouate (*Asclepias Syriaca*).— Hauteur, 1^m.30 à 1^m.60 ; fleurs blanches, lavées de rouge en juillet et août ; multiplication de graines semées, aussitôt la maturité, d'éclats ou de traçants ; les autres espèces se multiplient de même.

Asclépiade agréable (*A. amœna*).— Hauteur, 1 mètre ; en juillet et août fleurs pourpre.

Asclépiade tubéreuse (*A. tuberosa*). — Tiges rameuses de 0^m.50 ; fleurs d'un rouge orangé en juillet et septembre.

Asclépiade à feuilles de saule (*A. fruticosa*).— Hauteur, 0^m.65 ; en juillet fleur d'un blanc verdâtre.

Asclépiade incarnat (*A. incarnata*). — Hauteur, 1 mètre à 1^m.30 ; en juillet et août fleurs rouge pourpre.

Asphodèle bâton de Jacob (*Asphodelus luteus*).— Hauteur, 1 mètre ; de mai en juillet fleurs d'un beau jaune ; multiplication par graines semées au printemps, par drageons ou par la séparation des racines.

Asphodèle rameux (*A. ramosus*). — Hauteur, 1 mètre ; en mai, fleurs blanches marquées de lignes roussâtres.

Astère (*Aster*). — Tiges de 0^m.35 à 1^m.60 ; depuis juillet jusqu'à la fin d'octobre fleurs d'un bleu plus ou moins foncé, blanc pourpre ou roses, selon les variétés, qui sont très nombreuses. Elles résistent très bien à nos hivers. On les multiplie de graines semées aussitôt après la maturité, ou mieux par l'éclat des touffes en automne ou au printemps, opération qui doit se faire au moins tous les trois ans, afin de renouveler les pieds.

Astragale à queue de renard (*Astragalus alopecu-*

roïdes). — Hauteur, $0^m.65$; en juillet fleurs jaunes; multiplication de graines semées au printemps ou par éclats.

ASTRAGALE esparcette (*A. onobrychis*). — Hauteur, $0^m.65$; fleurs d'un pourpre bleuâtre en juin et juillet.

ASTRAGALE varié (*A. varius*). — Hauteur, $0^m.65$; fleurs d'un pourpre violet varié de jaune en juin et juillet.

ASTRANCE à larges feuilles (*Astrantia major*). — Hauteur, $0^m.65$; tout l'été fleurs d'un blanc rougeâtre; multiplication de graines ou d'éclats en automne.

ASTRANCE (petite) (*A. minor*). — Moins élevée; en mai et juin fleurs de même couleur que la précédente; même multiplication.

ASTRANCE hétérophylle (*A. heterophylla*). — Fleurs roses; même multiplication.

BALISIER ou Canne d'Inde (*Canna Indica*). — Hauteur, 1 à 2 mètres; tout l'été fleurs d'un beau rouge; variétés à fleurs jaunes ou coccinées. Pour avoir ces plantes dans toute leur beauté il faut les mettre en pleine terre en mai et les arroser fréquemment en été; on obtiendra alors une végétation vraiment remarquable et une abondante floraison. On relève les touffes en automne et dès les premières gelées, pour les conserver comme les Dahlias, soit dans l'orangerie, soit dans une cave bien sèche; multiplication de graines ou par la séparation des tubercules. Au printemps on cultive de même les *Canna edulis* et *gigantea*.

BENOITE écarlate (*Geum coccineum*). — Hauteur $0^m.50$; fleurs coccinées tout l'été; multiplication de graines semées en place, ou par la séparation des touffes; les autres espèces se multiplient de même.

BENOITE de Virginie (*G. Virginianum*). — Hauteur, 0ᵐ.40 à 0ᵐ.50 ; en juin et juillet fleurs blanches.

BENOITE à feuilles de Potentille (*G. Potentilloides*). — En juin fleurs jaunes.

BÉTOINE velue (*Betonica hirsuta*). — Hauteur, 0ᵐ.33 ; fleurs d'un rouge vif et foncé en juillet ; multiplication de graines semées en mars ou par l'éclat des racines en automne.

BÉTOINE à grandes fleurs (*B. grandiflora*). — Hauteur, 0ᵐ.33 ; fleurs rouges.

BÉTOINE d'Orient (*B. orientalis*). — Hauteur, 0ᵐ.33 ; fleurs d'un pourpre pâle en juin et en juillet.

BOCCONIER à feuilles en cœur (*Bocconia cordata*). — Hauteur, 1ᵐ.30 à 1ᵐ.60 ; fleurs blanches en juillet ; multiplication de graines et d'éclats ; couverture l'hiver.

BOLTONE à feuille d'Aster (*Boltonia asteroides*). — Hauteur, 1 mètre à 1ᵐ.60 ; fleurs blanches à disque jaune d'août en octobre ; multiplication de graines semées en place ou par l'éclat des pieds.

BOLTONE à feuilles de pastel (*B. glastifolia*). — Même hauteur ; fleurs blanches à disque jaune de septembre en novembre ; même multiplication.

BUGLOSSE à larges feuilles (*Anchusa sempervirens*). — Hauteur, 1 mètre ; en mai, juin et juillet fleurs bleues ; multiplication de graines semées en juin et juillet, ou par éclat des pieds en février ou mars.

BUGLOSSE d'Italie (*A. Italica*). — Plus élevée que la précédente ; fleurs également d'un beau bleu ; même culture.

BUGRANE élevée (*Ononis altissima*). — Hauteur, 1 mètre; fleurs purpurines en juillet; multiplication de graines ou d'éclats.

Bugrane à feuilles rondes (*O. rotundifolia*). — Hauteur, 0ᵐ.35; fleurs roses en mai et juillet; même multiplication; couverture l'hiver.

Bugrane épineuse (*O. spinosa*). — En juillet fleurs rouges. — Variété à fleurs blanches; même multiplication.

Buphthalme à grandes fleurs (*Buphthalmum grandiflorum*). — Hauteur, 0ᵐ.50; fleurs d'un beau jaune de juin en septembre; multiplication de graines ou d'éclats.

Buphthalme à feuilles en cœur (*B. cordifolium*). — Hauteur, 1ᵐ.30; fleurs jaunes, de juin en septembre; même multiplication.

Campanule à feuilles de Pêcher. (*Campanula persicifolia*). — Hauteur, 0ᵐ.65; fleurs bleues ou blanches, simples ou doubles, de juillet en septembre.

Campanule à feuilles en cœur (*C. Carpathica*). — Hauteur, 0ᵐ.33; fleurs d'un beau bleu, variété à fleurs blanches en juin et juillet.

Campanule à feuilles d'Ortie (*C. urticœfolia*). — Hauteur, 0ᵐ.65; fleurs bleues, blanches ou tricolores en juin et juillet.

Campanule à larges feuilles (*C. latifolia*). Hauteur, 1 mètre; fleurs bleues, variété à fleurs blanches en juin et juillet.

Campanule à fleurs en tête (*C. glomerata*). — Hauteur, 0ᵐ.33; fleurs bleues, blanches ou tricolores en été.

Campanule à grandes fleurs (*C. grandiflora*). — Hauteur, 0ᵐ.50; fleurs d'un beau bleu en juillet.

CAMPANULE noble (*C. nobilis*). — Hauteur, 1 mètre environ ; fleurs d'un beau violet pourpre bordé de blanc en juin et juillet.

On multiplie toutes les variétés de Campanule de graines semées aussitôt après leur maturité, sans les recouvrir, ou par l'éclat des pieds en automne ou en mars.

CARDAMINE des prés à fleurs doubles (*Cardamina pratensis*). — Hauteur, 0^m.35 à 0^m.40 ; fleurs blanches purpurines en avril et mai.

CENTAURÉE Jacée (*Centaurea Jacea*).—Hauteur, 0^m.65 à 1 mètre ; fleurs purpurines en juin et juillet ; multiplication de graines semées au printemps ou par la séparation des touffes.

CENTAURÉE de montagne (*C. montana*). — Hauteur, 0^m.50 ; fleurs bleues de juin en août ; même multiplication.

CENTAURÉE blanche] (*C.* alba). — Hauteur, [0^m.33 ; fleurs purpurines en juillet ; multiplication d'éclats.

CENTAURÉE noire (*C. nigra*). — Hauteur, 0^m.50 ; fleurs purpurines, de mai en juillet ; multiplication de graines et d'éclats.

CHRYSANTHÈME des Indes (*Chrysanthemum Indicum, Pyrethrum Indicum*). — Tiges de 0^m.65 à 1^m.30 ; d'octobre en janvier fleurs de toutes nuances de pourpre, de blanc et de jaune, suivant les variétés, qui sont très nombreuses ; multiplication de boutures ou d'éclats en avril, qu'on plante en pleine terre ou en pots. On les arrose de temps à autre, afin de favoriser la reprise ; mais, une fois qu'ils sont bien enracinés, on modère les arrosements. Dans le courant de juin on pince l'extrémité de chaque tige, afin d'avoir des touffes bien garnies et peu élevées. Dès l'approche des gelées il faut rentrer ceux en pots dans les serres, si l'on veut jouir de toute la beauté de leur fleuraison, car elle est tellement tardive qu'il est rare qu'elle ne soit point surprise par les gelées.

CHRYSOCOME à feuilles de Lin (*Chrysocoma linosyris*). — Hauteur, 0ᵐ.65; fleurs jaunes, d'août en octobre; multiplication de graines ou d'éclats.

COLCHIQUE d'automne (*Colchicum autumnale*) — En septembre fleurs rouge purpurin pâle, semblables à celles des Crocus; variétés à fleurs doubles, blanches, rouges, roses et panachées; multiplication par caïeux, qu'on replante en juillet.

COMÉLINE tubéreuse (*Comelina tuberosa*). — Hauteur, 0ᵐ.33; fleurs d'un beau bleu de juin en septembre; multiplication de graines semées sur couche au printemps ou par la séparation des pieds; couverture d'hiver.

CONSOUDE à feuilles rudes (*Symphytum asperrimum*). — Hauteur, 1ᵐ.30; fleurs azurées en mai et juin; multiplication de graines et d'éclats à l'automne ou au printemps.

CONSOUDE à fleurs pourpre (*S. purpureum*). — Hauteur, 0ᵐ.40 à 0ᵐ.50; fleurs pourpre violacé d'avril en septembre; même multiplication.

CORÉOPE auriculé (*Coreopsis auriculata*). — Hauteur, 1 mètre à 1ᵐ.30; fleurs d'un beau jaune d'août en septembre; multiplication de graines et d'éclats en automne ou au printemps.

CORÉOPE à trois ailes (*C. tripteris*) — Hauteur 1 mètre

à 1ᵐ.30 ; fleurs jaunes à disque brun d'août en septembre ; même multiplication.

CORTUSE de Matthiole (*Cortusa Matthioli*). — Hauteur, 0ᵐ.15 à 0ᵐ.20 ; fleurs rouges ou blanches en mai ; multiplication de graines semées en terrines en automne, sans presque les recouvrir, ou par l'éclat des touffes.

CORYDALE bulbeuse (*Corydalis formosa*). — Hauteur, 0ᵐ.15 à 0ᵐ.18 ; en avril fleurs blanches, pourpre ou gris de lin, selon la variété ; multiplication par la séparation des racines.

CUPIDONE bleue (*Catananche cærulea*). — Hauteur 0ᵐ.35 ; fleurs bleu de ciel de juillet en octobre ; variété à fleurs blanches ; multiplication de graines ou d'éclats ; couverture d'hiver.

CYCLAMEN d'Europe (*Cyclamen Europæum*).—Plante très basse ; fleurs blanches ou pourpre en avril ; multiplication de graines semées en terrines ou par la division des tubercules, ayant soin qu'il y ait un œil à chaque partie séparée ; couverture l'hiver.

CYCLAMEN à feuilles de lierre (*C. hederæfolium*). — En avril fleurs blanches, roses ou rouges, odorantes ; même culture.

DAHLIA. Tiges de 0ᵐ.60 à 2 mètres, depuis le mois de juin jusqu'aux gelées, fleurs blanches, jaunes, roses, pourpre, et passant de ces couleurs à leurs nuances les plus délicates et les plus foncées. Tout terrain leur convient ; mais la floraison est plus belle dans une terre légère que dans une terre compacte ou trop fumée. Multiplication par semis, séparation, boutures et greffes sur tubercules.

1. *Semis*. — On sème sur couche tiède en mars et avril, et dans le courant de mai l'on repique le plant en pleine terre, à environ 1 mètre de distance, puis on le traite comme les autres Dahlias.

2. *Séparation*. — On place ses Dahlias sur couche en mars ou avril, et lorsqu'ils entrent en végétation on divise les touffes, en ayant soin que chaque tubercule détaché soit muni d'un germe reproducteur.

3. *Boutures*. — On peut commencer ses boutures peu de temps après que les Dhalias sont en végétation et continuer jusqu'en juin; mais, quelle que soit l'époque, il ne faut prendre que de jeunes bourgeons, qu'on enlève dès qu'ils ont atteint $0^m.06$ ou $0^m.08$ de longueur; et, après avoir supprimé les feuilles inférieures, on les repique séparément dans de petits pots que l'on enfonce sur une couche tiède. On les arrose légèrement, puis on les couvre d'une cloche qu'il faut ombrager au moment du soleil. Ces soins doivent être continués jusqu'à ce qu'on soit certain de la reprise des boutures, et alors on soulève la cloche graduellement, pour l'enlever quand elles supporteront l'air sans se faner.

4. *Greffes*. — Il faut que les greffes, comme les boutures, soient faites assez à temps pour qu'il se forme des tubercules qui puissent passer l'hiver. Pour l'opération manuelle, on observera ce qui a été indiqué à l'article *Greffe herbacée*.

Plantation. — Ce n'est que vers la fin de mai que nous conseillons de planter les Dahlias : car, plantés plus tôt, il arrive souvent qu'ils sont épuisés de fleurs dès le mois de septembre, époque la plus favorable à leur beauté. Il faut les placer dans une position bien aérée, et à environ $1^m.65$ les uns des autres. On les plante au milieu d'un bassin de $0^m.40$ à $0^m.50$ de diamètre; après quoi l'on étend autour de chaque pied un bon paillis de fumier à moitié consommé, afin de con-

17

server les arrosements, qui doivent être modérés pendant les premiers temps, puis plus fréquents à mesure que la sécheresse augmente. Lorsque les Dahlias ont environ $0^m.30$ ou $0^m.40$ de hauteur, s'il y a plusieurs tiges sur chaque pied, il faut choisir la plus vigoureuse et supprimer les autres. On l'assujettit immédiatement à un tuteur. Lorsqu'elle a $0^m.60$ à $0^m.70$, on supprime les rameaux placés trop près de terre ou ceux qui se croisent, de manière à ne laisser que six ou huit branches bien disposées autour de la tige principale; et s'il arrivait qu'à la hauteur indiquée la tige fût sans ramifications, il faudrait pincer l'extrémité, ce qui retarde un peu la floraison; mais ce retard est moins désagréable que l'inconvénient d'avoir des Dahlias très élevés et sur une seule tige.

En juillet ou août, enfin lorsqu'ils auront à peu près atteint le maximum de leur développement, on commence à les ébourgeonner, opération qui consiste à détacher les bourgeons secondaires qui naissent entre les feuilles, et il en résulte que, débarrassée d'une multitude de bourgeons inutiles, chaque touffe produira une belle et abondante floraison. Vers la fin d'octobre ou au commencement de novembre, enfin dès les premières gelées, il faut arracher les Dahlias. Si le temps est favorable, on les laisse un peu se ressuyer, puis on les dépose soit dans l'orangerie, sous le gradin de la serre aux Géraniums, ou dans une cave bien sèche pour passer l'hiver.

DELPHINIUM elatum. — Pied-d'Alouette vivace; hauteur, $1^m.30$; en juin et en juillet fleurs bleues, simples ou doubles. Multiplication de graines semées en juin et juillet ou d'éclats du pied au printemps.

DELPHINIUM azureum. — Hauteur, 1 mètre; en juin et

juillet fleurs également simples ou doubles d'un beau bleu azur ; multiplication d'éclats du pied au printemps.

DELPHINIUM Barlowi. — Hauteur, 1ᵐ.30 ; en juin et juillet fleurs bleues semi-doubles, plus larges que celles des espèces ci-dessus ; même culture.

DELPHINIUM hybridum. — Hauteur, 1ᵐ.30 ; en juin et juillet fleurs bleues plus pâles que celles du *Barlowi*, également semi-doubles ; même culture.

Le *Delphinium Hendersonni* et l'espèce à fleurs blanches nommée *Albiflorum* sont d'une culture tout aussi facile.

DIELYTRA spectabilis. — Cette charmante plante a les feuilles découpées exactement comme celle de la Pivoine en arbre. Elle donne en mai et juin une grande quantité de fleurs disposées en longues grappes d'un beau rose.

On la multiplie de boutures, qui une fois bien enracinées peuvent être cultivées en pleine terre, comme le plus grand nombre de nos plantes vivaces

DODÉCATHÉON de Virginie (*Dodecatheon meadia*). — Hauteur, 0ᵐ.20 à 0ᵐ.25 ; fleurs rose pourpre au printemps ; variété à fleurs blanches ; multiplication de graines semées aussitôt après la maturité ou par la division des racines.

DORONIC à feuilles en cœur (*Doronicum pardalianches*). — Hauteur, 0ᵐ.65 ; fleurs jaunes en mai et juin ; multiplication de rejetons.

DRACOCÉPHALE de Virginie (*Dracocephalum Virginianum*). — Hauteur, 0ᵐ.65 à 1 mètre ; fleurs roses de juillet en septembre.

DRACOCÉPHALE découpé (*D. peregrinum*). — Hauteur, 0ᵐ.20 à 0ᵐ.25 ; fleurs d'un bleu pourpre en août.

DRACOCÉPHALE à feuilles linéaires (*D. Ruyschianum*). — Hauteur, 0^m.33 ; fleurs bleues en juin et juillet.

DRACOCÉPHALE gracieux (*D. speciosum*). — Hauteur, 1 mètre ; fleurs d'un lilas tendre en juillet.

Tous les Dracocéphales se multiplient de graines ou par la séparation des Drageons.

ÉCHINOPS boulette azurée (*Echinops ritro*). — Hauteur, 0^m.65 ; fleurs d'un joli bleu ; variété à fleurs blanches ; multiplication de graines semées au printemps.

ÉCHINOPS paniculé (*E. paniculata*). — Hauteur, 1^m.60 à 2 mètres ; fleurs bleues en juillet ; même multiplication.

ÉCHINOPS à quatre ailes (*E. tetraptera*). — Hauteur, 0^m.65 ; fleurs blanches, puis roses, en juillet et août ; même multiplication.

ÉNOTHÈRE frutiqueux (*OEnothera fruticosa*). — Hauteur, 1 mètre ; fleurs d'un beau jaune en juillet et août ; multiplication de graines semées sur couche, d'éclats de touffe ou de boutures.

ÉNOTHÈRE pompeux (*OE. speciosa*). — Hauteur, 1^m.30 ; fleurs blanches odorantes en juillet et août ; même multiplication.

ÉPERVIÈRE orangée (*Hieracium aurantiacum*). — Hauteur, 0^m.50 ; fleurs d'un jaune orangé, de juin en septembre ; multiplication de graines semées au printemps ou par rejetons.

ÉPHÉMÈRE de Virginie (*Tradescentia Virginica*). — Hauteur, 0^m.40 ; fleurs bleu purpurin ou blanches, de mai en octobre ; multiplication par la séparation des pieds en automne.

ÉPHÉMÈRE rose (*T. rosea*). — Hauteur, 0^m.20 ; fleurs roses tout l'été ; même multiplication.

ÉPILOBE à épi, Laurier Saint-Antoine (*Epilobium spicatum*). — Hauteur, 1^m.30 à 1^m.60 ; fleurs rouge purpurin, de juillet en septembre ; variété à fleurs blanches ; multiplication de graines et de rejetons.

ÉPILOBE à feuilles étroites (*E. angustifolium*). — Hauteur, 0^m.50 à 0^m.60 ; fleurs purpurines en juillet et août ; même multiplication.

ÉPIMÈDE des Alpes (*Epimedium Alpinum*). — Hauteur, 0^m.35 ; fleurs jaunes et rougeâtres en avril et mai ; multiplication par l'éclat des touffes en automne.

ÉPIMÈDE à grandes fleurs (*E. macranthum*). — Même hauteur ; fleurs blanches ; multiplication de graines et d'éclats.

ÉPIMÈDE à fleurs violettes (*E. violaceum*). — Même hauteur, multiplication d'éclats.

ÉRIGERON des Alpes (*E. Alpinum*). — Hauteur, 0^m.20 ; fleurs bleues à disque jaune en juillet ; variété à fleurs doubles ; multiplication de graines semées aussitôt après la maturité ou par la division des pieds. Toutes les variétés d'*Erigeron* se multiplient de même.

ÉRIGERON presque nu (*E. glabellum*). — Hauteur, 0^m.50 ; fleurs lilacées à disque jaune tout l'été.

ÉRIGERON à grandes fleurs (*E. speciosum*). — Même hauteur ; fleurs lilas foncé à disque jaune en août et septembre.

ÉRIGERON pourpre (*E. purpureum*). — Hauteur, 0^m.35 ; fleurs pourpre à disque jaune, de juin en août.

' ÉRINE des Alpes (*Erinus Alpinus*). — Hauteur, 0ᵐ.16; fleurs purpurines ou blanches, de mars en juin ; multiplication de graines ou par éclats à l'automne.

ERODIUM des Alpes (*Erodium Alpinum*). — Hauteur, 0ᵐ.35 ; fleurs bleues tout l'été; multiplication de graines et d'éclats.

ERODIUM de Rome (*E. Romanum*). — Fleurs purpurines tout l'été ; même multiplication.

ERYTHRONE dent de chien (*Erythronium dens canis*). — Hauteur, 0ᵐ.16 à 0ᵐ.20 ; fleurs blanches en dedans, rougeâtres en dehors, en mars ; multiplication par caïeux séparés en été et replantés immédiatement.

ERYTHRYNE crête de coq (*Erythryna crista galli*). — Hauteur, 1ᵐ.30 à 2 mètres ; fleurs rouges superbes tout l'été. Pleine terre en été, couverture l'hiver, ou mieux les relever vers la fin de l'automne; les déposer dans l'orangerie, où ils se conserveront jusqu'en mai, époque de les remettre en pleine terre. Multiplication de boutures sur couche chaude au printemps.

ERYTHRYNE à feuilles de Laurier (*E. laurifolia*). — Variété de la précédente.

EUCOMIS couronné (*E. regia*). — Hauteur, 0ᵐ.30 à 0ᵐ.35 ; fleurs verdâtres en automne; multiplication par caïeux.

EUCOMIS ponctuée (*E. punctata*). — Fleurs verdâtres au printemps; même multiplication; couverture l'hiver.

EUPATOIRE agératoïde (*Eupatorium ageratoides*). — Hauteur, 0ᵐ.65 ; fleurs blanches en septembre.

EUPATOIRE pourpre (*E. purpureum*). — Hauteur 0ᵐ.65; fleurs purpurines de septembre en octobre.

On multiplie tous les Eupatoires de graines semées aussitôt après la maturité ou par la séparation des pieds en automne.

L'*Eupatoire* à fleurs blanches nommée *Glcchonophyllum* et celui à fleurs bleues nommée *Cœlestinum*, sont deux charmantes plantes d'orangerie, que l'on peut cultiver en pleine terre pendant toute la belle saison. On les multiplie toutes deux de boutures.

FABAGELLE commune (*Zygophyllum Fabago*). — Hauteur, 0^m.65; fleurs rouge orangé, blanches à la base; multiplication de graines semées sur couche au printemps ou d'éclats; couverture l'hiver.

FRAXINELLE d'Europe (*Dictamnus albus*). — Hauteur, 0^m.65 à 1 mètre; fleurs d'un brun rougeâtre en juin et juillet; variété à fleurs blanches; multiplication de graines semées aussitôt après la maturité; car, semées plus tard, elles ne lèvent que la seconde année; on peut aussi les multiplier par éclats.

FRITILLAIRE damier (*Fritillaria Meleagris*). — Hauteur, 0^m.33; en mars et avril, fleurs pourpre marquées de petits carreaux de couleurs différentes; multiplication de caïeux en août, qu'il faut replanter aussitôt, ainsi que les bulbes principaux; couverture l'hiver.

FRITILLAIRE couronne impériale (*F. imperialis*). — Hauteur, 0^m.65 à 1 mètre; en mars et avril, fleurs rouges simples ou doubles, jaunes simples ou doubles, orangées et à feuilles panachées de jaunes ou de blanc; multiplication par caïeux en août, qu'il faut replanter immédiatement à 0^m.15 de profondeur, ainsi que les bulbes principaux.

FUCHSIA. — Tous les *Fuchsia* peuvent être cultivés en

pleine terre pendant l'été et l'automne exactement comme les *Pelargonium*.

FUMETERRE bulbeuse (*Fumaria bulbosa*).—Hauteur, $0^m.18$ à $0^m.20$; de février en avril, fleurs blanches, pourpre ou gris de lin, suivant la variété; on les multiplie toutes de graines ou par la séparation des touffes en automne.

FUMETERRE jaune (*F. lutea*).—Hauteur, $0^m.33$; fleurs blanches et jaunes, d'avril en novembre; couverture l'hiver.

FUMETERRE odorante (*F. nobilis*). — Hauteur, $0^m.50$; fleurs d'un jaune pâle, pourprées au sommet, en avril.

GAILLARDE vivace (*Gaillarda perennis*).—Hauteur, $0^m.35$ à $0^m.40$; au printemps et à l'automne, fleurs d'un jaune orangé, pourpre à la base, disque brun; on les multiplie toutes de graines, d'éclats ou de boutures.

GAILLARDE aristée (*G. aristata*). — Même hauteur; fleurs plus grandes, mais moins vives.

GAILLARDE peinte (*G. picta*).—Hauteur, $0^m.40$; tout l'été, fleurs d'un rouge cramoisi bordé de jaune; pleine terre en été, rentrer l'hiver.

GALANE à épi (*Chelone glabra*). — Hauteur, 1 mètre; fleurs blanches en août et septembre; toutes se multiplient de graines ou d'éclats.

GALANE barbue (*C. barbata*). — Hauteur, $0^m6.5$; fleurs écarlate de juin en octobre; couverture l'hiver.

GALANE campanulée (*C. campanulata*).—Même hauteur; fleurs rouge foncé en dehors, blanchâtres en dedans.

GALANE à fleurs roses (*C. rosea*). — Variété de la précédente.

GALANE oblique (*C. obliqua*). — Variété de la précédente; fleurs d'un pourpre vif.

GALANTHE d'hiver ou PERCE-NEIGE (*Galanthus nivalis*). — Hauteur 0ᵐ.15 à 0ᵐ.18; fleurs blanches tachées de vert en février; variété à fleurs doubles; multiplication par caïeux replantés en automne.

GALÉGA officinal (*Galega officinalis*). — Hauteur, 1 mètre à 1ᵐ.30; fleurs bleues ou blanches en juin et juillet; multiplication de graines.

GALÉGA oriental (*O. orientalis*). — Même hauteur; fleurs bleues en juin; même multiplication.

GENTIANE sans tige (*Gentiana acaulis*). — Hauteur, 0ᵐ.10; fleurs d'un très beau bleu en avril et mai; multiplication de graines ou par l'éclat des pieds.

GENTIANE croisette (*G. cruciata*). — Hauteur, 0ᵐ.20 à 0ᵐ.25; fleurs bleues en juin et juillet; même multiplication.

GENTIANE pourpre (*G. purpurea*). — Hauteur, 0ᵐ.65; fleurs jaune ponctué de pourpre, en juillet; même multiplication.

GENTIANE jaune (*G. lutea*). — Hauteur, 1 mètre à 1 mètre 30; fleurs jaunes en juillet; même multiplication.

GÉRANIUM sanguin (*Geranium sanguineum*). — Hauteur, 0ᵐ.35; fleurs d'un rouge violet, en juin et juillet.

GÉRANIUM noirâtre (*G. phæum*). — Hauteur, 0ᵐ.65; fleurs d'un violet noir, d'avril en juin.

GÉRANIUM des prés (*G. pratense*). — Hauteur, 0ᵐ.65,

17.

fleurs blanches rayées de violet en mai et juin ; variété
à fleurs doubles.

GÉRANIUM à grandes racines (*G. macrorhizum*). —
Hauteur, 0ᵐ.40 ; fleurs rouges, de mai en juillet.

GÉRANIUM strié (*G. striatum*). — Hauteur , 0ᵐ.33 ;
fleurs blanches veinées de pourpre en mai et septembre ; couverture l'hiver.

GÉRANIUM à grandes fleurs (*G. Ibericum*). — Hauteur,
0ᵐ.50 ; fleurs disposées en bouquet, passant du violet
au bleu d'azur des plus purs.

Il faut aux Géraniums une terre meuble ; tous se
multiplient de graines ou d'éclats au printemps.

GLADIOLUS glaïeul. — On cultive ordinairement les
Gladiolus en terre de bruyère ; mais ils viennent également bien en terre légère mélangée de terreau de
feuilles. On les plante en pleine terre en mars et avril ;
ils fleurissent en juillet et août, puis on les relève en
octobre. On peut aussi les planter en pots en automne ;
mais alors il faut les mettre sous châssis pour passer
l'hiver, et ils fleurissent dès le mois de mai. On les multiplie de graines ou de caïeux.

GLADIOLUS cardinalis. — Hampe de 0ᵐ.50 ; en juillet
et août, fleurs écarlate, marquées d'une tache blanche. Les bulbes de ce glaïeul étant continuellement en
végétation, il ne faut jamais les laisser hors de terre.

GLADIOLUS blandus ou floribundus.—Hampe de 1ᵐ.30 ;
en août fleurs blanc pur ou blanc rosé, marquées
d'une bande longitudinale pourpre violacé.

GLADIOLUS ramosus. — Hampe de 0ᵐ.70 à 1 mètre ;
en juillet et août, fleurs roses, marquées d'une tache
blanche entourée d'azur.

Cette admirable plante a produit un grand nombre de belles variétés.

GLADIOLUS psittacinus (*G. Perroquet*). — Plante rustique qu'on peut cultiver à l'air libre dans n'importe quel terrain ; hampe de 1^m.30 ; en août et septembre, fleurs d'un rouge safrané.

GLADIOLUS Gandavensis. — Hybride du Psittacinus, tout aussi rustique. Hampe de même hauteur ; en août et septembre, fleurs d'un rouge carminé vif, marquées d'une large tache jaune striée de pourpre.

On possède déjà un grand nombre de belles variétés de ce Glaïeul. Toutes peuvent être cultivées à l'air libre et dans tous les terrains comme l'espèce type.

GYPSOPHILLE paniculée (*Gypsophylla paniculata*). — Hauteur, 0^m.65 ; fleurs blanches en juin et juillet ; multiplication de graines semées au printemps ; on cultive de même les *Gypsophylla acutifolia, altissima, pubescens, gmelini, perfoliata, fastigiata* et *dichotoma*.

HÉLÉNIE d'automne (*Helenium autumnale*). — Hauteur, 1^m.60 à 2 mètres ; fleurs d'un beau jaune, d'août en novembre ; multiplication par racines.

HÉLIOTROPE du Pérou (*Heliotropium Peruvianum*). — Fleurs bleuâtres à odeur de vanille ; pleine terre en été, où il fleurit jusqu'aux gelées ; multiplication de graines, ou mieux de boutures sur couche tiède en février et mars.

L'Héliotrope du Pérou a produit plusieurs variétés à fleurs plus grandes, comme le *Triomphe de Liége* et le *Grandiflorum*, ou de couleur plus foncée, comme le *Voltairianum*. On les cultive tous de la même manière.

HELLÉBORE noire, ROSE de Noël (*Helleborus niger*). — Hauteur, 0^m.20 à 0^m,25 ; fleurs d'un blanc rosé, de décembre en février ; multiplication de graines semées aussitôt la maturité ou par éclats.

HELLÉBORE d'hiver (*H. hiemalis*). — Hauteur, 0^m.10 à 0^m.15 ; fleurs jaunes ; multiplication par la séparation des pieds en automne.

HÉMÉROCALLE jaune ou LIS jaune (*Hemerocallis flava*). — Hauteur, 1 mètre ; fleurs odorantes d'un beau jaune en juin ; multiplication par la séparation des pieds en automne.

HÉMÉROCALLE fauve (*H. fulva*). — Plus élevée que la précédente ; fleurs d'un rouge fauve en juillet.

HÉMÉROCALLE graminée (*H. graminea*). — Fleurs odorantes d'un jaune fauve ; même multiplication.

HOTEIA du Japon (*Hoteia Japonica*). — Hauteur, 0^m.50 à 0^m.60 ; fleurs blanches en juin et juillet ; multiplication d'éclats au printemps.

IMMORTELLE BLANCHE (*Gnaphalium margaritaceum*). — Hauteur, 0^m.50 ; fleurs jaunes à calice blanc, de juillet en septembre ; multiplication de traces.

IRIS d'Allemagne ou FLAMBE (*I. Germanica*). — Les nombreuses variétés de cette plante méritent d'occuper une place distinguée dans les jardins ; car, soit en bordure, soit en massif, elles produisent un effet charmant à l'époque de leur floraison, qui a lieu en mai et juin, surtout si l'on a convenablement mélangé les couleurs, et leur rusticité est un titre de plus à la faveur des amateurs. On les multiplie de graines ou par la séparation des pieds en septembre ; on en possède déjà plus d'une centaine de belles variétés.

IRIS bulbeuse, XIPHIUM, ou d'Angleterre. — On en cultive un grand nombre de variétés de toutes les couleurs ; fleurs remarquables par le peu de largeur de toutes leurs divisions ; elles fleurissent en juin ; on les multiplie de caïeux, qu'on plante en automne ; couverture l'hiver.

Iris xiphoïde ou d'Espagne. — Comme la précédente, cette espèce offre un grand nombre de variétés ; même culture.

Jacinthe (*Hyacinthus orientalis*). — En avril, fleurs simples ou doubles de toutes les couleurs, suivant les variétés, qui sont très nombreuses ; multiplication de graines ou de caïeux. Les Jacinthes aiment une terre douce, substantielle, et d'autant plus légère que le climat est froid et humide. Pour obtenir une belle végétation, il faut planter dans un terrain bien fumé ; mais que le fumier soit enterré assez profondément pour que les racines seules puissent l'atteindre, car autrement il arrive presque toujours que les oignons pourrissent peu de temps après avoir été arrachés. L'époque la plus favorable pour la plantation est la fin de septembre et le commencement d'octobre ; cependant il vaudrait mieux retarder d'une quinzaine de jours que de planter par un temps pluvieux. On procède à la plantation de la manière suivante. Après avoir bien préparé le terrain, on trace avec la binette un sillon de $0^m.10$ de profondeur, on place ses oignons à environ $0^m.15$ les uns des autres sur la ligne, et on les enfonce de manière qu'ils soient recouverts de $0^m.10$ de terre ; puis on ouvre les autres sillons successivement et à $0^m.15$ de distance. Après la plantation, on étend un bon paillis sur le tout, et les autres soins consistent à arracher les mauvaises herbes ; si le froid devenait assez intense pour que l'on craignît que la terre ne gelât jusqu'aux racines, il faudrait les couvrir de feuilles ou de litière sèche, que l'on enlèvera en février ; s'il survenait du mauvais temps, on les recouvrirait, mais plus

légèrement. Quand elles seront défleuries et aussitôt que
les feuilles commenceront à jaunir, on en coupera les
feuilles et les hampes rez de terre, et vers la fin de juin
on les arrachera avec précaution, ce qu'il ne faudra
faire que par un beau temps. Dès qu'elles seront arra-
chées, on les déposera dans un endroit sec et bien aéré,
sans qu'elles soient exposées au soleil, et au bout de
quelques jours on détachera les caïeux et les racines,
puis, avant de les déposer sur les tablettes, on les net-
toiera avec une brosse douce, de manière à enlever tout
ce qui pourrait engendrer la pourriture.

Pour garnir le terrain en attendant que les oignons
soient bons à relever, on peut, au printemps, semer un
peu de graine de Pied-d'Alouette, qui succède aux Jacinthe sans nuire en rien à la maturité des oignons,
quand il est semé clair.

Plantation en pot. — Les Jacinthes dont on veut
avancer la floraison doivent être plantées en pot et à la
même époque qu'en pleine terre. La terre qu'on emploiera pour l'empotage doit être légère et substantielle, et les pots proportionnés à la grosseur des oignons. Après la plantation, on enfoncera les pots à côté
les uns des autres, de telle sorte qu'ils soient recouverts de 0ᵐ.03 de terre. On pourra en placer une partie
au midi et l'autre au nord, afin qu'elles ne fleurissent
pas toutes à la même époque. S'il survenait de fortes
gelées, il faudrait les couvrir de feuilles ou de litière,
afin que la terre des pots ne gelât pas; et dans le courant de janvier on pourrait commencer à en mettre
une partie sous châssis ou dans une serre chauffée,
mais toujours le plus près possible des vitres. Elles seront en fleurs environ un mois après l'époque où l'on
aura commencé à les chauffer; il ne faut en forcer que
successivement, de manière à prolonger la floraison

aussi longtemps que possible. Dès qu'elles seront défleuries, on enfoncera les pots en pleine terre, afin de laisser mûrir les oignons, qu'on pourra planter en pleine terre l'année suivante.

JULIENNE des jardins (*Hesperis matronalis.*). — Hauteur 0^m.65 à 1 mètre; fleurs doubles, odorantes, blanches ou violettes, de mai en juillet; multiplication de boutures ou d'éclats en avril. Variété vivace à fleurs doubles, blanches ou violettes. Terre franche substantielle, autrement la plante périt.

KETMIE des marais (*Hibiscus palustris*). — Hauteur, 1^m.30 à 1^m.60; fleurs jaune pâle à onglets pourpre en juillet; tous se multiplient de graines semées sur couche au printemps.

KETMIE rose (*H. roseus*). — Hauteur, 1 mètre à 1^m.30; fleurs roses à onglets pourpre en septembre.

KETMIE militaire (*H. militaris*). — Hauteur, 1^m.30; fleurs rose foncé en septembre.

KETMIE écarlate (*H. Coccineus*). — Hauteur, 1^m.30 à 2 mètres; fleurs d'un beau rouge en septembre et octobre. Espèce délicate.

LAMIER orvale (*Lamium orvale*). — Hauteur, 0^m.65; fleurs blanches lavées et tachées de rose foncé, d'avril en juin; multiplication de graines ou par l'éclat des pieds à l'automne.

LIATRIS en épi (*Liatris spicata*). — Hauteur, 0^m.65; fleurs pourpre foncé d'août en octobre; multiplication par l'éclat des pieds.

LIATRIS écailleuse (*L. scariosa*). — Hauteur, 0^m.70; fleurs d'un beau rouge pourpre en septembre. Couverture l'hiver; même multiplication.

Lin vivace (*Linum perenne*). — Hauteur, 0^m.65 ; fleurs d'un joli bleu, de juin en août ; multiplication de graines semées en automne ou au printemps, ou d'éclats en automne.

Lin visqueux (*L. viscosum*). — Espèce à fleurs roses que l'on peut également cultiver en pleine terre, à la condition toutefois de la couvrir pendant l'hiver.

Linaire à grosses fleurs (*Linaria trionithophora*). — Hauteur 0^m.65 ; fleurs violettes tout l'été ; multiplication de graines semées au printemps ; couverture l'hiver.

Lis blanc (*Lilium candidum*). — Hauteur, 1 mètre ; fleurs blanches en juin et juillet ; variétés à fleurs doubles, fleurs panachées de rouge et à feuilles panachées. Tous les Lis se multiplient de graines ou par leurs caïeux, qu'on enlève aussitôt après la floraison, et qu'il faut replanter immédiatement, ainsi que les bulbes principaux, si l'on veut qu'ils fleurissent l'année suivante.

Lis blanc à longues fleurs (*L. longiflorum*). — Hauteur, 1 mètre à 1^m.30 ; fleurs blanches beaucoup plus grandes que celles du Lis blanc.

Lis à feuilles en fer de lance (*L. lancifolium*, *L. speciosum*). — Hauteur, 1 mètre ; en septembre fleurs blanches, ponctuées de pourpre, ou rouge pâle également ponctuées.

On les plante au printemps en terre de bruyère pure ou dans une terre composée de terre de bruyère, de terreau de fumier et de feuilles bien consommées, et mélangé par parties égales ; puis on les relève en automne pour les mettre en pots qu'on dépose sous un châssis ou sur une tablette de la serre tempérée ou dans l'orangerie, et on les laisse pendant tout l'hiver sans leur donner d'eau.

Lis bulbifère (*L. bulbiferum*). — Hauteur, $0^m.65$ à 1 mètre ; fleurs grandes, d'un rouge safrané, en juin ; variété à fleurs doubles et une autre à feuilles panachées.

Lis de Pomponne (*L. Pomponium*).—Hauteur, $0^m.65$; fleurs jaunes ponctuées de rouge brun en mai ; variété à fleurs d'un beau rouge ponceau.

Lis orangé (*L. croceum*). — Hauteur, 1 mètre à $1^m.30$; fleurs d'un rouge safrané ponctué de noir en juin.

Lis de Catesby (*L. Catesbœi*).—Hauteur, $0^m.35$; fleurs d'un rouge orangé, le milieu des pétales jaune ponctué de brun, en juillet et août.

Lis tigré (*L. tigrinum*). — Hauteur, $0^m.65$ à 1 mètre ; fleurs d'un beau rouge orangé, ponctué de pourpre noir, en juillet.

Lis du Kamtschatka (*L. Kamschatcense*). — Hauteur, $0^m.65$ à 1 mètre ; fleurs d'un beau jaune ; terre de bruyère ; exposition au levant.

Lis monadelphe (*L. monadelphum*). — Fleurs d'un jaune citron ponctué de rouge ; terre de bruyère ; couverture l'hiver.

Lis Martagon (*L. Martagon*). — Hauteur $0^m.65$ à 1 mètre ; en juillet fleurs rouges, safranées, jaunes, blanches, pourpre, piquetées de blanc ou de pourpre selon les variétés, qui sont très nombreuses ; même culture que le Lis blanc ; couverture l'hiver.

Lis superbe (*L. superbum*). — Hauteur, 1 mètre à $1^m.33$; en juin et juillet, fleurs d'un rouge orangé ponctué de pourpre ; terre de bruyère ; couverture l'hiver.

LOBÉLIE cardinale (*Lobelia cardinalis*). — Hauteur, 0^m.70 à 1 mètre. En juillet et successivement jusqu'aux gelées fleurs en épis rouge écarlate. Multiplication de graines semées en pot au printemps sur couche, ou en juin et juillet également en pot, mais à froid, ou bien encore d'éclats du pied au printemps; couverture l'hiver.

LOBELIA queen Victoria. — Hauteur, 1^m.30. En août, septembre et octobre, fleurs en longs épis d'un rouge vif. Multiplication d'éclats du pied; couverture l'hiver.

LOBELIA Douglasii. — Hauteur, 1^m.30. En août, septembre et octobre fleurs rouges, plus larges que celles de l'espèce ci-dessus. Même culture.

LOBELIA cœlestis. — Tiges plus élevées que celles des autres espèces; fleurs également en épis, d'un beau bleu céleste. Même culture.

LUPIN polyphylle (*Lupinus polyphyllus*). — Hauteur, 1 mètre; fleurs bleues en mai; variété à fleurs blanches; multiplication de graines semées aussitôt après la maturité; terre légère, siliceuse ou de bruyère.

LYCHNIDE de Calcédoine, Croix de Jérusalem (*Lychnis Chalcedonica*). — Hauteur, 0^m.65; en juin et juillet, fleurs écarlate vif, simples ou doubles; variété à fleurs blanches; multiplication de graines, de boutures faites en juin ou d'éclats à l'automne ou en février.
La variété à fleurs doubles veut être garantie du froid.

LYCHNIDE visqueuse (*L. viscosa*). — Hauteur, 0^m.35; fleurs purpurines de mai en juillet; variété à fleurs doubles; multiplication par la séparation des touffes en février.

LYCHNIDE dioïque, Jacée (*L. dioica*). — Hauteur, 0^m.50;

de mai en juillet, fleurs rouges ou blanches, simples ou doubles ; même multiplication.

Lychnide de Bunge (*L. Bungeana*). — Hauteur, 0m.50 ; en juin et juillet fleurs d'un rouge vif ; multiplication de boutures ou d'éclats.

Lychnide à grandes fleurs (*L. grandiflora*). — Hauteur, 0m.65 à 1 mètre ; fleurs écarlate en juin et juillet ; multiplication de graines ou d'éclats.

Lychnide éclatante (*L. fulgens*). — Hauteur, 0m.35 ; fleurs d'un rouge éclatant ; même multiplication ; exposition à mi-soleil.

Matricaire Mandiane (*Matricaria Mandiana*). — Hauteur, 0m.50 ; fleurs blanches très doubles tout l'été et l'automne ; multiplication de boutures ou d'éclats en février et mars. Il faut en mettre quelques pieds en pots qu'on rentre dans l'orangerie pour passer l'hiver, afin d'avoir des boutures au printemps.

Mélisse à grandes fleurs (*Melissa grandiflora*), Calaminthe à grandes fleurs (*Calamintha grandiflora*) — Hauteur, 0m.65 ; fleurs d'un rose pourpre de mai en septembre ; variété à feuilles panachées ; multiplication de graines et d'éclats.

Mélite à feuilles de Mélisse (*Melittis melissophyllum*). — Hauteur, 0m.35 ; fleurs blanches ou carnées, la lèvre supérieure d'un beau pourpre, multiplication de graines semées en place au printemps, ou par l'éclat des pieds.

Menthe poivrée (*Mentha piperita*). — Hauteur, 0m.50 ; fleurs rougeâtres en août ; cultivée particulièrement pour l'odeur des feuilles, dont l'essence sert à parfumer les pastilles ; multiplication de drageons.

MERENDÈRE bulbocode (*Merendera bulbocodium*). — Hauteur, 0m.06 à 0m.08 ; fleurs blanches, puis purpurines, en mars ; multiplication par caïeux, qu'on replante en juillet et août.

MIMULE de Virginie (*Mimulus Ringens*). — Hauteur, 0m.40 à 1 mètre ; fleurs d'un bleu pâle en juillet et août ; multiplication de graines semées aussitôt après la maturité ou par l'éclat des racines.

MIMULE ponctué (*M. guttatus*). — Hauteur, 0m.33 ; fleurs jaunes ponctuées de rouge, de mai en août ; même multiplication ; couverture l'hiver.

MOLÈNE purpurine (*Verbascum phœniceum*). — Hauteur 0m.50 à 0m.60 ; fleurs pourpre de mai en juillet ; variétés à fleurs rose plus ou moins vif ; multiplication de graines semées aussitôt après la maturité.

MONARDE à fleurs rouges, Thé d'Oswégo (*Monarda didyma*). — Hauteur, 0m.50 ; fleurs d'un écarlate foncé, de juin en août ; multiplication de drageons en automne ; couverture l'hiver. On en cultive plusieurs autres variétés, qui ne diffèrent de la précédente que par la couleur des fleurs.

MORINE à longues feuilles (*Morina longifolia*). — Hauteur, 0m.65 à 1 mètre ; fleurs d'un blanc rose en juin et juillet ; multiplication de graines et d'éclats.

MORÉE de la Chine, Iris tigré (*Morœa Sinensis*). — Hauteur, 0m.50 ; fleurs safranées, ponctuées de rouge, en juin et juillet ; multiplication de graines ou par la séparation des pieds.

MUGUET de mai (*Convallaria maialis*). — Fleurs blanches, simples ou doubles en mai ; variété à fleurs roses ; multiplication de rejetons en automne.

Muscari monstrueux, Lilas de terre (*Muscari mons-truosum*).—Plante bulbeuse ; fleurs bleu violacé en juin ; multiplication de caïeux, qu'il faut replanter en automne, ainsi que les bulbes.

Muscari odorant (*M. moscatum*).—Fleurs rougeâtres odorantes en mai ; même multiplication.

Narcisse à bouquet (*Narcissus Tazetta*).—Fleurs jau-nes, odorantes, en mai ; multiplication de caïeux plantés en octobre. Cette espèce a produit un grand nombre de variétés, dont les plus remarquables sont : le *Constanti-nople,* le *Soleil d'or,* le *Multiflore* et le *Grand Monar-que;* mais comme ils ne peuvent pas supporter nos hivers, il faut les planter en pots ou les mettre sur des carafes remplies d'eau, avec quelques grains de sel ; ils fleurissent en janvier et février. Ils ne supportent pas quatre degrés de froid.

Narcisse Jonquille (*N. Jonquilla*).—Fleurs jaunes, très odorantes, simples ou doubles, en avril. Il lui faut une terre douce et substantielle ; car, dans toute autre con-dition, non-seulement il ne fleurit pas, mais il périt promptement. On plante les Jonquilles en septembre, à 0^m.05 ou 0^m.06 de profondeur, puis on les relève lors-que les feuilles sont desséchées. Multiplication de caïeux plantés à cette époque.

Niérembergie grêle (*Nierembergia gracilis*). — Hau-teur, 0^m.60 ; tout l'été, fleurs bleuâtres à centre jaune. Multiplication de boutures ou de graines que l'on sème en juin et juillet.

OEillet des fleuristes (*Dianthus cariophyllus*). — Cette espèce a produit un nombre considérable de va-riétés, qui toutes peuvent se rapporter à deux races principales : 1° les *flamands*, dont les caractères sont :

pétales parfaitement arrondis, sans dentelures, et avec de larges bandes de diverses couleurs sur un fond blanc pur ; 2° de *fantaisie* ; on les classe dans l'ordre suivant :

1re Série, *Ardoisés*. Ils sont unicolores, striés ou rubanés.

2° Série, *Avranchains*. Fond jaune, plus souvent nankin, avec flammes plus ou moins intenses.

3° Série, *Anglais*. Le fond des pétales est d'un blanc pur ; ils ne sont ni laciniés ni crénelés, mais bordés d'un liséré.

4° Série, *Fond blanc*. Pétales fond blanc strié, quelquefois aussi bordés en même temps.

5° Série, *Saxons*. Pétales à fond blanc strié, quelquefois bordés en même temps.

6° Série, *Bichons*. Les couleurs ne sont apparentes que sur la superficie des pétales.

On les multiplie de marcottes ou de graines qu'on peut semer aussitôt après la maturité ; mais comme ils ne fleurissent pas tous l'année suivante, on ne sème ordinairement les *OEillets* qu'en avril, soit en pleine terre, soit en terrine, et dans le courant de juin ; enfin, lorsque le plant est assez fort, on le repique en pépinière et à 0^m.12 ou 0^m.15 d'écartement. On aide à la reprise par quelques arrosements ; puis, vers la fin d'août, on les plante soit dans les plates-bandes, soit par planche, et à environ 0^m.40 les uns des autres. Aussitôt après la plantation, on étend sur le terrain un paillis de fumier à moitié consommé, et les autres soins se bornent à quelques binages et à des arrosements au besoin.

Les jeunes OEillets sont ordinairement très vigoureux et capables de supporter de fortes gelées sans souffrir ; cependant il est plus prudent de les couvrir en hiver, afin de les garantir de la neige et du givre, qui leur sont très nuisibles. Au printemps suivant, et dès qu'il sera nécessaire, on leur mettra des tuteurs ;

puis, afin d'avoir des fleurs parfaites, au moment où apparaissent les boutons, on en réduit le nombre avant qu'ils soient trop avancés. A la fin de juin ou au commencement de juillet, époque de la floraison, on fera choix de ceux qui méritent d'être conservés, et dans le courant de juillet on les marcottera, en ayant soin d'observer pour cette opération tout ce que nous avons indiqué au chapitre *Marcottes*. Mais comme il se trouve quelquefois des branches placées tellement haut sur les tiges qu'il n'est pas possible de les marcotter de cette manière, il faut alors les enlever et en faire des boutures que l'on traite de la manière suivante : après les avoir coupées bien net au-dessous d'un nœud, on fait une petite incision en remontant de manière à diviser la bouture en deux ; après quoi on les repique en terre légère, à une exposition ombragée, et on les couvre de cloches qu'on enlève lorsqu'elles commencent à pousser.

Quand elles auront assez de racines, on les empotera, puis on les traitera comme les marcottes enracinées, que nous allons indiquer. Au commencement d'octobre, on sèvre les marcottes, c'est-à-dire qu'on les sépare des vieux pieds pour les planter dans des pots d'environ $0^m.08$ ou $0^m.10$; la terre que l'on emploiera pour l'empotage devra être saine et composée de deux tiers de bonne terre franche et d'un tiers de terreau de feuilles bien consommé, le tout bien mélangé et passé à la claie. Aussitôt après l'empotage, on place les pots à l'abri d'un mur et on leur donne de temps à autre quelques légers arrosements. A l'approche des gelées, il faut les rentrer, afin de les garantir du froid et de l'humidité ; s'il arrivait qu'on manquât de place sous les châssis, il faudrait faire une tranchée d'environ $0^m.20$ de profondeur sur 1 mètre de large ; puis l'on dispose les gaulettes de manière à supporter des paillassons, que

l'on place au besoin, et qu'on enlève toutes les fois que
le temps le permet; et s'il survenait des froids plus
rigoureux, il suffirait toujours d'étendre les feuilles ou
de la litière sur les paillassons. Vers le mois d'avril
enfin, quand les giboulées ne sont plus à craindre, on
plante ses OEillets en pleine terre ou bien on les rempote plus grandement, si on veut les conserver en pot.

OEillet de poëte, OEillet barbu (*Dianthus barbatus*).
—Tiges de 0ᵐ.30 à 0ᵐ.40; en juin et juillet, fleurs
rouges, roses, blanches ou panachées, simples ou doubles; multiplication de boutures, marcottes, ou graines
semées en août.

Ornithogale pyramidale, Épi de la Vierge (*Orniﾃho-
galum pyramidale*). — Plante bulbeuse; hauteur, 0ᵐ.50;
fleurs blanches fin de juin; multiplication de caïeux
plantés en octobre.

Orobe printanier (*Orobus vernus*).—Hauteur, 0ᵐ.33 ;
fleurs purpurines en avril ; variétés à fleurs azurées ;
multiplication de graines semées aussitôt après la maturité ou d'éclats en automne.

Orobe de deux couleurs (*O. varius*). — Fleurs jaunes
et rouges en mai; même multiplication.

Pavot de Tournefort (*Papaver orientale*). — Hauteur,
0ᵐ.60 à 0ᵐ.80 ; fleurs rouge orangé en juin; multiplication de graines semées aussitôt après la maturité, ou
de rejetons en février.

Pavot à bractées (*P. bracteatum*).—Fleurs plus grandes et plus vives ; même multiplication.

Pentstémon à feuilles lisses (*Pentstemon lœvigatum*).
—Hauteur, 0ᵐ.50; fleurs violettes en juillet ; multiplication de graines ou d'éclats.

PENTSTÉMON à feuilles de Gentiane (*P. gentianoides*).— Hauteur, 0^m.65; fleurs pourpre foncé tout l'été; variétés à fleurs rouges coccinées; même multiplication.

PENTSTÉMON à fleurs de Digitale (*P. digitalis*).—Fleurs blanches tout l'été.

PHALANGÈRE, LIS Saint-Bruno (*Phalangium Liliastrum*). — Hauteur, 0^m.35; fleurs blanches en juin; multiplication par la séparation des racines en automne, avec la précaution de ne pas les rompre, car elles sont très fragiles.

PHLOMIS tubéreux (*Phlomis tuberosa*). —Hauteur, 1^m.30; fleurs violâtres de juillet en septembre; multiplication par la séparation des tubercules, tous les trois ans, ou de graines semées en pots.

PHLOX vivace. Tiges de 0^m.30 à 1^m.20; en juillet, août et septembre fleurs roses, pourpre, lilas, gris de lin, blanc pur ou blanc lamé de différentes couleurs, selon les variétés qui sont très nombreuses.

On les multiplie de graines semées en septembre et octobre; en pot, que l'on hiverne sous châssis ou bien en mars sur couche, ou bien encore par la séparation des touffes en automne ou au printemps.

PIGAMON à feuilles d'Ancolie (*Thalictrum aquilegifolia*).—Hauteur, 0^m.65 à 1 mètre; en mai, fleurs vertes à étamines blanches, variétés à étamines lilas et rose vif; multiplication de graines semées au printemps ou par la séparation des pieds en automne.

PIGAMON des prés (*T. flavum*).—Hauteur, 1^m.60 à 2 mètres; fleurs jaunâtres de mai en juillet.

PIGAMON glauque (*T. glaucum*).—Même hauteur; fleurs jaunâtres de mai en juillet.

18

PIVOINE officinalis (*Pæonia officinalis*). — Hauteur, 0ᵐ.65 ; en mai, fleurs rouges, simples ou doubles ; variétés à fleurs roses, ou à fleurs carnées d'abord, puis blanches ; toutes se multiplient de graines semées en août ou par la séparation des tubercules munis d'yeux ; on les plante en septembre, et de manière qu'ils ne se trouvent recouverts que d'environ 0ᵐ.02 ou 0ᵐ.03 de terre. Ces variétés garnissent les plates-bandes et les parterres, où elles produisent un très bel effet.

PIVOINE de la Chine. — Hauteur, 0ᵐ,65 ; fleurs blanches très doubles en juin.

PIVOINE à odeur de rose. — Même hauteur ; en juin fleurs d'un rose foncé presque pourpre, répandant une odeur de rose bien prononcée. Ces deux dernières espèces ont produit par le semis un grand nombre de variétés, toutes aussi belles et aussi rustiques les unes que les autres ; nous allons seulement signaler les plus remarquables.

PIVOINE reine des Français. — Fleurs pleines, d'un rose carminé et blanc carné au centre.

PIVOINE comte de Paris. — Fleurs roses ; pétales intérieures chamois et le centre d'un blanc rosé.

PIVOINE Hericartiana. — Fleurs roses odorantes, le centre d'abord légèrement saumoné, ensuite d'un blanc rosé.

PIVOINE Victoire-Modeste. — Fleurs odorantes ; les pétales extérieures roses, plusieurs rangs intérieurs jaunes et le centre rose.

PIVOINE anemonæflora striata. — Fleurs roses odorantes pleines et très bombées ; les pétales du centre d'un rose plus tendre.

PIVOINE luteo-alba.—Fleurs pleines; les pétales jaune verdâtre d'abord, ensuite d'un très beau blanc.

PIVOINE elegans. — Fleurs pleines, odorantes; les pétales extérieurs roses; plusieurs rangs intérieurs blanc rosé, le centre plus rose.

PIVOINE pulcherrima. — Fleurs roses, pleines, odorantes; le centre d'un rose plus tendre.

PIVOINE violacea grandiflora. — Fleurs rouge violacé.

PLUMBAGO Larpentæ. — Plante de serre tempérée que l'on peut cultiver en pleine terre pendant l'été et l'automne. Par ce mode de culture, elle végète vigoureusement, forme de larges touffes peu élevées, et donne en automne une grande quantité de fleurs bleues de la plus grande beauté. Multiplication de boutures ou d'éclats de pied.

PODOPHYLLE à feuilles peltées (*Podophyllum peltatum*).—Hauteur, $0^m.30$; fleurs blanches en mai; multiplication de graines ou de rejetons en automne.

POLÉMOINE bleue, Valériane grecque (*Polemonium cœruleum*). — Hauteur, $0^m.65$; fleurs bleues de mai en juillet; variété à fleurs blanches; multiplication de graines qui se sèment d'elles-mêmes, ou par la séparation des touffes. Tout terrain.

POTENTILLE agréable (*Potentilla amœna*). — Hauteur, $0^m.65$; fleurs roses tout l'été et l'automne; multiplication de graines et d'éclats.

POTENTILLE du Népaul (*P. Nepaulensis*). — Même hauteur; fleurs d'un beau rouge incarnat, tout l'été et l'automne.

POTENTILLE noir pourpre (*P. atrosanguinea*).—Même hauteur; fleurs d'un pourpre noir, tout l'été.

POTENTILLE à grandes fleurs (*P. grandiflora*). — Tiges couchées ; fleurs d'un beau jaune en juin.

PULMONAIRE de Virginie (*Pulmonaria Virginica*). — Hauteur, 0^m.65 ; de mars en mai, fleurs bleues, quelquefois rouges ou blanches ; multiplication par la séparation des touffes en automne.

PULMONAIRE de Sibérie (*P. Siberica*). — Fleurs bleues en mai et juin ; même multiplication.

RENONCULE des jardins (*Ranunculus Asiaticus*). — Hauteur, 0^m.20 à 0^m.25 ; variétés très nombreuses, simples, semi-doubles ou doubles, de presque toutes les couleurs. On les plante à environ 0^m.05 de profondeur, vers la fin de décembre, dans les terres légères, puis en février et mars dans toutes autres circonstances ; elles sont en fleurs de la fin d'avril ou au commencement de juin. Pour la culture et la multiplication, on observera tout ce que nous avons indiqué pour les Anémones.

ROSE Trémière (*Alcea rosea*). — Hauteur, 2 mètres à à 2^m.65 ; de juillet en septembre, fleurs simples, semi-doubles ou doubles, offrant presque toutes les nuances ; multiplication de graines semées en juin ; on repique les plantes en pépinière en juillet et on les plante en en automne ; on peut aussi les multiplier au moyen de leurs drageons. Plantées en ligne, les Roses trémières produisent un effet charmant. Pour éviter qu'elles ne soient rompues par le vent, il faut les attacher sur des lattes de treillage fixées sur des pieux qu'on enfonce de loin en loin. Pour celles plantées isolément, il faut mettre un tuteur à chacune, et, lorsque les touffes sont fortes, on place un cerceau au milieu des tiges, puis on les fixe dessus. Cette disposition produit un fort bon effet.

Rudbeckia pourpre (*Rudbeckia purpurea*).—Hauteur, 1 mètre; fleurs d'un pourpre rosé, disque pourpre noirâtre, de juillet en septembre; multiplication par la séparation des pieds en automne ou en mars.

Rudbeckia laciniée (*R. laciniata*). — Hauteur, 1^m.35; fleurs jaunes en juillet; même multiplication.

Rudbeckia velue (*R. hirsuta*). — Hauteur, 1 mètre à 1^m.50; fleurs jaunes à disque brun, de juillet en novembre; multiplication de graines semées aussitôt après la maturité.

Rudbeckia de Drummond (*R. Drummondii*). — Hauteur, 0^m.65; fleurs pourpre, l'extrémité des pétales jaune; pleine terre en été; multiplication de graines et de boutures.

Ruelle élastique (*Ruellia strepens*). — Hauteur, 0^m.40; en juillet et août fleurs d'un lilas tendre; multiplication de boutures, ou de graines semées sur couche au printemps.

Sainfoin d'Espagne (*Hedysarum coronarium*). — Hauteur, 0^m.65 à 1 mètre; en juillet, fleurs rouges, odorantes; variété à fleurs blanches; multiplication de graines semées au printemps; couverture l'hiver.

Sainfoin du Canada (*H. Canadense*). — Hauteur, 1 mètre; fleurs d'un pourpre violacé tout l'été; multiplication de graines ou d'éclats.

Sainfoin du Caucase (*H. Causaseum*). — Hauteur, 0^m.50; fleurs d'un beau violet pourpre, de mai en juillet; même multiplication.

Saponaire officinale (*Saponaria officinalis*). — Hauteur, 0^m.30; fleurs roses, odorantes, en juillet; variété à fleurs doubles; multiplication de traces.

18.

SAUGE éclatante (*Salvia splendens*).—Hauteur, 1 mètre à 1ᵐ.30 ; fleurs d'un rouge éclatant, en août ; multiplication de boutures faites sur couche, au printemps.

SAUGE éblouissante (*S. cardinalis*).—Même hauteur ; fleurs d'un rouge pourpre ; même multiplication.

SAUGE à fleurs larges (*S. patens*). — Hauteur, 1 mètre ; fleurs d'un beau bleu ; multiplication de graines, de boutures, et par la conservation des tubercules. Pour voir ces plantes dans toute leur beauté, il faut les mettre en pleine terre dès le mois de mai et les arroser fréquemment en été ; elles se couvriront de fleurs jusqu'aux gelées.

SAUGE à fleurs nombreuses (*S. floribunda* ou *azurea*). —Hauteur, 1 mètre à 1ᵐ.50 ; en septembre et octobre, fleurs terminales, grandes, nombreuses, d'un léger bleu d'azur ; très jolie ; couverture l'hiver.

SAXIFRAGE cotylédone (*Saxifraga cotyledon*), S. pyramidale (*S. pyramidalis*), Sedum pyramidale (*S. pyramidale*). — Hauteur, 0ᵐ.50 à 0ᵐ.60 ; fleurs d'un blanc pur, de mai en juillet ; multiplication de graines, ou par la séparation des rosettes qu'on repique en automne ou en février.

SAXIFRAGE de Sibérie (*S. crassifolia*, *Megasea crassifolia*). —Hauteur, 0ᵐ.33 ; fleurs d'un beau rose, en mars et avril ; multiplication de drageons.

SCABIEUSE du Caucase (*Scabiosa Caucasica*). — Hauteur, 0ᵐ.50 ; fleurs d'un bleu tendre, de juin en août ; multiplication de graines et d'éclats.

SCILLE agréable (*Scilla amœna*). —Plante bulbeuse ; hauteur, 0ᵐ.25 ; fleurs d'un joli bleu, en avril.

SCILLE d'Italie, Lis-Jacinthe des jardiniers (*S. Italica*).

— Hauteur, $0^m.16$; en avril et mai fleurs d'un joli bleu, odorantes.

SCILLE campanulée (. *S campanulata*). — Hauteur, $0^m.30$; fleurs d'un joli violet en juin; variété à fleurs blanches.

SCILLE du Pérou (*S. Peruviana*). — Hauteur, $0^m.33$, fleurs d'un joli bleu en mai; variété à fleurs blanches.

Moins rustique que les autres espèces, la *Scille du Pérou* exige d'être couverte pendant l'hiver.

On les multiplie toutes de caïeux que l'on plante en octobre ainsi que les bulbes.

SCUTELLAIRE à grandes fleurs (*Scutellaria macrantha*). — Hauteur, $0^m.20$ à $0^m.25$; fleurs d'un beau bleu, de juin en octobre; multiplication de graines ou d'éclats.

SCUTELLAIRE élevée (*S. altissima*). — Hauteur, 1 mètre à $1^m.30$; fleurs pourpre en juillet et août; multiplication de graines semées en place à l'automne.

SCUTELLAIRE du Levant (*S. orientalis*). — Tiges couchées; fleurs d'un beau jaune, en juillet et août; même multiplication.

SCUTELLAIRE des Alpes (*S. alpina*). — Hauteur, $0^m.20$ à $0^m.25$, fleurs bleues et blanches, de juin en octobre; même multiplication.

SENEÇON à feuilles d'Adonis (*Senecio adonidifolius*). — Hauteur, $0^m.65$ à 1 mètre; fleurs jaunes en juillet et août; on les multiplie de graines et d'éclats.

SENEÇON du Levant (*S. orientalis*). — Hauteur, $1^m.30$; fleurs jaunes, en juillet et août.

SENEÇON à larges feuilles (*S. Doria*). — Hauteur,

2 mètres; fleurs jaunes, de juillet en septembre. Très propre à la décoration des grands jardins.

Siléné de Virginie (*Silene Virginica*). — Hauteur, 0^m.25 à 0^m.30; fleurs écarlate en juillet; multiplication de graines en automne; couverture l'hiver.

Siphocampylos bicolor. — Hauteur, 1 mètre à 1^m.30; tout l'été fleurs rouges en dehors, jaunes en dedans; pleine terre en été; multiplication de boutures et d'éclats.

Soleil multiflore (*Helianthus multiflorus*). — Hauteur, 1 mètre à 1^m.30; fleurs jaunes d'août en septembre; tous se multiplient par la séparation des pieds en automne.

Soleil cotonneux (*H. mollis*). — Hauteur, 1 mètre; fleurs jaunes, d'août en septembre.

Soleil noir pourpre (*H. atrorubens*). — Hauteur, 1 mètre à 1^m.30; fleurs à disque d'un pourpre noirâtre, d'août en septembre.

Spirée reine des prés (*Spiræa ulmaria*). — Hauteur, 0^m.65 à 1 mètre; fleurs blanches, simples ou doubles, en juin et juillet; variété à feuilles panachées; arrosements fréquents en été; multiplication d'éclats.

Spirée barbe de bouc (*S. Aruncus*). — Hauteur, 1 mètre à 1^m.30; fleurs blanches, en juin et juillet; même culture. Mi soleil.

Spirée Filipendule (*S. Filipendula*). — Hauteur, 0^m.50; fleurs blanches, simples ou doubles, en juin et juillet; même culture.

Spirée à feuilles lobécs (*S. lobata*). — Hauteur,

1 mètre; fleurs roses, odorantes, en juillet; variété à feuilles panachées; même culture.

SPIRÉE trifoliée (*S. trifoliata*). — Hauteur, 0^m.65 à 1 mètre; fleurs blanches, en juin et juillet; même culture.

SPIGÉLIE du Maryland (*Spigelia Marylandica*). — Hauteur, 0^m.35; en août fleurs d'un beau rouge à l'extérieur, jaunes en dedans, légèrement odorantes, arrosements fréquents en été; multiplication de graines et d'éclats.

STENACTIS agréable (*Stenactis speciosa*). — Hauteur, 0^m.65; fleurs pourpre violacé, disque jaune, tout l'été; multiplicacion de graines ou par la division du pied.

STEVIA pourpre (*Stevia purpurea*). — Hauteur, 0^m.50; fleurs roses, disposées en corymbe, en juillet et août; multiplication de graines semées au printemps ou d'éclats; couverture l'hiver.

STEVIA à feuilles en scie (*S. serrata*). — Même hauteur; fleurs blanches, odorantes, en juillet et août; même culture.

SWERTIA vivace (*Swertia perennis*) — Hauteur, 0^m.33; fleurs bleues en juin et juillet; arrosements fréquents en été; multiplication de graines semées aussitôt après la maturité.

TANAISIE commune (*Tanacetum vulgare*). — Hauteur, 1^m.30; fleurs d'un beau jaune en août; multiplication de drageons.

TIGRIDIE à grandes fleurs (*Tigridia pavonia*). — Plante bulbeuse; hauteur, 0^m.40 ou 0^m.50; fleurs jaunes ou écarlate, ponctuées de pourpre foncé; elles se succèdent de juillet en août, mais elles ne durent chacune que huit on dix heures; multiplication par caïeux, que l'on sépare en mars et avril, et que l'on replante de suite, ainsi que les bulbes, à 0^m.05 de profondeur.

TOURNEFORT couché (*Tournefortia heliotropioides*). — Hauteur, 0^m.35; tout l'été fleurs bleuâtres; pleine terre en été; multiplication de graines et de boutures.

TROLLE d'Europe (*Trollius Europæus*). — Hauteur, 0^m.50 à 0^m.60; fleurs d'un beau jaune en mai; multiplication de graines semées au printemps, ou par l'éclat des pieds en automne.

TROLLE d'Asie (*T. Asiaticus*). — Hauteur, 0^m.65 à 1 mètre; fleurs d'un beau jaune orangé en juin; même multiplication.

TUBÉREUSE des jardins (*Polyanthe tuberosa*). — Plante bulbeuse; hauteur, 1 mètre à 1^m.30; de juillet en septembre, fleurs blanches à odeur très suave, simples ou doubles; multiplication de caïeux qu'on ne sépare qu'au printemps pour les planter sur couche. La plantation des bulbes à fleur doit avoir lieu au mois de mars, et en pots, qui sont placés sur une couche et sous châssis. Tant que l'oignon ne pousse pas, il ne faut lui donner que peu d'eau; mais dès qu'il a quelques feuilles, il faut l'arroser fréquemment.

TULIPE de Gessner ou des Fleuristes (*Tulipa Gessneriana*). — Cette espèce a fourni, par le semis, un nombre considérable de variétés nuancées des couleurs les plus vives. Elles aiment une terre douce et substantielle, rendue légère par des engrais très consommés. On les multiplie de graines semées en pleine terre, depuis septembre jusqu'en novembre, ou de caïeux qu'on replante en septembre au plus tard. La plantation des oignons à fleurs doit avoir lieu à la fin d'octobre ou au commencement de novembre. Après avoir bien préparé le terrain, on le divise ordinairement par plates-bandes d'environ 1 mètre de large, on trace un rang au milieu, puis deux de chaque côté, les disposant de manière qu'ils soient à égale distance, et les deux premiers à $0^m.12$ ou $0^m.15$ du bord, et, comme pour les Jacinthes, on ouvre un sillon avec la binette, en commençant la plantation par le rang du milieu, pour lequel on choisit les plus élevées; car, en admettant qu'on ne possède pas une collection classée par noms et couleurs, elle doit au moins être rangée par hauteurs. On place ses Tulipes à environ $0^m.15$ les unes des autres sur la ligne, et on les appuie légèrement de manière qu'elles soient recouvertes d'environ $0^m.08$ de terre; puis on rapproche la terre, afin qu'il n'existe aucun vide. On procédera de même pour chaque rang, en ayant soin de placer les oignons en échiquier. Après la plantation, on étend sur le tout un bon paillis de fumier à moitié consommé, et jusqu'à la floraison tous les soins consistent à donner quelques binages, à arracher les mauvaises herbes, et en quelques bassinages au printemps si la température l'exige. La floraison est ordinairement dans toute sa beauté vers les premiers jours de mai. Si l'on veut prolonger la durée des fleurs et jouir de tout leur éclat, il faut, vers la fin d'avril, élever une petite charpente sur laquelle on étend une toile au moment du soleil. Aussitôt après que les Tulipes sont défleuries, on étête celles dont on ne veut pas conserver la graine, afin que la séve reste concentrée dans l'oignon, ce qui augmentera sa vigueur pour la floraison de l'année suivante. On laisse les oignons en terre jusqu'à leur parfaite maturité, qui a lieu ordinairement vers la fin de juin; mais, pour les arracher, il faut choisir un beau temps, et à mesure qu'on les retire de terre, on détache les caïeux et les vieilles racines, puis, en frottant légèrement avec le pouce, on enlève les vieilles écorces. Mais il faut surtout éviter de laisser les oignons exposés au soleil, car le plus grand nombre seraient perdus. On place chaque rang immédiatement dans une case avec son numéro d'ordre, puis l'on dépose tous ses oignons dans un lieu bien aéré, mais où ils ne puissent pas être atteints par la gelée.

Comme nous l'avons indiqué pour les Jacinthes, on peut semer au printemps un peu de graines de Pied-d'Alouette dans les planches de Tulipes pour garnir le terrain, en attendant l'époque d'enlever les oignons.

Tussilage odorant, Héliotrope d'hiver (*Tussilago fragrans*). — Hauteur, 0^m.30 ; de novembre en janvier, fleurs d'un blanc purpurin, à odeur d'Héliotrope ; multiplication de drageons.

Valériane rouge (*Valeriana rubra*). — Hauteur, 0^m.65 à 1 mètre ; fleurs rouges ou blanches, de juin en octobre ; toutes se multiplient de graines semées en place en automne ou au printemps, ou par la séparation de leurs pieds.

Valériane des jardiniers (*V. Phu*). — Hauteur, 1 mètre à 1^m.30 ; fleurs blanches de mai en juillet.

Valériane des Pyrénées (*V. Pyrenaica*). — Hauteur, 1 mètre à 1^m.65 ; fleurs purpurines en mai et juin ; multiplication par division des touffes.

Vélar de Barbarie, Herbe de Sainte-Barbe (*Erysimum Barbarea*). — Hauteur, 0^m.65 ; en mai fleurs jaunes, simples ou doubles ; multiplication d'éclats en automne.

Véraire blanc, Hellébore blanc (*Veratrum album*).

— Hauteur, 1 mètre ; fleurs blanches en juin et août ; multiplication de graines et de bulbes.

Véraire noir (*V. nigrum*). — Plus haut que le précédent ; fleurs brunâtres de juin en août ; même multiplication.

Verge d'or du Canada (*Solidago Canadensis*).—Hauteur, 0^m.65 ; fleurs d'un jaune brillant de juillet en septembre ; on les multiplie de graines semées aussitôt après la maturité, ou par la séparation des pieds en automne.

Vernonie de New-York (*Vernonia Noveboracensis*).—Hauteur, 1 mètre à 1^m.35 ; fleurs purpurines en septembre ; on les multiplie de drageons ou par l'éclat des pieds.

Vernonie élevée (*V. præalta*).—Hauteur, 1^m.65 à 2 mètres ; fleurs d'un pourpre violâtre en octobre et novembre ; même multiplication.

Véronique à épis (*Veronica spicata*).—Hauteur, 0^m.50 ; fleurs d'un bleu tendre de juin en août ; variétés à fleurs blanches ; toutes ces variétés se multiplient de graines semées au printemps ou par la séparation des pieds en automne.

Véronique élégante (*V. elegans*). — Hauteur, 0^m.40 à 0^m.45 ; terre meuble ; épis nombreux de jolies petites fleurs roses en juin ; multiplication d'éclats.

Véronique à feuilles de Gentiane (*V. gentianoides.*)— Hauteur, 0^m.65 ; fleurs d'un bleu pâle en juin.

Véronique maritime (*V. maritima*).—Hauteur, 0^m.65 ; fleurs d'un beau bleu en mai et juin ; variétés à fleurs blanches et à fleurs carnées.

Véronique blanchâtre (*V. incana*). — Hauteur, 0^m.50 à 0^m.60 ; fleurs bleues de juillet en septembre.

19

VÉRONIQUE de Virginie (*V. Virginiana*). — Hauteur, 2 mètres à 2ᵐ.30 ; fleurs blanches de juillet en octobre.

VÉRONIQUE à feuilles de Germandrée (*V. teucrium*). — Hauteur, 0ᵐ.35 ; fleurs veinées de rouge en mai et juin.

VERVEINES hybrides (*Verbena hybrida*). — Les Verveines, connues autrefois sous le nom de *Mélindres* et *Teucrioïdes*, ont produit un nombre considérable de charmantes variétés de toutes nuances, que l'on cultive sous le nom de *Verveines hybrides*.

On les multiplie de graines, que l'on sème aussitôt après la maturité, ou bien en mars et avril sur couche. On les multiplie également de boutures, que l'on repique sous cloches ou sous châssis en août et septembre.

Dans le courant de l'automne, lorsqu'elles sont bien enracinées, on relève le plant avec soin pour le mettre en pot, que l'on place aussitôt après sous un châssis pour passer l'hiver.

Au printemps on donne des pots plus grands au jeune plant, on pince l'extrémité de toutes les branches afin d'avoir de fortes plantes, et en mai, quand on n'a plus de gelées à craindre, on procède à la plantation, en ayant soin de bien varier les couleurs en plantant.

Cultivée en pleine terre, en ligne ou par groupes, il n'est pas de plante qui produise un plus bel effet, et qui donne surtout une plus grande quantité de fleurs.

ZAUS CHNÉRIA de Californie (*Zaus chneria Californica*). — Charmante petite plante à fleurs rouge écarlate, qu'on multiplie de boutures ou de graines semées en juillet en pépinière.

On hiverne le jeune plant sous châssis, et au printemps on le plante en pleine terre par groupe comme les Verveines et les Pétunia.

SECTION IV. — PLANTES POUR L'ORNEMENT DES EAUX.

1. — Plantes à feuilles flottantes.

ALISMA flottant (*Alisma natans*). — Fleurs blanches.

CORNIFLE à fruits épineux (*Ceratophyllum demersum*). — Fleurs herbacées en juin et juillet ; variété à fruits lisses.

FLÉCHIÈRE aquatique (*Sagittaria sagittifolia*). — Fleurs blanches en juin ; multiplication de graines.

MACRE flottante (*Trappa natans*). — Fleurs blanches en juin ; multiplication de graines.

MENYANTHE Trèfle d'eau (*Menianthes trifoliata*). — Fleurs blanches en juillet.

MORRÈNE grenouillette (*Hydrocharis morsus ranæ*). — Fleurs blanches en juin.

NÉNUPHAR blanc, Lis d'étang (*Nymphæa alba*). — Fleurs blanches ou jaunes en juin, juillet et août.

NÉNUPHAR odorant (*N. odorata*). — Fleurs blanches doubles, odorantes en juillet.

RENOUÉE amphibie (*Polygonum amphibium*). — Fleurs rouges en juillet.

VILLARSIE à feuilles de Nénuphar, Ménianthe (*Villarsia nymphoides*). — Fleurs jaunes en juillet.

2. — Plantes s'élevant au-dessus de la surface des eaux.

ACORE odorant (*Acorus Calamus*). — Hauteur, 1 mètre à 1ᵐ.50 ; fleurs odorantes, en chatons en juillet.

IRIS des marais, GLAIEUL des marais (*Iris Pseudo-Acorus*). — Hauteur, 1^m.33 ; fleurs d'un beau jaune en juin.

MASSETTE à larges feuilles (*Typha latifolia*). — Tiges de 1^m.65 à 2 mètres, terminées par un épi ; fleurs brunes en juillet.

MASSETTE à feuilles étroites (*T. angustifolia*). — Moins élevée que la précédente.

NAÏADE à feuilles lancéolées (*Naias monosperma*). — Hauteur, 0^m.15 ; fleurs herbacées en août et septembre ; multiplication de graines qui se ressèment elles-mêmes.

PATIENCE aquatique (*Rumex hydrolapathum*). — Hauteur, 1^m.50 à 2 mètres ; fleurs verdâtres en juillet.

PONTEDÉRIE à feuilles en cœur (*Pontederia cordata*). — Fleurs bleues en mai. On peut également cultiver cette belle plante sur le bord de l'eau.

PESSE D'EAU (*Hippuris vulgaris*). — Hauteur, 0^m.15 à 0^m.20 ; fleurs d'un blanc sale en mai.

RENONCULE à feuilles longues, GRANDE Douve (*Ranunculus lingua*). — Tiges d'un mètre ; fleurs jaunes en juin et successivement jusqu'en octobre.

RUBAN d'eau (*Sparganium natans*). — Plante peu élevée, à feuilles lancéolées ; fleurs en chatons en juillet.

SALICAIRE effilée (*Lythrum virgatum*). — Hauteur, 1 mètre à 1^m.33 ; fleurs d'un rose pourpre en juillet et août.

Toutes les Salicaires peuvent également être cultivées sur le bord de l'eau.

Scirpe des étangs (*Scirpus lacustris*). — Plante très élevée, donnant en juillet des fleurs disposées en épis terminaux.

Sparganium flottant (*Sparganium natans*). — Hauteur, 0^m.33 ; fleurs en chatons en juillet.

Toutes ces plantes peuvent être cultivées dans de grands pots ou dans des baquets que l'on plonge dans l'eau.

3. — *Plantes propres à la décoration du bord de l'eau.*

Alisma plantain d'eau (*Alisma Plantago*). — Hauteur, 0^m.65 ; fleurs blanches ou rougeâtres en juillet.

Butome ombellé, Jonc fleuri (*Butomus umbellatus*). — Hauteur, 1 mètre ; fleurs roses en juillet ; variété à feuilles panachées.

Linaigrette à gaînes (*Eriophorum vaginatum*). — Hauteur, 0^m.33 ; en mars et avril, épis couverts de longues soies blanches.

Lysimachie à feuilles de saule (*Lysimachia ephemerum*). — Hauteur, 1 mètre ; fleurs blanches de juillet en septembre ; multiplication de graines semées sur couche, fréquemment arrosées, ou de l'éclat des pieds.

Lysimachie thyrsiflore, Naumburgia thyrsiflore (*L. thyrsiflora*). — Hauteur, 0^m.33 ; fleurs jaunes en juin et juillet ; multiplication de graines et d'éclats.

Lysymachie ponctuée (*L. punctata*). — Hauteur, 1^m.65 ; fleurs jaunes en juillet.

Parnassie des marais (*Parnassia palustris*). — Hauteur, 0^m.25 à 0^m.30 ; fleurs blanches tachées de jaune en juin et juillet.

PHALARIS rubané, ROSEAU ruban (*Phalaris arundinacea picta*). — Hauteur, 1 mètre; feuilles rubanées de jaune; fleurs disposées en panicule spiciforme, blanchâtre du côté de l'ombre, pourpre du côté du soleil; multiplication par traces.

POPULAGE des marais, SOUCI des marais (*Caltha palustris*). — Hauteur, 0^m.33; en avril et mai, fleurs d'un beau jaune, simples ou doubles.

RENONCULE flamette (*Ranunculus flammula*). — Hauteur, 0^m.40; fleurs jaunes en juin et juillet.

ROSEAU à quenouille (*Arundo Donax*). — Hauteur, 2^m.65 à 4 mètres; fleurs pourpre en août; variété à feuilles panachées, moins élevée et plus délicate.

SCORPIONE des marais, Souvenez-vous-de-moi (*Myosotis palustris*). — Tiges de 0^m.20 à 0^m.26; fleurs d'un bleu céleste d'avril en août; multiplication de graines semées au printemps, de boutures ou par l'éclat des pieds.

SPIRÉES. — Presque toutes les espèces herbacées se plaisent sur le bord des eaux et produisent un effet agréable.

4. — *Arbres et arbustes.*

AIRELLE veinée (*Vaccinium uliginosum*). — Tiges rampantes; fleurs blanches ou carnées en mai et juin.

AIRELLE caneberge (*V. oxycoocos*). — Tiges comme la précédente; fleurs rouges en mai; baies rouges avec des points pourpre.

AUNE. — Tous aiment une terre humide, marécageuse ou même submergée. (V. *Arbres d'agrément.*)

CÉPHALANTHE d'Amérique, Bois-bouton (*Cephalanthus occidentalis*). — Hauteur, 1^m.30 à 1^m.65; fleurs blanches en août et septembre.

CHIONANTHE de Virginie, Arbre de neige (*Chionanthus Virginica*). — Hauteur, 2^m.65 à 4 mètres; fleurs blanches en juin.

CYPRÈS chauve de la Louisiane (V. *Arbres d'agrément.*)

DIRCA des marais, bois cuir (*Dirca palustris*). — Hauteur, 1^m.33 à 2 mètres; fleurs d'un blanc jaunâtre en mars et avril.

GALÉ Piment royal (*Myrica Gale*). — Hauteur, 1 mètre à 1^m.33; fleurs en chaton en mai.

GALÉ de Pensylvanie (*M. Pensylvanica*). — Hauteur, 1^m.65 à 2 mètres; fleurs comme le précédent.

HAMAMÉLIS de Virginie (*Hamamelis Virginica*). — Hauteur, 1^m.33 à 1^m.65; fleur d'un blanc jaunâtre en automne.

PEUPLIERS. — Ils se plaisent dans les terrains humides, et tous sont propres à la décoration des pièces d'eau et rivières. (V. *Arbres d'agrément.*)

SAULES. — Tous les Saules conviennent aux sites aquatiques des jardins paysagers et peuvent être avantageusement placés au bord des eaux, où ils produisent un effet très pittoresque. (V. *Arbres d'agrément.*)

TAMARIX de Narbonne (*Tamarix Gallica*). — Hauteur, 2^m.65 à 3^m.33; fleurs d'un blanc purpurin de mai en octobre.

TAMARIX d'Allemagne (*T. Germanica*). — Hauteur,

2ᵐ.33 à 2ᵐ.65; fleurs d'un pourpre pâle ou rose de juin en septembre.

Tupélo velu (*Nyssa villosa*). — Grand et bel arbre; à fleurs verdâtres en juin; fruit bleu.

Aquatique. | Des forêts.

Viorne Obier, Sureau aquatique (*Viburnum Opulus*). — Hauteur, 1 mètre à 1ᵐ65; fleurs blanches en mai et juin; baies rouges.

Section V. — Plantes pour rocailles.

Androsace velue (*Androsace villosa*).—Hauteur, 0ᵐ.03 ou 0ᵐ.04; fleurs blanches de juin en août.

Androsace lactée (*A. lactea*).—Hauteur, 0ᵐ.08; fleurs blanches, jaunâtres en dehors, en juin.

Androsace rose (*A. carnea*).—Hauteur, 0ᵐ.05; fleurs rouges en août.

Drave des Pyrénées (*Draba Pyrenaica*).—Fleurs d'un blanc purpurin au printemps; exposition ombragée.

Érine des Alpes (*Erinus Alpinus*). — Hauteur, 0ᵐ.15; fleurs purpurines ou blanches en mars et avril.

Fougères. — Les *Adianthum, Aspidium, Polypodium, Pteris, Scolopendrum, Struthiopteris* et quelques-unes de leurs variétés peuvent être placés entre les pierres des rochers comme on en figure souvent dans les jardins paysagistes.

Gypsophile des murs (*Gypsophila muralis*).—Hauteur 0ᵐ.15 ou 0ᵐ.20; fleurs rougeâtres veinées de pourpre de juin en octobre.

Iris Germanica.—Il n'est pas de plante plus rustique

que les *Iris;* aussi, elles conviennent tout particulièrement pour garnir les rocailles.

Joubarbe des toits (*Sempervivum tectorum*).—Hauteur,
0^m.33; fleurs purpurines de juillet en septembre.

Linaire cymbalaire (*Linaria cymbalaria*). — Tiges
rampantes ; fleurs bleues tout l'été.

Lychnide des Alpes (*Lychnis Alpina*).—Hauteur, 0^m.10
à 0^m.15, fleurs rouge pourpre en avril et mai.

Pervenche grande (*Vinca major*). — Tiges d'environ
0^m.65; les unes droites, les autres couchées; fleurs
bleues tout l'été; variété à feuilles panachées.

Pervenche petite (*V. minor*).—Fleurs bleues, simples
ou doubles; variété à fleurs blanches.

• Pervenche herbacée (*V. herbacea*).—Fleurs bleu foncé,
ou doubles; variété à fleurs rougeâtres.

Primevères. (V. *Primevères*.)

Sabline des montagnes (*Arenaria montana*). — Hauteur, 0^m.20 à 0^m.25 ; fleurs blanches.

Sabline à grandes fleurs (*A. grandiflora*). — Hauteur,
0^m.10 ou 0^m.15; fleurs semblables à celles de la précédente.

Saponaire officinale (*Saponaria officinalis*). — Hauteur, 0^m.65 à 1 mètre; en juillet fleurs d'un rose pâle,
en bouquets terminaux, odorantes; variété à fleurs
doubles.

Saxifrage sarmenteuse (*Saxifraga sarmentosa*). —
Tiges rampantes; fleurs blanches en juin et juillet;
touffe basse, étalée, d'un beau vert.

19.

SÉDUM à feuilles de Peuplier (*Sedum populifolium*). —
Tiges étalées; fleurs odorantes, blanches, lavées de
rose, en juillet.

SÉDUM des rochers (*S. rupestre*). — Fleurs jaunes en
août.

SÉDUM de Siébold (*S. Sieboldii*). —Fleurs roses tout
l'été; couverture l'hiver.

1. — *Arbres et arbrisseaux.*

AIRELLE anguleuse (*Vaccinium myrtillus*).—Hauteur,
0ᵐ.65; fleurs d'un blanc rosé en mai; baies d'un bleu
noirâtre.

ASTRAGALE adragant (*Astragalus tragacantha*), —
Hauteur, 0ᵐ.33; fleurs blanches en juin et juillet.

CAPRIER commun (*Capparis spinosa*). — Hauteur,
1 mètre à 1ᵐ.33; fleurs blanches en juin et juillet; couverture l'hiver

CHÊNE Kermès (*Quercus coccifera*).—Hauteur, 1 mètre; glands ovales ne mûrissant que la seconde année.

FONTANESIA à feuilles de Filaria (*Fontanesia Phylli-
reoides*).—Hauteur, 2ᵐ.65; fleurs blanches, puis rougeâtres, en mai.

GROSEILLIER stérile (*Ribes sterilis*).—Fleurs jaunes en
avril.

JASMIN jaune (*Jasminum fruticans*).—Hauteur, 1 mètre à 1ᵐ.33; fleurs jaunes de mai en septembre; baies
noirâtres.

LYCIET de la Chine (*Lycium Sinense*).— Hauteur,

2^m.65 à 3^m.33 ; fleurs d'un violet purpurin tout l'été ; baies rouges.

Lyciet à feuilles étroites jasminoïdes (*L. barbarum*). — Diffère du précédent par ses feuilles un peu plus larges et par ses fleurs d'un blanc pourpre.

Lyciet d'Europe (*L. Europæum*). — Hauteur, 2 mètres à 2^m.65 ; fleurs blanchâtres.

Millepertuis à grandes fleurs (*Hypericum Calycinum*). — Hauteur , 0^m.33 ; fleurs d'un beau jaune de juin en septembre.

Ronce commune (*Rubus fructicosus*). — On en cultive plusieurs variétés ; les plus remarquables sont :

Ronce à fleurs blanches doubles. — Fleurs semblables à de petites roses de juin en novembre.

Ronce à feuilles découpées. — Fleurs roses de juillet en septembre.

Ronce à fleurs roses. — Fleurs roses très doubles.

Section VI. — Plantes grimpantes pour garnir les murs, berceaux, tonnelles.

1. — *Plantes annuelles et vivaces.*

Capucine grande (*Tropæolum majus*). — Fleurs jaune orangé tout l'été ; variétés à fleurs brunes ; semer en place en avril.

Cobée grimpante (*Cobea scandens*). — Fleurs violettes tout l'été ; semer sur couches en mars, et dès qu'ils ont quelques feuilles on les repique dans de petits pots qu'on laisse sur couche jusqu'à la fin d'avril ou au commencement de mai, époque de les mettre en pleine terre.

GESSE odorante, Pois de senteur (*Lathyrus odoratus*). —Fleurs violettes, roses ou blanches, odorantes; semer en place en automne ou au printemps.

GESSE de Tanger (*L. Tingitanus*).—Fleurs d'un rouge pourpre foncé de juillet en octobre; semer en place au printemps.

GESSE à larges feuilles, Pois vivace (*L. latifolius*).— Plante vivace; fleurs d'un rose pourpre de juillet en septembre; semer en place en automne ou au printemps.

HARICOT d'Espagne (*Phaseolus coccineus*).—Fleurs rouge écarlate tout l'été, variété à fleurs blanches et à fleurs bicolores; semer en place en avril.

IPOMÉE pourpre, VOLUBILIS (*Convolvulus purpureus, Ipomœa purpurea*). — Pendant l'été fleurs pourpre, blanches, bleues ou panachées. Tous se sèment en place en avril et mai.

IPOMÉE Nil ou de Michaux (*I. Nil, C. Nil*)— Fleurs d'un bleu azuré tout l'été.

IPOMÉE écarlate, QUAMOCLIT écarlate (*I. coccinea*). — Fleurs écarlates tout l'été.

THUMBERGIA à pétioles ailés (*Thumbergia alata*). — Fleurs jaunes avec le centre pourpre tout l'été; variété à fleurs blanches; semer sur couche au printemps et repiquer le plant en pleine terre.

2. — *Plantes grimpantes de serre tempérée que l'on peut mettre en pleine terre tout l'été.*

BOUSSINGAULTIA basselloïdes. — Grande plante sarmenteuse, fleurs blanches, petites, très odorantes.

Multiplication de boutures qui s'enracinent facilement et par les tubercules; couverture l'hiver.

CALYSTEGIA pubescens. — En août et septembre fleurs grandes, très doubles, d'un rose tendre, nuancé de rose plus vif.

Cette charmante plante se multiplie par séparation des racines.

DIOCLÉE glycinoïde (*Dioclea glycinoides*). — Fleurs d'un rouge très vif en automne; multiplication de boutures.

ECCREMOCARPUS rude (*Eccremocarpus scaber*). — Fleurs coccinées en juillet et août; semer aussitôt après la maturité.

IPOMÉE de Léar (*Ipomœa Learii*). — Fleurs grandes, d'un beau bleu tout l'été et l'automne; multiplication de boutures.

LOASA à fleurs rouges (*Loasa lateritia*). — Fleurs rouge orangé tout l'été; multiplication de graines ou de boutures.

LOASA à fleurs orangées (*L. aurantiaca*). — Fleurs jaunes tout l'été; même multiplication.

LOPHOSPERME à fleurs roses (*Lophospermum erubescens*). — Fleurs roses tout l'été; multiplication de graines et de boutures.

LOPHOSPERME volubile (*L. volubile*). — Moins élevée que la précédente; fleurs roses tout l'été; même multiplication.

MAURANDIE toujours fleurie (*Maurandia semperflorens*). — Fleurs d'un rose pourpre tout l'été. On les

multiplie de graines semées sur couche au printemps
et de boutures.

MAURANDIE à fleurs de Muflier (*M. anthirriniflora*).—
Fleurs liliacées tout l'été.

MAURANDIE de Barclay (*M. Barclayana*). — Fleurs
d'un beau bleu tout l'été.

3. — *Arbrisseaux* [1].

ARISTOLOCHE siphon (*Aristolochia sipho*). — En mai et
juin fleurs d'un pourpre obscur, en forme de pipe.

Tomenteuse. | * Sempervirens.

ATRAGÈNE des Alpes (*Atragene alpina*).— Fleurs bleu
clair en juin et juillet.

ATRAGÈNE de Sibérie (*A. siberica*). — Fleurs blanches.

ATRAGÈNE de l'Inde (*A. indica*).— Fleurs d'abord
verdâtres, puis blanches, d'avril en novembre; couverture l'hiver.

ATRAGÈNE à vrilles (*A. cirrhosa*). — Fleurs d'un blanc
verdâtre en automne.

BIGNONE, JASMIN de Virginie (*Bignonia radicans*).—
Fleurs grandes, d'un rouge écarlate en juillet et août.

BIGNONE à grandes fleurs (*B. grandiflora*). — Fleurs
safranées.

'BIGNONE à vrilles (*B. capreolata*).— En juin fleurs
d'un jaune orangé au sommet, pourpre à leur base.

CÉLASTRE grimpant, BOURREAU des arbres (*Celastrus*

(1) Les plantes marquées d'un astérisque sont à feuillage persistant.

scandens). — Fleurs verdâtres en mai et juin; fruit rouge.

CHÈVREFEUILLE des jardiniers (*Lonicera caprifolium*). —En mai et juin fleurs à odeur suave, roses en dedans, plus ou moins rouges en dehors. Variété à fleurs blanches et à feuilles panachées.

Flava.	Simpervirens.
Japonica.	Sinensis.

CLÉMATITE odorante (*Clematis flammula*). — Fleurs blanches, très odorantes, en juillet et août.

Azurea.	Hendersoni.
Bicolor.	Montana.
Florida.	Verticella.

DÉCUMAIRE sarmenteux (*Decumaria barbara*).—Fleurs blanches d'une odeur suave en août et septembre.

GLYCINE de la Chine (*Glycine sinensis*). — Fleurs grandes d'un bleu pâle ou blanches, à odeur suave, en avril.

GLYCINE frutescente (*O. frutescens*). — Fleurs violettes de juin en septembre.

Backhousiana.	Floribunda.

GRENADILLE bleue, Fleur de la Passion (*Passiflora cœrulea*). — Fleurs blanches, bleues et purpurines de juillet en octobre; couverture l'hiver.

GRENADILLE incarnate (*P. incarnata*).—Fleurs blanches purpurines, violettes et noires, en juillet et août; couverture l'hiver.

HOUBLON cultivé (*Humulus lupulus*). — Fleurs jaunes en cône écailleux, de juin en août.

Jasmin blanc (*Jasminum officinale*). Fleurs blanches à odeur suave tout l'été.

Jasmin triomphant (*J. revolutum*).—Fleurs d'un jaune vif très odorantes; couverture l'hiver.

Lierre grimpant (*Hedera helix*). — Fleurs petites, verdâtres en septembre et octobre; baies noires; variété à feuilles panachées de blanc ou de jaune.

Lierre d'Irlande (*H. hibernica*).—Feuilles plus grandes; produit plus d'effet.

Ménisperme du Canada (*Menispermum Canadense*).— Fleurs petites, verdâtres de juin en juillet.

De la Caroline.	De Virginie.

Morelle grimpante, Vigne de Judée (*Solanum dulcamara*).—Fleurs violettes en juin et juillet; baies rouges.

A feuilles panachées.	A feuilles de Jasmin.

Périploca de Grèce (*Periploca græca*). —Fleurs pourpre noirâtre en juin et juillet.

4. — *Rosiers.*

Des Alpes.

Boursault, fleurs roses, semi-doubles.	Reversa, fleurs pourpre.
Calypso, fleur blanche nacrée.	Inermis, fleurs rose pâle.

Banks.

A fleurs blanches.	A fleurs jaunes.

A bractées.

Ayrschyres, fleur double carnée, à odeur de thé.	Maria-Léonida, fl. blanches.
Macartney, fleurs blanches.	Triomphe de Machetteau, fleur rose, striée blanc.

Des champs.

| A fleurs roses. | A grandes fleurs blanches. |

Multiflore.

| A fleurs roses doubles. | Gaulhie, fleurs blanches. |
| A fleurs rouges doubles. | Laure Davoust, fl. carné vif. |

Muscat.

Blanches simples.	Princesse de Nassau, fleurs
— doubles.	blanches.
Comtesse Plater, fleurs blanc	Dupont, fleurs blanc. simples.
jaunâtre.	Éponine, fleurs blanc. doubles.

Noisette.

Chromatella jaune foncé.	Desprez, fleurs jaune rosé.
Euphrosine, rose et jaunâtre,	Lamarque, fleurs blanches.
odorant.	Labiche, fleurs blanches, cœur
Noisette ordinaire, fleur cou-	rose.
leur de chair.	Solfatare, jaune soufre.

Toujours vert.

Scandens, fleurs blanches.	Princesse Marie, fleurs rose
Adélaïde d'Orléans, fleurs blan-	tendre.
ches.	Félicité-Perpétue, fleurs blanc
	carné.

SCHIZANDRE cocciné (*Schizandra coccinea*). —Fleurs coccinées en juillet; couverture l'hiver.

VIGNE vierge (*Cissus quinquefolia*). —Fleurs verdâtres en automne.

| D'Orient. | Hétérophylle. |

SECTION VII. — ARBRISSEAUX ET ARBUSTES A FEUILLES CADUQUES [1].

Chaque fois que la culture des arbrisseaux, arbustes et arbres n'offrira rien de particulier, nous n'entrerons dans aucun détail à ce sujet. Tous se multiplient de graines, de greffes, de boutures ou de marcottes ; mais nous n'avons pas jugé nécessaire d'indiquer le mode de reproduction de chacun, car ce n'est guère que dans les pépinières qu'on peut se livrer à leur éducation avec avantage. Quant à l'époque de la plantation, on devra toujours tenir compte de la nature du terrain et observer tout ce qui est indiqué pour les arbres fruitiers.

AMANDIER nain (*Amygdalus nana*). — Hauteur, 0^m.65 à 1 mètre ; fleurs d'un beau rose en avril ; variété à fleurs doubles.

De Géorgie.
De Perse.

A feuilles panachées.

AMELANCHIER du Canada (*Cratægus Canadensis*). — Hauteur, 3^m.33 à 4 mètres ; fleurs blanches en avril ; fruits presque noirs.

AMELANCHIER à grappes (*C. racemosa*). — Hauteur, 2^m.65 à 3^m.33 ; fleurs blanches en avril et mai ; fruits noirs.

AMELANCHIER à épis (*C. spicata.*) — Hauteur, 2 mètres à 2^m.65 ; fleurs blanches en mai ; fruits rouges.

AMORPHA frutiqueux, faux-Indigo (*Armorpha fruti-*

(1) En procédant à la plantation des espèces marquées d'un astérisque, il faut garnir, dans le principe seulement, les racines de terre de bruyère afin de favoriser leur reprise.

cosa). — Hauteur, 2 mètres à 2^m.65 ; fleurs d'un bleu violâtre en juin et juillet.

| De Ludwig. | A feuilles glabres. |

ARGOUSIER rhamnoïdes (*Hippophae rhamnoides*). — Hauteur, 2 mètres à 2^m.33 ; rameaux épineux ; feuilles blanchâtres tachées de roussâtre ; fleurs verdâtres en avril ; baies orangées.

*ASSIMINIER de Virginie, ANNONE à trois lobes (*Assiminia Virginiana*). — Hauteur, 3^m.33 à 4 mètres ; fleurs d'un pourpre très brun en mai et juin.

| A grandes fleurs. | A petites fleurs. |

*AZÉDARACH bipinné, ARBRE saint (*Melia Azedarach*). — Hauteur, 3^m.33 à 4 mètres ; en juillet fleurs d'un lilas tendre, à odeur suave ; couverture l'hiver.

BAGUENAUDIER ordinaire (*Colutea arborescens*). — Hauteur, 3^m.33 à 3 mètres ; fleurs jaunes tout l'été ; fruits vésiculeux.

BAGUENAUDIER du Levant (*C. orientalis*). — Hauteur, 2 mètres ; fleurs rouge safrané en juin et juillet.

BAGUENAUDIER d'Alep (*C. Alepica*). — Hauteur, 1^m.33 ; à 1^m.65 ; fleurs jaunes tout l'été.

BOURGÈNE (*Rhamnus frangula*). — Hauteur, 2^m.65 à 4 mètres ; fleurs verdâtres en avril et mai ; baies noires.

| Des Alpes. | A feuilles étroites. |

BUGRANE frutescente (*Ononis fruticosa*). — Hauteur, 1 mètre ; fleurs roses en mai et juin ; variété à fleurs blanches.

*CALYCANTHE de la Caroline, POMPADOUR, ARBRE aux

Anémones (*Calycanthus floridus*). — Hauteur, 2 mètres à 2ᵐ.65 ; de mai en août fleurs d'un rouge brun exhalant une odeur très agréable.

Nain. | Précoce.

CARAGANA arborescent (*Caragana arborescens, Robinia Caragana*). — Hauteur, 2 mètres à 3ᵐ.33 ; fleurs jaunes en mai.

CARAGANA frutescent (*C. frutescens*). — Hauteur, 1 mètre ; fleurs jaunes en mai.

CARAGANA argenté (*C. argentea*). — Hauteur, 1ᵐ.33 à 1ᵐ.65 ; fleurs d'un rose pâle en avril et mai.

Altagana. | Grandiflora.
Chamlagu. | Pygmæa.

CERISIER odorant, Bois de Sainte-Lucie (*Cerasus Mahaleb, Prunus Mahaleb*). — Hauteur, 4 à 5 mètres ; fleurs blanches odorantes en mai ; fruits noirs.

CESTREAU à baies noires (*Cestrum Parqui*). — Hauteur, 1ᵐ65 ; tout l'été fleurs jaunes, exhalant une agréable odeur pendant la nuit.

CHAMÉCERISIER de Tartarie (*Chamœcerasus Lonicera Tartarica*). Hauteur 2ᵐ.65 ; fleurs roses en dehors, blanches en dedans ; baies rouges.

Des Pyrénées. | Ledebour.

*CLETHRA à feuille d'Aune (*Clethra alnifolia*). — Hauteur, 1ᵐ.65 à 2 mètres ; fleurs petites, blanches, odorantes, en août.

Cotonneux. | Acuminé.

COIGNASSIER de la Chine (*Cydonia Sinensis*). — Hauteur, 1 mètre; fleurs d'un beau rouge, odeur suave, en avril et mai.

* Comptonie à feuille de Fougère (*Comptonia aspleniifolia*). — Hauteur, 0ᵐ.65 à 1 mètre ; fleurs en chatons de mars en mai.

Corète du Japon (*Corchorus Japonica, Spiræa Japonica*). — Hauteur, 1ᵐ.65 à 2 mètres; fleurs jaunes très doubles tout l'été et l'automne.

Coronille des jardins (*Coronilla Emerus*). —Hauteur, 1ᵐ. 33; fleurs d'un beau jaune, tachées de rouge, d'avril en juin.

Cornouiller sanguin (*Cornus sanguinea*). — Hauteur, 2ᵐ.65 à 4 mètres; rameaux d'un beau rouge; fleurs blanches en juin; baies noires.

De la Floride. | A feuilles alternes.

Cytise à feuilles sessiles, Trifolium (*Cytisus sessilifolius*). — Hauteur, 1ᵐ.65 à 2 mètres; fleurs jaunes en mars et juin.

Cytise à épis (*C. nigricans*). — Hauteur, 1 mètre à 1ᵐ.33; fleurs jaunes odorantes en juin et juillet.

Cytise à fleurs en tête (*C. capitatus*). — Hauteur, 0ᵗʳ.65; fleurs d'un jaune aurore en juin et juillet.

Adami. | A fleurs pourpre.
A fleurs blanches. | Biflore.

Daphné-Bois joli (*Daphne Mezereum*)—Hauteur, 0ᵐ.65 à 1 mètre; de décembre en février fleurs rose vif ou blanches, odorantes.

Daphné des Alpes (*D. Alpina*). — Hauteur, 0ᵐ.65; fleurs blanches odorantes en mai et juin.

DEUTSIE crénelée (*Deutsia scabra*). — Hauteur, 1 mètre; fleurs blanches tout l'été.

Canescens.	Corymbosa.

DEUTSIE à tiges effilées (*D. gracilis*).—Plus élevée que la précédente; en mai et juin fleurs disposées en petites grappes d'un beau blanc.

DIERVILLE jaune (*Diervilla lutea*). — Hauteur, 0ᵐ.65 à 1 mètre; fleurs jaunes de juin en novembre.

ÉPINE-VINETTE (*Berberis vulgaris*).— Hauteur, 2 mètres à 2ᵐ.65; fleurs jaunes en mai; fruits rouges dans la maturité.

A feuilles pourpre.	Du Canada.
— panachées.	Du Népaul.

FUSAIN commun, BONNET de prêtre (*Evonymus Europœus*). — Hauteur, 3ᵐ.33 à 4 mètres; fleurs blanchâtres en mai; fruits d'un beau rouge.

Atro purpureus,	Japonicus.
Americanus.	Latifolius.

GATTILIER commun (*Vitex agnus castus*). — Hauteur, 2ᵐ.65 à 4 mètres; fleurs violettes ou blanches en été.

Hybride.	A feuilles incisées.

GENÊT d'Espagne (*Genista juncea*). — Hauteur, 2 mètres; fleurs d'un beau jaune à odeur suave en juillet et août; variétés à fleurs doubles inodores.

A fleurs blanches.	Des teinturiers.
De Sibérie.	

*GORDONIA à feuilles glabres (*Gordonia Lasianthus*). —Hauteur, 4 mètres; fleurs blanches en septembre et octobre.

GORDONIA pubescent (*G. pubescens*).—Moins élevé que le précédent ; fleurs blanches en août et septembre.

GROSEILLIER doré (*Ribes aurea*). — Hauteur, 2^m.33 à 3 mètres ; fleurs jaunes odorantes en avril.

GROSEILLIER à fleurs rouges (*R. sanguinea*). — Hauteur, 1^m.65 à 2 mètres ; fleurs d'un rose vif en avril.

Albidum.	Sanguineum.
Malvaceum.	— flore pleno.
Gordonianum.	Speciosum.

HALÉSIE à quatre ailes (*Halesia tetraptera*). — Hauteur, 4 à 5 mètres; fleurs blanches, nombreuses, en mai.

HALÉSIE à deux ailes (*H. diptera*). — Cette espèce ne diffère de la précédente que par ses feuilles un peu plus larges et ses graines.

ˣ HYDRANGÉE de Virginie (*Hydrangea arborescens*). — Hauteur, 1 mètre à 1^m.33 ; fleurs blanches en juillet.

A feuilles de Chêne.	Glauque.

ˣ ITEA de Virginie (*Itea Virginica*). — Hauteur, 1 mètre à 1^m.33 ; fleurs blanches en juin.

ITEA à grappes (*I. racemiflora*). — Hauteur, 5 à 6 mètres; fleurs blanches en juin.

KETMIE des jardins, ALTHÆA Frutex (*Hibiscus Syriacus*). —Hauteur, 2 mètres à 2^m.33 ; en août et septembre, fleurs rouge pourpre, violettes ou blanches, avec onglets d'un rouge vif, suivant la variété.

A fleurs doubles.	A feuilles panachées.

LEYCESTÉRIE élégante (*Leycesteria formosa*). — Hauteur, $1^m.65$ à 2 mètres ; fleurs d'un blanc rosé tout l'été ; couverture pendant les fortes gelées.

LILAS commun (*Syringa vulgaris*). — Hauteur, 3 à 5 mètres ; en avril et mai fleurs violettes, rouge pourpre ou blanches, suivant les variétés, qui sont nombreuses maintenant par suite des semis que l'on fait chaque année.

LILAS de Perse (*S. Persica*). — Fleurs rouge pourpre ou blanches, plus petites que celles du Lilas commun.

LILAS josika (*S. Josikœa*). — Fleurs de couleur violâtre, plus tardives que celles des autres espèces.

MAGNOLIER discolore (*Magnolia discolor*). — Hauteur, 1 mètre à 4 mètres ; fleurs pourpre en dehors, blanches en dedans, d'avril en juin.

MAGNOLIER glauque (*M. glauca*). — Hauteur, 5 mètres ; fleurs blanches, à odeur très suave, de juillet en septembre.

MERISIER à grappes (*Cerasus Padus*). — Hauteur, 4 à 5 mètres ; fleurs blanches en mai ; fruits noirs.

MILLEPERTUIS fétide (*Hypericum hircinum*). — Hauteur, 1 mètre ; fleurs jaunes tout l'été.

Élevé.	Pyramidalis.
De l'Olympe.	A feuilles de Kalmia.
Élégant.	— de Romarin.

MURIER multicaule (*Morus multicaulis*). — Feuilles grandes et gaufrées, d'un bel effet ; il craint les gelées, mais on peut le rabattre chaque année et couvrir le pied en hiver.

NOISETIER d'Amérique (*Corylus Americana*). — Hauteur, 1 mètre à 1ᵐ.65 ; fleurs en mars et avril ; fruits petits et de peu de valeur.

A feuilles pourpre. | A feuilles laciniées.

PALIURE porte - chapeau (*Paliurus aculeatus*). — Hauteur, 2ᵐ.65 ; rameaux très épineux ; fleurs jaunes très petites en juin et juillet ; fruits d'une forme singulière.

* PIVOINE en arbre Moutan (*Pæonia Moutan*). — Hauteur, 0ᵐ.65 à 1 mètre ; fleurs d'un rose vif en avril et mai.

* PIVOINE odorante (*P. odorata*). — Fleurs d'un rose très vif, exhalant une odeur de rose très prononcée.

* PIVOINE papavéracée (*P. papaveracea*). — Fleurs blanches, simples, onglets pourpre.

PIVOINE Victoria. — Fleurs blanches très doubles.
Toutes les Pivoines en arbre supportent très bien nos hivers avec un léger abri ; mais, comme elles entrent en végétation de très bonne heure, il faut avoir soin de les garantir contre les gelées du printemps.

POINCILLADE de Gillies (*Poinciana Gilliesii*). — Hauteur, 1 à 2 mètres ; fleurs en grappes, grandes, jaunes ; étamines d'un beau pourpre violacé ; couverture l'hiver.

POTENTILLE frutescente (*Potentilla fruticosa*). — Hauteur 1 mètre ; fleurs d'un beau jaune tout l'été.

PRUNIER épineux, PRUNELLIER (*Prunus spinosa*). — Hauteur, 2ᵐ.65 ; rameaux épineux ; fleurs blanches en mars et avril ; fruits petits, très acerbes. Cet arbrisseau est propre à faire des haies impénétrables ; variétés :

A fleurs doubles. | A fleurs panachées.

20

Ptéléa trifolié, Orme à trois feuilles (*Pteléa trifoliàta*).
— Hauteur, 3 à 4 mètres; fleurs verdâtres en juin.

ROSIERS. — Ce beau genre est très nombreux en
espèces, et, grâce aux variétés remontantes, on peut
jouir maintenant une bonne partie de l'année de la
beauté de ses charmantes fleurs. Les Rosiers aiment
une terre franche, un peu fraîche, amendée de temps
à autre avec des engrais consommés; on les multiplie
de graines, de rejetons, de marcottes, de boutures et
de greffes.

1. *Semis*. — Ce mode de multiplication n'est employé que lorsqu'on désire avoir des variétés nouvelles.
On sème les graines aussitôt après la maturité, soit en
terrines qu'on rentre l'hiver, soit dans une plate-bande
au levant, en ayant soin de couvrir les semis pendant
les gelées.

2. *Rejetons*. — On les enlève en automne, on les met
en jauge pour les replanter en février ou mars; ils sont
d'une reprise facile; il n'est même pas nécessaire qu'ils
aient beaucoup de racines; il suffit souvent d'un bon
talon.

3. *Marcottes*. — On marcotte les espèces à bois tendre par incision en mai et juin, soit en pleine terre, soit
dans des pots à marcottes, et pour les espèces à rameaux ligneux, on les marcotte par cépée. (*Voyez* l'article *Marcottes*.)

4. *Boutures*. — Presque tous peuvent être multipliés de boutures, mais sur couche et étouffées. Les
Bengales et les Iles-Bourbon peuvent seuls se passer de
ces soins.

C'est principalement par la greffe en écusson que
l'on multiplie les espèces qu'on veut élever à tige; on
leur donne l'Églantier à fruits longs pour sujet, puis
le Rosier Quatre-Saisons ou le Bengale ordinaire pour

les espèces qui ont quelque affinité avec ces derniers, et dans le cas où l'on ne veut que des tiges peu élevées.

On greffe les Rosiers en juillet et août, en ayant soin, comme nous l'avons indiqué à l'article *Greffes*, de profiter du moment où les sujets sont le plus en séve.

Quant au choix des espèces, chacun doit les prendre à son goût, et la seule recommandation que nous ayons à faire aux personnes qui ont des Rosiers à greffer, c'est de prendre toujours de préférence des espèces qui puissent supporter sans souffrir les rigueurs de nos hivers.

Indépendamment des Rosiers greffés, on cultive un grand nombre de variétés franches de pied, avec lesquelles on forme de charmants massifs. Mais, comme beaucoup souffrent de nos hivers, il faut, pour les conserver, les butter à l'approche des froids, puis les couvrir de feuilles ou de litière, s'il survient de fortes gelées. En février enfin, lorsque les gelées ne sont plus à craindre, on découvre ses Rosiers et l'on détruit les buttes. Par ce moyen l'on peut sans crainte livrer à la pleine terre toutes les variétés qu'on cultive ordinairement en pots.

On peut facilement avancer la floraison des espèces telles que Quatre-Saisons, du Roi, Bengale ordinaire et quelques-unes de ses variétés. Pour cela il faut avoir des Rosiers plantés en pots de l'année précédente; on les taille en automne, et dès le mois de janvier on peut commencer à en forcer une partie, soit en les plaçant dans une serre chauffée, toujours le plus près possible des vitraux, ou bien sous châssis; mais alors il faut creuser une bonne tranchée autour du coffre; puis on élève un réchaud de fumier neuf, que l'on remanie plus ou moins souvent, suivant l'époque. On couvre les châssis la nuit, et l'on donne un peu d'air au moment du soleil.

Tous les Rosiers cultivés en pleine terre fleurissent
en juin ; plus tard, ceux d'espèce remontante donnent
une seconde floraison ; mais il y a nécessairement interruption entre la première et la seconde floraison.
Pour remédier à cet inconvénient il suffit tout simplement de supprimer les boutons à fleurs d'un certain
nombre des Rosiers remontants.

Un instant arrêtés dans leur développement, ces Rosiers ne tardent pas à produire de nouveaux rameaux,
dont les fleurs succèdent aux premières Roses. Vient
ensuite la seconde floraison naturelle, de manière que,
par ce moyen, on a des Roses pendant toute la belle
saison.

La culture des Rosiers n'offre rien de particulier ; il
suffit de les tailler en mars plus ou moins court, selon
leur vigueur, et, pendant leur végétation, de pincer
l'extrémité des branches qui poussent trop vigoureusement ; puis d'enlever avec soin toutes celles qui partent
du pied ou qui se développent sur la tige.

Pour garnir la tige des Rosiers greffés un peu haut,
on peut planter au pied des *Petunias* blancs et violets,
ou bien des *Gladiolus*, qui produisent également un bel
effet. On peut aussi, dans le même but, semer au printemps un peu de graine de *Pied-d'alouette nain*, entre
ceux cultivés en massif.

Il existe aujourd'hui un nombre si considérable de
variétés de Rosiers que nous avons dû renoncer à donner, comme précédemment, une liste des plus belles
variétés de chaque race ; car non-seulement les *Rosiers
cent feuilles*, les *Mousseux*, les *Provins*, les *Bengales*,
les *Noisettes*, les *Thés*, les *Porland* ou *Perpétuelles* et
les *Iles Bourbon* ont produit des variétés que l'on
compte par centaines ; mais, par le croisement des races,
l'on a obtenu un grand nombre d'espèces hybrides,
toutes plus belles les unes que les autres.

Dans l'impossibilité de les indiquer toutes, nous nous abstiendrons d'en signaler aucune, laissant à chacun le soin de faire son choix sur le terrain ou sur les catalogues marchands.

Seringa odorant (*Philadelphus coronarius*). —Hauteur, 2 mètres à 2ᵐ.65 ; fleurs blanches très odorantes en juin ; variété à feuilles panachées.

Inodorus.	Grandiflorus.
Latifolius.	Speciosus.
Mexicanus.	Gordonianus.

Spirée à feuilles de Saule (*Spiræa salicifolia*). — Hauteur 1 mètre à 1ᵐ.33 ; fleurs blanches en juin et juillet.

A fleurs rouges.	A fleurs roses.

Spirée bella (*S. bella*). — Hauteur, 0ᵐ.65 ; fleurs roses en juin et juillet.

Ariæfolia.	Ulmifolia.
Hypericifolia.	Corymbosa.
Opulifolia.	Douglasii.
Prunifolia.	Lindleyana.
Sorbifolia.	Nepolensis.

Staphylé à feuilles ailées, Faux Pistachier (*Staphylea pinnata*).—Hauteur, 4 à 5 mètres ; fleurs blanches en avril et juin.

Staphylé à feuilles ternées (*S. trifoliata*).—Moins élevé que le précédent ; fleurs plus grandes et d'un blanc plus pur en mai et juin.

Sumac fustet (*Rhus cotinus*). —Hauteur, 0ᵐ.33 à 2 mètres ; fleurs petites, blanchâtres ; pédoncules très longs, formant un panache très pittoresque.

Sureau à grappes (*Sambucus racemosa*). — Hauteur,

20.

2 mètres à 2^m.65; fleurs blanches en avril et mai; baies rouges.

SUREAU du Canada (*S. Canadensis*). — Hauteur 2 mètres à 2^m.65; fleurs blanches en juillet; baies noires.

Commun.	A feuilles rondes.
A feuilles argentées.	Hétérophylle.
— laciniées.	

SYMPHORINE à petites fleurs (*Symphoricarpos parviflora*). — Hauteur, 1^m.33 à 1^m.65; en août fleurs petites, roses, peu apparentes; fruits rouges.

SYMPHORINE à grappes (*S. racemosa*). — Hauteur, 1 mètre à 1^m.65; fleurs semblables à la précédente en août; fruits produisant un effet charmant.

SYMPHORINE du Mexique (*S. Mexicana*). — Hauteur, 1 mètre à 1^m.33; fleurs roses tout l'été; fruits blancs, pictés de violet.

TROÈNE commun (*Ligustrum vulgare*). — Hauteur, 2^m.65 à 4 mètres; fleurs blanches en juin et juillet; baies noires. Variété à feuilles panachées. On en forme des bordures et des haies susceptibles d'être taillées.

VIORNE commune (*Viburnum lantana*). — Hauteur, 2^m.65; fleurs blanches en juillet; baies rouges, puis noires.

VIORNE obier (*V. Opulus*). — Même hauteur que la précédente; fleurs blanches en mai; baies noires.

VIORNE stérile, Boule de neige (*V. sterilis*). — Variété de la précédente; hauteur, 2 mètres à 2^m.65; fleurs blanches en mai.

WEIGELIA ROSEA. — Charmant arbrisseau du nord de

la Chine, assez semblable au Seringa. En mai fleurs roses nombreuses et très élégantes. Terre légère ordinaire.

ZANTHORIZE à feuilles de Persil (*Zanthoriza apiifolia*). — Hauteur, 0ᵐ.65 à 1 mètre ; fleurs d'un violet brun en mars et avril.

SECTION VIII. — ARBRISSEAUX ÉT ARBUSTES D'ORNEMENT
A FEUILLAGE PERSISTANT.

AJONC du Népaul (*Ulex nepaulensis*). — Hauteur, 1 mètre ; fleurs jaunes en avril et mai.

ALATERNE (*Rhamnus alaternus*). — Hauteur, 3 à 4 mètres ; fleurs jaunâtres odorantes en avril ; variété à feuilles étroites.

A feuilles panachées de blanc. | A feuilles panachées de jaune.

ALISIER luisant (*Cratœgus glabra*). — Hauteur, 2 mètres à 3ᵐ.33 ; fleurs petites, blanches, lavées de rose.

Glauque. | De la Chine.

AUCUBA du Japon (*A. japonica*). — Hauteur, 1 mètre à 1ᵐ.33 ; feuilles d'un vert luisant, marbrées de jaune ; fleurs brunes, petites en avril, nombreuses en mai et juin ; fruits écarlates.

BUIS arborescent (*Buxus sempervirens*). — Hauteur, 4 à 5 mètres ; fleurs blanches peu apparentes en avril ; variété à feuilles panachées de blanc ou de jaune.

BUIS de Mahon (*B. balearica*). — Hauteur, 3ᵐ.33 ; fleurs jaunes en avril.

BUISSON ardent (*Mespilus pyracantha*). — Hauteur,

1^m.65 à 2 mètres; fleurs blanches très nombreuses en mai et juin; fruits écarlates.

BUPLÈVRE, OREILLE de lièvre (*Buplevrum fruticosum*). —Hauteur, 1^m.33 à 1^m.65; fleurs petites, jaunes en juillet et août.

CAROUBIER à siliques (*Ceratonia siliqua*). —Arbre d'une taille moyenne, fleurs pourpre foncé en août; silique de 0^m.33 de long, contenant une pulpe rougeâtre bonne à manger; exposition du midi.

CHALEF à fleurs réfléchies, OLIVIER de Bohême (*Elœagnus reflexa*).—Fleurs jaunes, très odorantes, en novembre et décembre.

CHÈNE vert (*Quercus ilex*). — Ils sont moins élevés que les Chênes communs, ont les feuilles plus petites, fermes et coriaces, à dents plus ou moins piquantes; ils sont sensibles aux froids rigoureux, et il faut les couvrir en hiver pendant leur jeunesse.

De la Caroline.	Hétérophylle.
— à feuilles panachées.	Liége.
Coccifère.	Yeuse.

FILARIA à larges feuilles (*Phyllirea latifolia*).—Hauteur, 4 mètres; fleurs d'un blanc verdâtre, peu apparentes en mars; baies noires; variété à feuilles étroites.

FUSAIN toujours vert (*Evonymus americanus*).—Hauteur 2^m.65; fleurs jaunâtres en juillet; fruits rouges.

Linifolia.	Argentea.
Japonica.	Aurea.

HOUX commun (*Ilex aquifolium*).—Hauteur, 6 à 8 mètres; fleurs petites, blanches en mai et juin; baies rouges, jaunes ou blanches, suivant la variété.

Altaclarense.	Flammea.
Balearica.	Laurifolia.
Canadensis.	Longifolia.
Cuninghamii.	Marginata.
Ferox.	Serratifolia.

LAURIER cerise ou amande (*Cerasus laurocerasus*). —
Hauteur, 4 à 5 mètres ; fleurs petites, blanches en mai.

A feuilles étroites. | A feuilles panachées.

LAURIER franc à sauce (*Laurus nobilis*). — Hauteur,
5 à 6 mètres ; fleurs jaunâtres en mai ; baies noires ;
variété à feuilles panachées ; couverture l'hiver.

LAURIER de Portugal Azarero (*Cerasus Lusitanicus*).—
Hauteur, 5 mètres ; fleurs petites, blanches en mai ;
baies noires.

LAURIER-tin (*Viburnum tinus*). — Hauteur 2 mètres
à 2^m.65 ; fleurs blanches en mars et avril ; couverture
l'hiver.

A larges feuilles. | A feuilles panachées.

MAGNOLIER à grandes fleurs (*Magnolia grandiflora*).—
Grand et bel arbre à fleurs blanches, odorantes. Sans
être difficile sur le choix du terrain, le Magnolia craint
l'humidité.

On le plante en avril et mai ; autrement il perd ses
feuilles et reprend difficilement. L'espèce cultivée sous
le nom de *Magnolia Oxoniensis*, fleurit plus jeune ;
mais elle est plus délicate, et souvent on la perd sous
le climat de Paris.

MAHONIE à feuilles de Houx (*Mahonia aquifolia*).—
Hauteur, 1 à 2 mètres ; fleurs jaunes en avril et mai.

Gracilis.	Nervosa.
Facicularis.	Nepolensis.
Intermedia.	Trifoliata.

Néflier du Japon (*Mespilus Japonica*). — Hauteur, 2 mètres à 2^m.65; fleurs blanches odorantes en automne et quelquefois en mai; il faut le garantir du froid pendant les hivers rigoureux.

Phlomis frutescent (*Phlomis fruticosa*). — Hauteur, 0^m.65 à 1 mètre; fleurs jaune éclatant de juillet en septembre.

Séneçon en arbre (*Conyza halimifolia*). — Hauteur, 2 mètres à 3^m.33; fleurs blanches en octobre et novembre.

Troène du Japon (*Ligustrum Japonicum*), — Hauteur, 4 à 5 mètres; fleurs blanches en juin et juillet.

A feuilles panachées.	Du Népaul.

Yucca nain (*Yucca gloriosa*). — Hauteur, 0^m.65 à 1 mètre; en août et septembre fleurs blanches assez grandes et nombreuses.

Aloefolia.	Pendula.
Glauca.	Filamentosa.
Glaucescens.	Flaccida.

Section IX. — Arbustes de terre de bruyère.

Andromède (*Andromeda*). — Arbuste assez rustique; hauteur, 0^m,65 à 1^m.65; fleurs blanches ou rouges de juin en août; terre de bruyère fraîche, à l'exposition du nord ou du levant.

Axillaris.	Rosmarinifolia.
Lucida.	Poliifolia.

Variété à feuilles caduques.

Racemosa.	Pumila.
Cassinefolia.	Arborea.

ARBOUSIER commun (*Arbutus unedo*). — Hauteur, 4 à 5 mètres ; fleurs blanches de septembre en décembre ; fruits rouges, charnus, semblables à la fraise.

ARBOUSIER andrachné (*A. andrachne*). — Plus délicat que le précédent ; fleurs blanches en mars et avril, fruits rouges.

AZALÉE (*Azalea à feuilles caduques*). — Arbrisseau très rustique ; hauteur, 0m.65 à 2 mètres ; tout le printemps et l'été fleurs charmantes, soit blanches, rouges, roses ou jaunes, suivant les variétés. On en cultive en pleine terre trois espèces principales qui ont produit chacune un grand nombre de variétés. Nous indiquerons seulement les plus remarquables. Il leur faut, comme aux Andromeda, une exposition ombragée.

(*Azalea nudiflora*). — Hauteur, 1 mètre ; fleurs blanches ou rouges en mai et juin.

Alba.	Mirabilis.
— plena.	Partita.
Bicolor.	Purpurea.
Blanda.	Rosea.
Carnea.	Rubicunda.
Coccinea.	Rubra.
Crispa.	Rutilans.
Incana.	Versicolor.
Incarnata.	

(*Azalea viscosa*). — Hauteur, 1m.33 à 1m.65 ; fleurs blanches odorantes en avril et mai.

Dealbata.	Rubescens.
Fissa.	Serotina.
Glauca.	Variegata.
Odorata.	Vittata.

(*Azalea Pontica*). — Hauteur, 1m.65 à 2 mètres ; fleurs jaunes en mai et juin.

Albiflora.	Ignescens.
Aurentiaca.	Pallida.
Calendulacea.	Speciosa.
Crocea.	Splendens.
Cuprea.	Sinensis lutea.
Flammea.	Tricolor.
Grandiflora.	Triumphans.

DAPHNÉ Cneorum, Thymelée des Alpes. — Tiges rampantes; fleurs rose foncé, d'une odeur agréable, en avril et mai.

A fleurs blanches. | A feuilles panachées.

DAPHNÉ collina. — Hauteur, 0^m.65; fleurs rose tendre, odeur suave, d'avril en juin.

DAPHNÉ Pontica. — Hauteur, 0^m.65 à 1 mètre; fleurs jaunes odorantes en mars et avril.

DAPHNÉ dauphin. — Hauteur, 0^m.65; fleurs d'un rose pourpre, de novembre en avril.

ERICA arborea. — Hauteur, 1^m.33 à 2 mètres; fleurs petites, blanches en février et mars.

ERICA mediterranea. — Hauteur, 1 mètre à 1^m.33; fleurs roses en mars et avril.

ERICA multiflora.—Hauteur, 0^m.65; fleurs d'un pourpre clair d'août en octobre.

FOTHERGILLE à feuilles d'Aulne (*Fothergilla alnifolia*). — Hauteur, 0^m.65; fleurs petites, en épis, blanches, d'une odeur agréable, en avril.

GAULTHÉRIE du Canada (*Gaultheria procumbens*). — Hauteur, 0^m.20 à 0^m.25; fleurs d'un rouge vif à différentes époques; baies rouges.

HORTENSIA à feuilles d'Obier (*Hortensia opulifolia*). — Hauteur, 1 mètre à 1^m.33 ; de juin en novembre ; fleurs d'un rouge purpurin, bleues dans certains terrains ; couverture d'hiver.

KALMIER (*Kalmia*). — Superbe arbrisseau ; hauteur, 0^m.50 à 2 mètres ; de mai en juillet, fleurs rouges, roses, blanches ou carnées, suivant les variétés ; terre de bruyère fraîche, à l'exposition du nord ou du levant.

Latifolia.	Glauca.
Angustifolia.	Oleifolia.

MENZIEZIA à feuilles de polium (*Menziezia poliifolia*). —Tiges rampantes, peu élevées, fleurs pourpre en été ; variété à fleurs blanches.

PRINOS verticillé, APALANCHE vert (*Prinos verticillatus*). —Hauteur, 1^m.65 à 2 mètres ; fleurs blanches en juillette et août ; fruits rouges.]

PRINOS glabre (*P. glaber*).—Hauteur, 0^m.65 ; fleurs blanches en août.

RHODODENDRUM Ponticum.]— Hauteur, 2 mètres à 2^m.65 ; en mai, fleurs grandes, d'un pourpre violacé plus ou moins foncé. Il a produit un grand nombre de variétés ; les plus remarquables sont :

Album.	Monstruosum.
Bullatum.	Nivaticum.
Elegantissimum.	Nazarethii.
Guttatum.	Roseum superbum.]
Heterophyllum.	Rubrum.]
Hyacinthæflorum.	Nervaeneanum.

RHODODENDRUM maximum. — Hauteur, 1^m.65 à 2 m.; fleurs rose plus ou moins vif en mai et juin ; variétés.

Album.	Roseum.

21

RHODODENDRUM Catawbiense. — Hauteur, 1 mètre; fleurs grandes, d'un rose tendre, en mai et juin.

Bicolor.	Pardolaton.
Purpureum.	Speciosum.

RHODODENDRUM azaloïdes. — Hauteur, 1 mètre; fleurs roses très belles en mai.

Odoratum.	Goweanum.
Catonii.	Torlonianum.

RHODODENDRUM arboreum. — Le Rhododendrum arboreum, si remarquable par la beauté de ses fleurs, a produit plusieurs variétés qui peuvent être cultivées en pleine terre. Comme tous les arbustes de terre de bruyère, les Rhododendrum arboreum doivent être placés au nord de préférence; ils fleurissent quelque temps après ceux cultivés en serre, de manière que l'on peut, par ce moyen, avoir des fleurs pendant plusieurs mois.

Les variétés suivantes ont déjà supporté plusieurs hivers en pleine terre sans souffrir.

Altaclarens.	Madame Bertin.
Charles Truffaut.	Nobilianum.
Cunninghami.	Russelianum.
Elegantissima.	Smithi elegans.
Lady Warander.	Superbissima.
Louis-Philippe.	Triumphans.

SECTION X. — ARBRES D'ORNEMENT A FEUILLES CADUQUES.

ALISIER à feuilles larges ou de Fontainebleau (*Cratægus latifolia*). — Hauteur, 8m.33; feuilles blanchâtres en dessous; fleurs blanches en mai et juin; fruits d'un écarlate safrané.

Blanc.	De Laponie.

. ANGÉLIQUE épineuse (*Aralia spinosa*). — Hauteur, 2ᵐ.65 à 3ᵐ.33 ; tige épineuse ; fleurs blanches, odorantes, de mars en septembre.

Du Japon.

AUNE commun (*Alnus communis*). — Arbre très élevé, à tige ou en buisson, d'une végétation vigoureuse dans les terrains humides ; fleurs en chaton en juillet.

A feuilles laciniées. | Argenté.

AYLANTHE glanduleux, Vernis du Japon (*Aylanthus glandulosus*). — Arbre élevé, d'un beau port et d'une végétation vigoureuse ; fleurs verdâtres en août.

BONDUC, Chicot du Canada (*Gymnocladus Canadensis*). — Arbre d'un beau port ; fleurs blanches en juin.

BOULEAU commun (*Betula alba*). — Arbre rustique très élevé, à rameaux flexibles ; feuillage très léger ; fleurs en chatons, en juillet.

A feuilles laciniées. | A papier.
Noir. | Odorant.

BROUSSONETIA, Mûrier à papier (*Broussonetia papyrifera*). — Hauteur, 5 mètres à 6ᵐ.65 ; feuilles de différentes formes ; fleurs en chatons, grisâtres, de mars en septembre.

A feuilles panachées. | A feuilles en capuchon.

.. CATALPA (*Bignonia catalpa*). — Hauteur, 10 mètres ; feuilles grandes, d'un beau vert ; fleurs blanches marquées de points pourpre en août. Ce bel arbre mérite d'être placé isolément, afin de jouir de l'agrément de sa vue.

CERISIER à fleurs doubles (*Cerasus flore pleno*). —

Variété du Cerisier commun ; fleurs d'un beau blanc en avril.

De Virginie.	A feuilles de pêcher.

CHALEF à feuilles étroites, Olivier de Bohême (*Elœagnus angustifolia*). — Hauteur, 5 mètres à 6^m.65 ; rameaux couverts d'un duvet blanc ; feuilles blanchâtres cotonneuses ; fleurs petites, jaunâtres, très odorantes, en juin et juillet.

CHARME commun (*Carpinus betula*). — Arbre très élevé et rustique ; fleurs en chatons de mars en mai. Planté jeune, on en forme des palissades nommées charmilles ; en le soumettant à une tonte régulière, il prend facilement toutes les formes que l'on désire. On place aussi dans les jardins paysagers les variétés suivantes :

A feuilles panachées.	D'Amérique.
— de Chêne.	De Virginie.

CHATAIGNIER d'Amérique, Chincapin (*Castanea Americana*). — Grand arbre à feuilles lancéolées, bordées de dents aiguës ; fleurs en chatons en juillet et août.

A feuilles panachées.	Hétérophylle.

CHÊNE commun (*Quercus pedunculata*). — C'est sans contredit le plus bel arbre de nos forêts ; il est à regretter que ses proportions gigantesques ne permettent pas toujours de le placer dans les jardins.

Parmi les espèces d'Europe et celles d'Amérique il en est plusieurs qui méritent à tous égards d'être employées à l'ornement des jardins paysagers. Nous citerons les plus remarquables.

1. — *Chênes d'Europe.*

A feuilles panachées.	Chevelu.
— de Fougère.	— à feuilles panachées.
Pyramidal.	

2. — *Chêne d'Amérique.*

Blanc.	Des marais.
A très gros fruits.	Quercitron.
Bicolore.	Cocciné.
Rouge.	A feuilles de Saule.
Des montagnes.	

CLAVIER à feuilles de Frêne (*Zanthoxylum fraxinifolium*). — Hauteur, 4 mètres ; rameaux épineux ; fleurs peu apparentes en mars et avril; capsule d'un beau rouge.

COIGNASSIER de la Chine (*Cydonia Sinensis*). — Arbre de moyenne grandeur ; feuilles lisses ; fleurs roses odorantes en avril et mai.

CORNOUILLER mâle (*Cornus mascula*). — Hauteur, 4 à 5 mètres ; fleurs jaunes petites en février ; baies rouges ou jaunes, suivant la variété.

CORNOUILLER à grandes fleurs (*C. florida*). — Hauteur, 10 mètres; fleurs jaunes petites en mai ; baies rouges.

CYTISE des Alpes, Faux ébénier (*Cytisus laburnum*). — Hauteur, 5 mètres, à tige ou en buisson ; rameaux longs et pendants ; fleurs jaunes nombreuses en mai et juin.

Odorant.	A feuilles de Chêne.
Pleureur.	D'Adam.

ÉPINE blanche, Aubépine (*Mespilus oxyacantha*). — Hauteur, 6 mètres à 6^m.65 ; rameaux épineux; fleurs blanches très odorantes en mai ; fruits rouges ou jaunes. Élevées en buisson, on en forme des haies très solides.

A fleurs blanches doubles.	A feuilles panachées.
— roses simples.	Parasol.

Épine d'Espagne, Azérolier (*M. azerolus*). — Plus élevée que la précédente ; fleurs blanches en juin ; fruits en pomme, rouges ou jaunes, ou en poire, selon la variété.

Épine ergot de coq (*M. crus galli*). — Hauteur, 6ᵐ.65 ; rameaux garnis d'épines semblables aux ergots de coq ; fleurs blanches en mai et juin ; fruits d'un beau rouge.

Érable sycomore (*Acer pseudoplatanus*). — Arbre très élevé ; feuilles palmées ; fleurs jaunâtres en avril et mai.

A feuilles panachées.	A feuilles laciniées.

Érable à feuilles de Frêne (*A. negundo*). — Grand arbre à rameaux raides et cassants ; écorce d'un vert lisse ; fleurs vertes petites en avril.

Érable jaspé (*A. Pensylvanicum*). — Arbre de moyenne grandeur ; feuilles larges, arrondies ; écorce d'un vert glauque strié de lignes blanches ; fleurs verdâtres en mai.

Érable rouge (*A. rubrum*). — Grand et bel arbre ; feuilles dentées, blanches en dessous ; fleurs rouges en avril et mai ; fruits rouges.

Plane.	A sucre.
De Montpellier.	De Naples.

Févier d'Amérique, Acacia triacanthos (*Gleditsia triacanthos*). — Hauteur, 10 à 12 mètres ; épines nombreuses, souvent très longues ; fleurs peu apparentes, d'un blanc sale, en mai et juin ; gousse très longue.

Sans épines.	Pleureur.

FÉVIER de la Chine (*G. Sinensis, G. horrida*). — Hauteur, 10 à 12 mètres; épines nombreuses, en fuseau; fleurs verdâtres en juin et juillet.

FÉVIER de la mer Caspienne (*G. Caspiana*). — Arbre élevé, à épines très longues et recourbées.

FRÊNE commun (*Fraxinus excelsior*). — Arbre très élevé, à feuillage léger; fleurs jaunâtres en avril et mai. On en cultive plusieurs variétés, toutes propres à la décoration des jardins paysagers.

FRÊNE à fleurs (*F. ornus*). — Hauteur, 10 mètres; feuilles d'un vert foncé; fleurs blanches en mai et juin.

Argentea.	Americana.
Aurea.	Juglandifolia.
Pendula.	Sambucifolia.
Scolopendrifolia.	Latifolia.
Jaspidæa.	Variegata.

GINKGO biloba, ARBRE aux quarante écus (*Salisburia adiantifolia*). — Arbre très élevé; port pyramidal; remarquable pour la forme de ses feuilles; fleurs jaunâtres, en chatons; fruits semblables à de petites noix, bons à manger.

HÊTRE commun (*Fagus sylvatica*). — Grand et bel arbre très rustique; fleurs en chatons, en avril et mai; fruit nommé faîne, ayant la saveur de la noisette, et dont on fait une huile très estimée.

Pleureur.	A feuilles panachées.
A feuilles pourpres.	— de fougère.
— cuivrées.	— crispées.

KŒLREUTERIA paniculé, SAVONNIER (*Kœlreuteria paniculata*). — Arbre de moyenne grandeur; port agréable; fleurs d'un beau jaune de juin en août.

LIQUIDAMBAR copal (*Liquidambar styraciflua*). — Hauteur, 10 à 12 mètres; feuilles palmées; fleurs verdâtres, odorantes, au printemps.

LIQUIDAMBAR imberbe (*L. imberbe*). — Même hauteur que le précédent, mais plus rustique.

MACLURE épineux (*Maclura aurantiaca*). — Bel arbre à rameaux épineux; fleurs verdâtres, en chatons, en juin et juillet; fruits verts, sphériques, à écorce rude.

MAGNOLIER acuminé (*Magnolia acuminata*). — Arbre très élevé, rustique; feuilles très grandes; fleurs d'un jaune verdâtre, larges de 0^m.10, en mai et juin.

MAGNOLIER à feuilles en cœur (*M. cordata*). — Cette espèce a beaucoup de rapport avec le précédent.

MAGNOLIER auriculé (*M. auriculata*). — Hauteur, 10 mètres; fleurs grandes, blanches, odorantes, en avril et mai.

MAGNOLIER glauque (*M. glauca*). — Hauteur, 5 mètres; très rustique; feuilles d'un vert glauque en dessous; fleurs blanches, odorantes, de juillet en septembre.

MAGNOLIER de Thompson (*M. Thompsoniana*). — Tige pyramidale; fleurs blanches, larges de 0^m.15.

MAGNOLIER à grandes feuilles (*M. macrophylla*). — Hauteur, 6^m.65 à 10 mètres; feuilles de 0^m.65 de long; fleurs blanches, larges de 0^m.15.

MAGNOLIER Yulan (*M. conspicua*). — Hauteur, 10 à 12 mètres; feuilles de 0^m.20 de long; fleurs blanches, odorantes, en avril.

MAGNOLIER parasol (*M. umbrella*). — Hauteur, 6^m.65

à 10 mètres; feuilles de 0ᵐ.50 de long; fleurs grandes, blanches, en mai et juin.

Magnolier de Soulange (*M. Soulangiana*).— Hauteur, 3 à 4 mètres; fleurs odorantes, blanches en dedans, pourpre en dessus, en avril.

Marronnier d'Inde (*Æsculus hippocastanum*). — Bel arbre, très élevé et rustique; fleurs blanches panachées de rouge en mai.

Marronnier rubicond (*Æ. rubicunda*). — Moins élevé que le précédent; feuillage plus vert; fleurs d'un beau rouge en mai et juin.

Marronnier Pavier jaune (*Pavia lutea, Æsculus flava*). — Arbre moins élevé que le Marronnier d'Inde; fleurs d'un jaune pâle en mai.

Marronnier rouge (*P. rubra*). — Hauteur, 5 mètres à 6ᵐ.65 ; fleurs d'un beau rouge foncé en mai.

Marronnier de l'Ohio (*P. Ohiotensis*).—Hauteur, 6ᵐ.65 à 8ᵐ.33 ; fleurs blanches en mai.

Marronnier à longs épis (*P. macrostachya*). — Fleurs blanches odorantes en juillet et août; fruits petits, bons à manger.

Marronnier de deux couleurs (*P. discolor*). — Arbre peu élevé; fleurs rouges et jaunes en mai.

Micocoulier de Provence (*Celtis australis*). — Arbre d'un beau port; fleurs petites, verdâtres, en mai; fruits noirs.

| De Tournefort. | De Virginie. |
| A feuilles en cœur. | Du Mississipi. |

Mûrier blanc (*Morus alba*). — Arbre d'un port agréa-

21.

ble, digne de figurer dans les jardins paysagers; fleurs en chatons en juin; baies blanchâtres.

Rouge du Canada.	Moretti.

NÉFLIER parasol (*Mespilus linearis*). — Cet arbrisseau étend ses branches latéralement, et, greffé en tête sur l'Épine blanche, il est très propre à former de belles allées couvertes; fleurs blanches en mai et juin.

NOISETIER du Levant (*Corylus colurna*). — Arbre très élevé; port pyramidal; fleurs en chatons en mars et avril; fruits petits, aplatis.

NOISETIER de Byzance (*C. Byzantina*). — Semblable au précédent, seulement un peu moins élevé.

NOYER noir d'Amérique (*Juglans nigra*). — Arbre très élevé, d'une végétation vigoureuse; fleurs en chatons en avril et mai; fruits petits, ronds, à coque très dure.

Cendré.	A feuilles de Frêne.
Blanc.	Hétérophylle.

ORME commun (*Ulmus campestris*). — Arbre très élevé, recommandable par sa rusticité; fleurs blanchâtres, en faisceau écailleux, en avril.

ORME à feuilles étroites (*U. stricta*). — Variété du précédent; on en forme des palissades très rustiques.

Les autres variétés de l'orme sont :

A larges feuilles.	Pleureur.
A feuilles panachées.	Pyramidal.

ORME d'Amérique (*U. Americana*). — Arbre plus élevé que l'Orme commun; rameaux rougeâtres, recourbés vers leur extrémité.

PAULOWNIA imperialis. — Arbre du Japon, introduit en 1834 ; port du Catalpa ; d'une végétation remarquable ; feuilles très grandes, surtout sur les jeunes individus ; fleurs bleues en avril. Pour jouir de toute la beauté de son feuillage, il faudrait le rabattre chaque année, afin d'avoir de jeunes rameaux, sur lesquels les feuilles sont toujours beaucoup plus larges.

PÊCHER à fleurs doubles (*Amygdalus Persica flore pleno*). — Arbre admirable pendant sa floraison, qui a lieu en mars et avril ; on l'élève à tige ou en buisson.

PEUPLIER (*Populus*). — Tous les peupliers sont des arbres élevés et d'une végétation rapide ; ils se plaisent dans les terrains humides, et sont propres à la décoration des jardins paysagers ; les plus remarquables sont :

Nivea.	Grandidentata.
Angulata.	Heterophylla.
Balsamifera.	Ontariensis.
Canadensis.	Tremula.
Pyramidalis.	Molinifera.

PLANÈRE (*Planera*). — Ces arbres ont tout à fait l'aspect de l'Orme ; on en cultive deux variétés :

Crénelé.	A feuille d'Orme.

PLAQUEMINIER lotus, ou d'Italie (*Dyospiros lotus*). — Hauteur, 8^m.33 à 10 mètres ; feuilles lancéolées, d'un beau vert ; fleurs verdâtres, peu apparentes, en juin et juillet ; fruits jaunâtres, bons à manger.

PLAQUEMINIER de Virginie (*D. Virginiana*).—Plus élevé que le précédent ; fruits bons à manger.

PLATANE d'Orient (*Platanus Orientalis*). — Arbre très

élevé, d'un beau port ; feuilles palmées ; fleurs en chatons globuleux, en avril et mai.

PLATANE d'Occident (*P. Occidentalis*). — Port du précédent, seulement il a les feuilles plus larges.

A feuilles d'Érable.	Ondulé.
Laciniées.	Étoilé.

POIRIER à fleurs doubles (*Pyrus communis flore pleno*).
— Hauteur, 4 mètres ; variété du Poirier commun ;
fleurs blanches doubles en avril. Comme arbres d'agrément, on cultive aussi ceux

A feuilles panachées.	A feuilles de Saule.

POIRIER cotonneux (*P. polveria*). — Hauteur, 5 mètres ; feuilles et rameaux couverts d'un duvet blanc ;
fleurs blanches en mai.

POMMIER à fleurs doubles (*Malus communis flore pleno*).
— Hauteur, 4 mètres ; variété du Pommier commun ;
fleurs blanc rosé en mai.

POMMIER baccifère ou de Sibérie (*M. baccata*). — Hauteur, 2^m.65 ; fleurs grandes, d'un blanc rosé, en avril ;
fruits rouges en forme de baies.

POMMIER de la Chine ou à bouquets (*M. spectabilis*). —
Hauteur, 4 mètres ; fleurs d'un beau carmin avant leur
épanouissement, puis blanc lavé de rose, en mai ; fruits
très petits.

POMMIER toujours vert (*M. sempervirens*). — Feuilles
presque persistantes ; fleurs d'un beau rose avant leur
épanouissement, puis presque blanches, en mai.

POMMIER odorant (*M. coronaria*). — Fleurs grandes,
d'un beau blanc, odorantes, en mai.

PRUNIER à fleurs doubles (***Prunus flore pleno***). — Arbre de moyenne taille; fleurs blanches doubles en mars.

PRUNIER à feuilles panachées (***P. foliis variegatis***). — Variété du Prunier commun; fleurs blanches en mars.

PRUNIER mirobolan (***P. mirobolana***). — On en cultive deux variétés, l'une à fruits rouges, l'autre à fruits jaunes.

ROBINIER Acacia blanc (***Robinia pseudo-acacia***). — Arbre élevé, à feuillage élégant; rameaux épineux; fleurs blanches très odorantes en mai et juin.

ROBINIER sans épines (***R. inermis***). — Variété du précédent; on la greffe ordinairement en tête sur l'Acacia blanc, et il se forme naturellement en boule; les autres variétés de l'Acacia blanc sont:

Crispa.	Pyramidalis.
Elegans.	Pendula.
Monstruosa.	Spectabilis.

ROBINIER visqueux (***R. viscosa***). — Port de l'Acacia blanc; épineux dans sa jeunesse; rameaux visqueux; fleurs rose pâle, en juin et juillet.

ROBINIER rose (***R. hispida***). — Hauteur, 4 mètres; rameaux très cassants, couverts de poils rougeâtres; fleurs d'un beau rose de juin en août; en le greffant rez de terre, il forme un charmant arbrisseau.

SAULE pleureur (***Salix Babilonica***). — Arbre d'un aspect très pittoresque; rameaux longs et flexibles, pendant jusqu'à terre; feuilles lancéolées; fleurs en chatons en avril et mai.

A feuilles de Laurier.	Argenté.
— de Romarin.	En anneau.

Tous les Saules peuvent être placés avantageusement dans les jardins potagers; ils se plaisent particulièrement dans les terrains humides.

Sophora du Japon (*Sophora Japonica*). — Grand et bel arbre; feuilles d'un vert foncé; rameaux un peu pendants; fleurs blanchâtres en juillet; variété à rameaux pendants.

Sorbier des oiseaux (*Sorbus aucuparia*). — Hauteur, 5 à 6 mètres; rameaux longs et souvent pendants; fleurs blanches en mai; fruits d'un beau rouge.

Sorbier domestique (*S. domestica*). — Beaucoup plus élevé que le précédent; fleurs blanches en mai; fruits piriformes, rougeâtres.

Hybride.	A feuilles de Sureau.
D'Amérique.	

Tilleul d'Europe (*Tillia Europœa*). — Arbre élevé et rustique; port pyramidal. Cet arbre se couvre de feuilles dès les premiers jours de printemps, mais il les perd beaucoup plus tôt que tous les autres. On l'emploie pour former les avenues. Il est facile à diriger et peut être soumis à une tonte régulière. Fleurs blanchâtres, odorantes, de mars en juin; ses variétés sont :

Corail.	A feuilles laciniées.
Pleureur.	— panachées.

Tilleul argenté (*T. argentea*). — Port du Tilleul d'Europe, seulement un peu moins élevé; feuilles d'un vert foncé en dessus, blanches et cotonneuses en dessous.

Tilleul d'Amérique (*T. Americana*). — Arbre très élevé; feuille très grandes et dentées.

TULIPIER de Virginie (*Liriodendron tulipifera*). — Arbre d'un beau port, remarquable par la forme de ses feuilles et par ses fleurs, d'un jaune verdâtre mêlé de rouge, semblables à une Tulipe pour la forme et la grandeur; fleurs en juin et juillet. La plantation des Tulipiers ne doit avoir lieu qu'au printemps, et il faut éviter, autant que possible, de couper aucune branche, car les amputations leur sont très nuisibles, surtout pendant leur jeunesse. On cultive plusieurs variétés :

A feuilles entières. | A fleurs jaunes.

VIRGILIER à bois jaune (*Virgilia lutea*). — Hauteur, 10 mètres environ; fleurs blanches très belles en juin.

SECTION XI. — ARBRES RÉSINEUX.

Les arbres résineux, vulgairement nommés arbres verts, doivent être plantés jeunes et de préférence en avril et en mai, époque où ils commencent à végéter. Si l'on se trouvait forcé de planter en automne, il faudrait le faire dès la fin de septembre, autrement on risque d'en perdre un grand nombre.

Les Ifs et les Thuyas seulement peuvent être taillés; quant aux autres, on doit éviter de les couper, et si jamais il devenait nécessaire de supprimer quelques branches, il faudrait les couper à quelques centimètres de la tige, afin d'éviter une perte de séve qui leur est toujours préjudiciable.

On multiplie les arbres verts de graines semées en avril, ou par la greffe herbacée, en leur donnant pour sujets les variétés les plus ordinaires.

ARAUCARIA imbricata. — Arbre d'une forme pyramidale, très gracieux; rameaux couverts de feuilles lancéolées, piquantes au sommet; couverture l'hiver.

CÈDRE du Liban (*Pinus cedrus*). — Arbre très élevé, pyramidal ; rameaux horizontaux ; on doit toujours le planter isolément, afin de jouir de son effet majestueux ; cônes ovales oblongs, sans aspérités.

CÈDRE deodora (*Cedrus deodora*). — Cet arbre, si remarquable par ses rameaux pendants et le beau vert glauque de ses feuilles, est d'une croissance rapide et susceptible d'atteindre une grande élévation.

CRYPTOMERIA Japonica. — Cet arbre diffère essentiellement des autres arbres verts par ses feuilles et la disposition de ses rameaux. Pour jouir de toute la beauté des Cryptomeria, il faut les planter isolément.

CYPRÈS chauve de la Louisiane (*Schubertia disticha, Cupressus disticha*). — Arbre très élevé ; feuilles caduques, d'un vert agréable ; terre humide ; exposition ombragée.

CYPRÈS faux Thuya (*C. Thuyoides*). — Arbre d'un très bel effet ; rameaux aplatis comme ceux des Thuyas ; terre humide.

Pyramidal.	Pendula.
Horizontal.	Australis.

GENEVRIER commun (*Juniperus communis*). — Arbrisseau de 4 à 5 mètres de hauteur ; rameaux diffus, feuilles piquantes ; baies sphériques d'un bleu noirâtre.

De Virginie.	D'Orient.

IF commun (*Taxus baccata*). — Arbre rustique très rameux ; baies rouges ; on peut lui faire prendre différentes formes en le tondant annuellement.

A feuilles panachées.	Pyramidal.

MÉLÈZE d'Europe (*Larix Europœa*). — Arbre très

élevé, d'une forme pyramidale; branches horizontales; feuilles caduques; cônes très petits.

| A rameaux pendants. | Noir d'Amérique. |

PINS (*Pinus*). — Arbres très élevés, rustiques, toujours verts; précieux pour l'ornement des jardins paysagers; on les place isolément ou par groupes, et leur nuance sombre contraste agréablement avec le feuillage des autres arbres; on les divise par sections, d'après le nombre de leurs feuilles.

PREMIÈRE SECTION.

Pinus sylvestris (d'Écosse).	Pinus pinea.
— laricio (de Corse).	— ponderosa.
— Austriaca.	— insignis.
— maritima.	— Sabiniana.

DEUXIÈME SECTION.

| Pinus Cimbro. | Pinus excelsa. |
| — strobus. | — Lambertiana. |

SAPINS (*Abies*). — Les Sapins sont généralement des arbres de haute taille; ils diffèrent des Pins par leur forme pyramidale. Tous peuvent être cultivés dans les grands jardins.

SAPIN pinsapo (*Abies pinsapo*). — Originaire de l'Andalousie, l'Abies pinsapo est un des plus beaux arbres que l'on puisse cultiver. Il n'exige pas de soin particulier; seulement on doit le planter isolément, autrement il perd la plus grande partie de ses avantages.

Les Abies les plus remarquables sont :

Excelsa (epicea).	Cephalonica.
Nigra.	Canadensis (Hemlock).
Alba (Sapinette blanche).	Douglasii.
Pectinata (Sapin argenté).	Morinda.
Balsamea (Baumier).	Lanceolata.

SEQUOIA sempervirens' (*Taxodium sempervirens*). —
Grand et bel arbre de la Californie, d'une croissance
rapide et d'une grande rusticité. On peut laisser le Sequoia s'élever naturellement, ou bien le tailler comme
les Ifs, qualités essentielles qui doivent.le faire rechercher avec empressement.

THUYA de la Chine (*Thuya orientalis*). — Hauteur,
8ᵐ.33 ; pyramidal ; branches verticales ; feuilles plates,
imbriquées, d'un beau vert.

THUYA du Canada (*T. occidentalis*). — Plus élevé que
le précédent ; branches flexibles, feuillage vert roussâtre.

Articulé. | De Tartarie.

CHAPITRE XVI.

Destruction des animaux nuisibles.

Le potager, le verger et le jardin d'agrément sont
trop fréquemment, pour l'horticulteur, exposés aux ravages des oiseaux, des petits mammifères et des insectes qui, à toutes les époques de leur vie, depuis leur
sortie de l'œuf jusqu'à leur métamorphose, vivent aux
dépens des végétaux que nous élevons pour notre utilité
ou pour notre agrément. Des piéges, des boulettes em-
poisonnées servent à la destruction des petits rongeurs,
tels que souris, rats, loirs, lérots, etc. Des piéges, des
épouvantails et quelques coups de fusil éloignent les
oiseaux ; mais le cultivateur doit savoir distinguer ses
amis de ses ennemis, et excepter de cette proscription
les fauvettes et autres becs fins, les hirondelles et les
oiseaux insectivores qui, à toutes les époques de l'année, vivent d'insectes, et l'hiver de graines ou de quelques petites baies restées sur les buissons. A l'époque

de l'éducation des petits, les moineaux et les autres gra-
nivores détruisent une quantité prodigieuse d'insectes,
et il faut les ménager pendant cette saison; c'est vers
juillet qu'il faut commencer une chasse impitoyable.

Quant aux insectes, qui sont si nombreux, et qui, par
leur multiplicité et leur petitesse, échappent à nos
moyens de destruction, le nombre en est bien diminué,
il est vrai, par la chasse active que leur font les oiseaux;
mais leur multiplication est si rapide, qu'ils bravent ces
mauvaises chances et semblent n'en devenir que plus
incommodes. Il a été proposé un grand nombre de
moyens pour les faire disparaître, mais peu d'entre eux
réussissent; et de tous ceux employés, la recherche attentive et persévérante est sans contredit le plus long, mais
le plus certain. On élève dans les jardins des hérissons,
des tortues de terre, de petits oiseaux de nuit, la che-
vêche, entre autres, qui dévorent une grande quantité
d'insectes, et de tous, ce sont les derniers qui en détruisent le plus; leur utilité est d'autant plus grande
qu'ils ne chassent que la nuit, et que c'est à cette époque
de la journée que beaucoup d'insectes exercent leurs
ravages. Nous conseillons donc aux horticulteurs d'a-
voir dans leur jardin un de ces animaux, qui ne coû-
tent rien et rendent de grands services. Il faut aussi se
garder de détruire les chauves-souris, qui ne se nour-
rissent que de papillons crépusculaires et de phalènes.

Il est bien aussi quelques insectes qui, tels que les
coccinelles ou bêtes à bon Dieu, les syrphes, les caloso-
mes, les ichneumons et les sphex, détruisent un grand
nombre d'insectes et de chenilles : ainsi les coccinelles,
les syrphes mangent les pucerons, et on peut les laisser
se multiplier sans crainte; mais il arrive souvent que
certains insectes carnivores deviennent nuisibles à leur
tour quand ils n'ont plus rien à manger. Les ichneumons, les sphex et les syrphes doivent en être exceptés :

ils sont toujours utiles et ne nuisent jamais. On peut compter les épéires (araignées de jardin) parmi les insectes qui rendent encore de grands services.

ABEILLES, GUÊPES. — Les fruits mûrs sont souvent attaqués par ces insectes, qui causent des dégâts considérables dans les espaliers. On les détruit en suspendant aux branches des petites fioles remplies d'eau miellée, dans lesquelles ils viennent se noyer ; on recherche les nids de guêpes et l'on asphyxie leurs habitants par la fumée de soufre ou par l'eau bouillante.

ACARUS, vulgairement appelé la *grise*. — Au nombre des causes de destruction des arbres de nos vergers, il faut compter comme une des plus dangereuses les piqûres de l'acarus, qui attaque les pêchers et les fait périr. Il s'attache sous les feuilles, en suce le parenchyme, et, malgré sa petitesse, il est si multiplié, qu'il tue l'arbre le plus vigoureux. Le soufre en poudre, appliqué après un bassinage, est le remède le plus efficace que l'on puisse employer pour détruire la grise du pêcher. Les Melons, les concombres, les Fèves et les Choux attaqués par cet insecte peuvent être également traités par le même moyen.

ARAIGNÉES. — Si la grosse araignée est inoffensive, il n'en est pas de même des petites qui courent rapidement sur le sol : elles attaquent les jeunes semis, particulièrement ceux de Carottes, en piquent la tige, en sucent la séve et les font périr. On les éloigne en répandant de la suie en poudre sur la terre, et, quand le temps le permet, on fait des bassinages.

COURTILIÈRES. — Ces insectes, qui sont fort gros, et par ce moyen faciles à découvrir, font de grands ravages dans les plantes potagères, et plus particulièrement dans les couches. Les divers moyens de destruction indiqués sont d'arroser la terre avec une eau chargée de savon noir ou d'huile, de planter en terre des pots à demi pleins d'eau dans la direction des galeries des courtilières, afin de les y noyer. Les jardiniers les écrasent simplement à mesure qu'ils les trouvent en retournant les couches, et leur livrent de petits tas de fumier dans lesquels ils viennent se nicher.

CHENILLES ET LARVES. — Dans les vergers, l'échenillage attentif est un des moyens les plus infaillibles, car il détruit à la fois les œufs et les générations suivantes; et si quelques nids échappent, il faut, comme le conseille M. Samuel Curtis, habile amateur anglais, saupoudrer les arbres au moment où les feuilles commencent à se développer, et avant l'épanouissement des fleurs, avec de la chaux vive. M. le docteur Bailly dit aussi qu'on peut facilement détruire les chenilles lorsqu'elles sont rassemblées, en les aspergeant, à l'aide d'un balai, avec de l'eau mêlée de savon noir : il paraît qu'aussitôt touchées elles sont instantanément frappées de mort; il dit même que l'acide prussique n'agit pas avec plus de promptitude.

Les larves des mouches du genre *Tenthrède* font le désespoir des amateurs de Rosiers : elles attaquent, de concert avec les autres ennemis de cet arbuste, les jeunes rameaux, et font avorter la fleur. C'est au printemps, dans le mois d'avril, qu'il faut s'attacher à les détruire. L'époque de la journée la plus favorable est le matin, avant qu'elles aient commencé à se disperser; il faut les chercher dans l'extrémité des rameaux, qui sont gonflés par leur présence, et les écraser par la pression, ou bien même fendre la branche avec la pointe d'un canif et en extraire la larve. Quand le mal est trop avancé, il faut couper les rameaux malades.

Les larves de l'*Hylotoma rosæ*, qui rongent les feuilles des Rosiers, sont faciles à détruire en les écrasant.

Quant aux chenilles qui dévorent les plantes potagères et se tiennent cachées sous les feuilles des plantes ou dans la terre, il faut, après les autres moyens naturels de destruction, essayer pour les tuer les décoctions de suie et de brou de noix, mais compter plus encore sur la recherche qu'on en fait. Les horticulteurs attentifs devront détruire sans pitié tous les papillons, qui sont les propagateurs des ennemis de leurs récoltes.

Fourmis. — L'incommodité de ces petits insectes est bien connue : ils nuisent aux racines en soulevant la terre dans laquelle ils pratiquent leur demeure, ils attaquent les feuilles et les fruits, et ils échappent à beaucoup de moyens de destruction par leur petitesse et leur agilité. Pour les empêcher de monter aux arbres, il faut entourer le pied avec un cordon de laine bien cardée ; on les éloigne des pots et des caisses en les entourant d'eau, soit par un support, soit par de petits vases que l'on entretient constamment pleins. Des bouteilles d'eau miellée suspendues aux arbres les attirent, et elles y trouvent la mort en nombre considérable. Enfin on peut les détruire, comme les courtilières, avec de l'eau mêlée de savon noir ou d'huile.

Kermès, Cochenilles, Gallinsectes. — Les kermès font un tort considérable aux Pêchers, et en général aux arbres à fruit. Au printemps, ils adhèrent si fortement aux branches, qu'il faut le secours d'une brosse rude pour les en détacher. C'est au mois d'avril qu'il faut en faire la recherche, avant la ponte, et avant qu'ils aient quitté les branches où ils ont passé l'hiver pour se disperser sur les feuilles des arbres. Il y a plusieurs espèces de kermès, toutes généralement appliquées aux branches comme de petites verrues.

Limaçons (*Hélices jardinières*). — Pour s'en débarrasser on n'a rien de mieux à faire que de les ramasser à mesure qu'on les rencontre, surtout le matin ou après la pluie ; on doit aussi, chaque fois qu'on rencontre des œufs, les détruire avec soin.

LIMACES (ou *Buhottes*). — Elles font beaucoup de tort
aux végétaux, qu'elles dévorent avec une incroyable
voracité. Le meilleur moyen de les détruire est sans
contredit l'emploi de la chaux hydratée (réduite en
poudre). Pour la répandre, on se place sous le vent, et
on la jette à la main, en rasant le sol aussi vivement et
aussi régulièrement que possible, afin de la répandre
bien également.

LOMBRICS, VERS DE TERRE. — Les lombrics ne font d'autre tort aux plantes que de soulever la terre pour creuser leur galerie, et ce n'est que dans les planches où ont
été faits de jeunes semis qu'on doit les détruire. On les
fait sortir en battant la terre ou en y enfonçant un bâton
que l'on agite en tous sens : ils sortent alors de terre ; on
les met dans un pot et on les noie , on les écrase, ou
mieux encore on les donne à la volaille.

PERCE-OREILLES OU FORFICULES. — Comme tous les insectes qui sortent particulièrement la nuit, les perce-
oreilles s'attaquent aux feuilles des végétaux, aux fleurs
et aux fruits, qu'ils percent afin de s'y loger. Les OEillets, les Dahlias, les Roses trémières, sont la proie de
leur voracité. Pour les détruire, le moyen le plus simple
consiste à placer sur des bâtons de petits pots à fleurs
renversés, au fond desquels on met un peu de mousse ;
on visite les piéges tous les matins, et, pour détruire
les perce-oreilles qui s'y sont réfugiés, on les plonge
dans un baquet plein d'eau.

PUCERONS. — Les pucerons, dont on connaît un grand
nombre d'espèces, s'attaquent à toutes les plantes en
général. Qu'ils soient gris comme les pucerons lani-
gères, verts comme ceux des Rosiers, etc., ils causent les
mêmes ravages et font périr les végétaux par les suc-
cions répétées qu'ils exercent sur leurs feuilles ; les fourmis, qu'ils attirent, viennent ajouter aux dégâts qu'ils
commettent. On les détruit en nettoyant une à une les

branches ou les feuilles qui en sont chargées, en enlevant celles qui ont été trop profondément altérées, ou en les enfumant avec du tabac un peu humide, au moyen de l'appareil nommé *enfumigateur*, ou bien en lavant les plantes avec une légère eau de savon noir.

Taupes. — On fait encore une chasse active à ce petit quadrupède insectivore, quoiqu'il ne nuise guère que par ses galeries, car il ne vit que d'insectes et de vers; mais il remue tout le sol, le bouleverse, et coupe les racines qui se trouvent dans la direction de ses couloirs. La taupe travaille trois fois le jour : le matin, à midi, et le soir au coucher du soleil; il faut profiter de ce moment pour l'enlever d'un coup de bêche, pendant qu'elle rétablit sa galerie qu'on a d'abord enfoncée avec le pied. On place encore dans la galerie, qu'on débouche, un piége amorcé avec des noix bouillies dans de la lessive, et dont la taupe est très friande. On met aussi dans l'eau des vers de terre coupés en morceaux et saupoudrés de noix vomique.

Tiquets (Altise bleue). — Ces petits insectes, d'une agilité extrême, et qui échappent par un bond à la main qui veut les saisir, font des ravages considérables dans les semis de Choux, Radis, Navets, etc. On n'a guère de moyens de les détruire; mais on les éloigne en arrosant les végétaux avec une décoction de tabac ou de plantes âcres.

Vers blancs (larve des Hannetons). — Ces insectes, nuisibles aux arbres à fruits, à la Vigne, aux arbustes d'agrément et aux plantes potagères, sont difficiles à détruire, non pas à cause de leur agilité, puisqu'à l'époque de leur vie de larve ils rampent avec lenteur sous le sol, mais parce qu'ils exercent leurs ravages cachés dans le sein de la terre, et qu'on ne s'aperçoit de leur présence que quand le mal est irréparable. Dès qu'on voit se flétrir les feuilles d'une plante, il faut

fouiller au pied, et l'on est sûr d'y trouver un ou deux
vers blancs. Lorsqu'on veut soustraire à leur voracité
des plantes auxquelles on attache du prix, comme les
arbres à fruit ou les jeunes plantations, il faut planter
près d'eux des Fraisiers, des Laitues, etc., dont les vers
blancs sont très friands. Une autre précaution à prendre
est de poursuivre les hannetons avec le plus grand soin,
et de les détruire aussitôt qu'ils paraissent. Il faut faire
cette chasse le matin : les hannetons, engourdis par la
fraîcheur de la nuit, sont alors faiblement attachés aux
branches, et tombent facilement à terre.

La cendre de tourbe, étendue sur le sol avant l'é-
poque de faire les labours, éloigne ou détruit les vers
blancs mieux que tout ce qui a été indiqué jusqu'à ce
jour. Loin d'être nuisible aux plantes, la cendre de
tourbe est un amendement qui peut être employé sans
crainte dans la grande comme dans la petite culture.

Tous ces procédés, quelque insuffisants qu'ils puissent être, sont ceux qu'on met chaque jour en pratique;
nous indiquerons encore la recette d'une composition
destinée à détruire ou à éloigner les insectes. La décoction de tabac, de suie, de brou de noix, les fumigations,
sont employées quelquefois avec succès; mais la composition suivante, à laquelle on a conservé le nom de
son inventeur, M. Tatin, réunit les mêmes avantages et
est bien moins chère :

Savon noir.	1^k·500	Soufre en poudre. .	1^k.500
Champignons. . . .	1 »	Eau.	60 lit.

Cette eau est divisée en deux portions de trente litres
chacune; on met dans la première le savon noir et les
champignons, que l'on érase; on fait bouillir le soufre
dans l'autre; on mêle le tout, et l'on agite avec un bâton jusqu'à ce que cette eau ait acquis une odeur fétide.
On peut se servir de cette composition avec une seringue, et plus elle est ancienne, plus elle a d'effet.

22

CHAPITRE XVII.

Vocabulaire des principaux termes de jardinage.

Accot. Fumier qu'on élève autour des couches pour empêcher le froid d'y pénétrer.

Ados. Terrain en pente tournée du côté du soleil. Les ados servent à faire des semis et repiquer le jeune plant.

Amender. Améliorer une terre par les engrais.

Annuel. On donne ce nom aux plantes qui, dans l'année, germent, fleurissent, portent graines et meurent.

Aoûté. Se dit des jeunes branches qui ont atteint la maturité nécessaire pour résister à l'hiver.

Arroser. Synonyme de mouiller.

Bassiner. Arroser légèrement avec la pomme de l'arrosoir, de manière que l'eau tombe en forme de pluie.

Bifurqué. Qui se divise en deux branches.

Biner. C'est diviser la superficie du sol avec la binette, afin qu'elle ne durcisse pas.

Bisannuel. Les plantes qui durent deux ans.

Bourgeons. Feuilles et tiges qui commencent à se développer.

Boutons. Yeux placés dans l'aisselle des feuilles et au bout des rameaux.

— **adventifs**. Ceux qui naissent ailleurs que dans l'aisselle des feuilles et au bout des rameaux.

Brindille. Branche à fruits, mince et courte.

Bulbe. Oignon de plante.

Butter. Relever la terre autour du pied des plantes pour les préserver de la gelée, les faire blanchir ou favoriser le développement des tubercules.

Caduques (feuilles). Qui tombent chaque année.

Caïeu. Bourgeon qui se forme sur le côté des gros oignons.

Charger une couche. C'est placer dessus la terre ou le terreau nécessaire au besoin des plantes qu'on veut cultiver.

Collet. Espèce de nœud placé entre la racine et la tige.

Contre-espalier. Arbres plantés parallèlement à l'espalier, et dont les branches s'attachent sur un treillage peu élevé.

Contre-planter. Cette opération consiste à planter entre les rangs d'une planche garnie de plants à moitié ou aux trois quarts venus des plants qui leur succéderont.

Côtière. Planche plus ou moins large, abritée par un mur ou un brise-vent, où l'on cultive des légumes qui viennent plus tôt qu'en plein jardin.

Cotylédon. Lobes séminaux ou feuilles séminales.

Courson. Branches taillées court.

Drageons. Jeunes pousses qui partent des racines.

Éclaircir. C'est arracher du plant lorsqu'on a semé trop dru, de manière que celui qui reste profite davantage.

Éclater. Séparer les racines d'une plante qui pousse plusieurs tiges.

Espalier. Arbres dont les branches sont étendues contre un mur.

Étêter. Couper avec les ongles la tige principale d'une plante, de manière à faciliter le développement des branches inférieures.

Forcer. C'est obliger une plante ou un arbre à produire plus tôt qu'il ne le ferait naturellement.

Frappé. Se dit d'un melon qui, arrivé à sa grosseur, commence à changer de couleur ou de teinte.

Germes. Partie de la semence dont se forme la plante.

Gobter. Couvrir les meules à champignons avec de la terre légère.

Hâle. Vent sec et desséchant.

Herbacée. Se dit des tiges vertes, molles, succulentes.

Herser. Cette opération consiste à briser les mottes de terre avec la fourche, après le labour.

Jauge. On nomme jauge le fossé provenant de la terre qu'on doit enlever avant de commencer à labourer.

Larder. Introduire le blanc dans les meules à champignons.

Ligneux. Qui tient de la nature du bois.

Meuble. Se dit d'une terre bien divisée par les labours.

Mouiller. Synonyme d'arroser.

Nouer. Se dit des fleurs qui passent à l'état de fruit.

Œil. Petite pointe qui paraît dans l'aisselle des feuilles et au bout des rameaux. Cette petite pointe, au printemps suivant, devient bouton à bois ou à fruit.

Œilletons. Rejetons que produisent certaines plantes, et qui servent à la propagation de l'espèce.

Ombrer. Étendre une toile ou du paillis sur les châssis pour atténuer l'intensité des rayons solaires.

Pailler. Étendre du fumier court sur le sol, afin d'empêcher l'évaporation rapide de l'eau des arrosements.

Palisser. Cette opération consiste à fixer seulement les branches et les bourgeons des arbres cultivés en espalier.

Persistants, persistantes. On appelle persistantes les feuilles qui restent plusieurs années sur l'arbre.

Pincer. Couper avec les ongles l'extrémité des jeunes rameaux, pour favoriser le développement des branches inférieures.

Rameau. Petite branche qui est une division des plus grandes.

Ratisser. Couper l'herbe entre deux terres avec la ratissoire, dans les allées et dans les plantations.

Réchaud. Fumier neuf qu'on élève autour des couches pour les réchauffer ou entretenir la chaleur.

Remontants. Les rosiers qui fleurissent deux fois dans la même année.

Repiquer. Le repiquage consiste à planter au plantoir le jeune plant provenant de semis.

Rustique. Plant de culture facile, qui résiste aux intempéries de l'hiver.

Sarcler. Arracher les mauvaises herbes qui naissent dans les planches en culture.

Sentier. Chemin étroit qu'on laisse entre chaque planche.

Terreauter. C'est étendre une couche de terreau sur un semis.

Tracer. Faire des lignes dans le sens de la longueur des planches, pour semer ou planter.

Tubercule. Parties charnues et arrondies d'où partent ordinairement de petites racines fibreuses.

Turion. Œil ou bouton naissant immédiatement sur les racines

Vivace. On nomme plantes vivaces tous les végétaux qui subsistent au delà de trois ans, soit qu'ils perdent ou non chaque année leurs feuilles ou leurs tiges.

FIN.

TABLE ALPHABÉTIQUE.

FIN DE LA TABLE ALPHABÉTIQUE.

TABLE DES MATIÈRES.

FIN DE LA TABLE DES MATIÈRES.

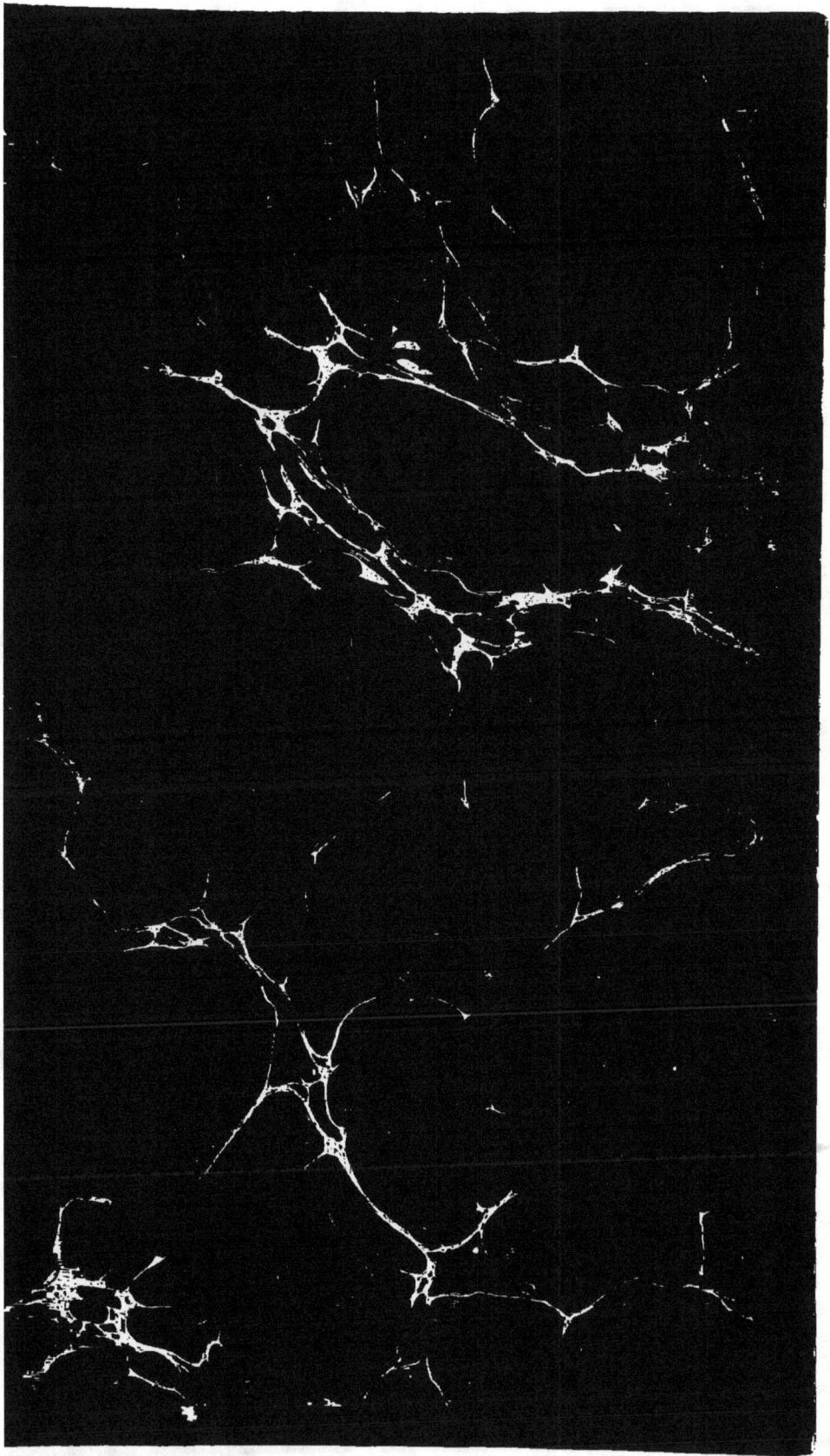

www.ingramcontent.com/pod-product-compliance
Lightning Source LLC
Chambersburg PA
CBHW060957220326
41599CB00023B/3750